河南大学历史地理学研究丛书

本书得到教育部人文社会科学重点研究基地河南大学黄河文明与可持续发展研究中心和
黄河文明传承与现代文明建设河南省协同创新中心建设资金资助出版

历史水文地理学的理论与实践

——基于涞水河流域的个案研究

吴朋飞　著

科学出版社
北京

内 容 简 介

历史水文地理学是中国历史地理学发展较为薄弱的分支学科之一，本书在学术评述基础上对该学科理论进行了新的阐述，并以山西涑水河流域为研究案例进行具体实践。围绕改造“盐池”的人类水文活动行为，从水资源、水灾害、水环境角度深入研究了涑水河流域的河道变迁、盐池防洪、水利资源利用、河流水文特征、流域灾害、环境变化及其应对等，展现了盐池改造中流域原生水资源环境逐渐演变为人工次生水资源环境的变化过程。

本书从多方面展现了历史水文地理学理论与方法运用的实践成果，可供历史、地理、水文水资源、环境变化等领域的专业人员阅读参考。

图书在版编目（CIP）数据

历史水文地理学的理论与实践：基于涑水河流域的个案研究 / 吴朋飞著. —北京：科学出版社，2016.11

ISBN 978-7-03-050527-9

Ⅰ. ①历… Ⅱ. ①吴… Ⅲ. ①历史地理学—水文地理学—研究—中国 Ⅳ. ①K928.6 ②P344.2

中国版本图书馆 CIP 数据核字（2016）第 267686 号

责任编辑：陈 亮 杨 静 杨文雅 / 责任校对：何艳萍

责任印制：徐晓晨 / 封面设计：黄华斌

联系电话：010-64026975

电子邮箱：chengliang@mail.sciencep.com

科 学 出 版 社 出版

北京东黄城根北街 16 号

邮政编码：100717

http://www.sciencep.com

北京九州迅驰传媒文化有限公司 印刷

科学出版社发行 各地新华书店经销

*

2016 年 11 月第 一 版 开本：720×1000 1/16

2020 年 1 月第二次印刷 印张：16 1/4

字数：270 000

定价：82.00 元

（如有印装质量问题，我社负责调换）

序

回顾改革开放前的历史地理学界，所做工作的一个主要方面，是在历史自然地理研究上。这种状态的形成，大概原因有如下几点：深受中国地理学界的影响，以自然地理研究为主要任务，以有用于国家经济建设为自觉自愿的行动；而以野外考察为手段、以地理描述为特点、以自然演变规律为研究宗旨的自然地理研究，客观上容易形成研究时限上的追溯，进入到历史自然地理研究的范围内；依据室内的历史文献记录和室外的各类历史遗存，可以作为地理环境演变研究的可靠证据。因此之故，那一个时代问世的若干历史自然地理研究篇章，就成为历史地理学的经典著作，本书作者吴朋飞博士多次提出和讨论的“历史水文地理”概念，正是历史地理学经典著作中的重要表述。

历史地理学界之所以提出“历史水文地理”这一概念，在于人类历史与水体之间业已发生过的密切关系。举一个最常见的事例，即世界各国的城市有许多就坐落在当地的河流岸边，如尼罗河岸边的开罗，泰晤士河岸边的伦敦，塞纳河岸边的巴黎，湄公河岸边的万象，利根川岸边的东京，黄河上中下游的银川、洛阳、郑州、开封和济南，长江沿线的重庆、武汉、南京和上海，皆属于颇具象征意义的城市和河流关系之代表。这些城市自兴起后居民的生活方式、城市布局风格、农业生产、资源禀赋、交通运输等内容，皆可以从所依傍的河流地貌、水文、气候等地理要素加以研究解释。于此可知，中国学者提出“历史水文地理”概念，其史实来自中国，其意义确属于全世界。

既然历史地理学界较早提出了“历史水文地理”概念，何以围绕这一分支学科具有理论色彩的论述相当缺乏呢？这不是学界在这方面的研究实践不足，而是恰恰相反，学界在这方面所做的研究工作是相当丰富而出色的，譬如说1982年版《中国自然地理·历史自然地理》分册、2013年版《中国历史自然地理》中所包含和论及的内容。前部著作“前言”介绍“本分册讨论我国历史时期的自然地理概况，各章分别对气候、植被、水系、海岸、沙漠等自然地理要素，在历史时期发展变迁的过程及其规律性作了初步的探讨”。后部著作“内容简介”介绍本书“是在1980年（应为1982年）出版的《中国自然地理·历史自然地理》一书的基础上重新编写而成的”。前部著作奠定的著述结构，后部著作一如既往地加以继承，并在实践中不断拓展和超越，显示了历史地理学家顽强的科研精神和工作作风。

吴朋飞博士很有兴趣并耐心地对“历史水文地理”概念予以细微阐发，这是我表示支持的。自然地理学强调综合研究的一个积极结果，是建立了综合自然地理学。对于正在逐步建立的历史地理学体系而言，从环境变迁的视角展开区域环境演变过程及其规律的探讨，却因相关要素太多、资料缺口太大、可借助的研究参照太少，而难以毕其功于一役，所以我主张围绕一个重要的自然要素展开深入的、拓展式的选题研究。2008年5月，吴朋飞博士在陕西师范大学西北历史环境与经济社会发展研究中心（现已改名为西北历史环境与经济社会发展研究院，以下简称西北环发院）完成了历史地理学专业博士学位论文《山西汾涑流域历史水文地理研究》，之后就职于河南大学黄河文明与可持续发展研究中心，成为该中心一名科研人员，这似乎意味着他的学术研究必定离不开黄河这条浩荡大河了。不过，我没有料到，今年暑期他发给我的书稿不是原来论文那样的题目，而是这本《历史水文地理学的理论与实践——基于涑水河流域的个案研究》，这个题目说明吴朋飞博士将研究范围缩小了，内容更集中到“历史水文地理”研究所对应的内容上了。

现在我们所面对的流域个案，是指晋西南地区由东向西、独自流入黄河的涑水河。涑水河在《水经注》里称为“涑水”，《水经注》记述涑水岸边的安邑，乃“禹都也。禹娶涂山氏女，思恋本国，筑台以望之，今城门南台基犹存”。夏代文化属于涑水河流域的一个精彩历史片段，把吴朋飞博士这部著作阅读下来，我们可以看到更多出现在这一流域上的历史故事，尤其是这一流域环境变迁的过程及其结果的详细分析。

涑水河这条黄河一级支流，现在显然比不上上游的湟水，中游的汾河、渭河那样的名气，本书既然是以涑水河作为“流域个案”，也就程度较深地挖掘了涑水河流域的历史资料，凸显了这一方水土的历史价值。从阅读中我们得到了这么一个鲜明的印象：涑水河流域作为中华民族较早辛勤劳作的一片土地，地理位置居中，河流长度、流域面积适中，独自流入黄河，具有相当的独立性；人们长期居住于此，善于利用自然资源，熟中生巧，变废为宝，河湖相连，河渠交融，人地关系深厚，俨然一方乐土，其中的历史和自然价值并不取决于河流称谓的知名度。

很明显，本书作者对于一个人类文明相当成熟地区的环境变迁过程，也倾注了极大的注意力。一方面吸收国内外学术界的思想，即以人类需求为切入点展开研究，为研究人类活动在全球变化中的作用提供有效路径，另一方面是对以往水资源环境演变研究中，一些预设的结论性词语如“水资源匮乏”“生态环境恶化”等，进行翔实的辨析考察。其认真做学问的态度乃至行动，如坚持历史地理学的复原方法，第二章复原《水经注》之涑水水道（本书图 2-3）、第三章完成如何涑水河 6 次河道复原工作及其图件，堪值称赞。

研究人类活动所引起的水文环境变化，这是由历史地理学（包括历史水文地理）学科性质所决定的。在环境变迁、环境科学、资源科学、历史流域研究等学科的影响下，作者紧紧抓住“水资源”“水灾害”“水环境”三个核心词汇，探讨人类活动对涑水河原生水资源环境的改造利用，并逐渐演变为人工次生水资源环境的过程，以及次生水资源背景下的流域灾害和环境变化，提出新的综合判断，属于这部学术著作的重要贡献。

近日我从“短文学网”（短篇原创文学）里，读到了瑶台望月所撰《抱愧涑水河》一文，如同北方诸多河流从清到浊、从好到糟、从水多到水少一样，今天的涑水河已经成了一条源头无水、沿线接入许多生产废水和生活污水的排污河。作者倾述了自己对家乡河流的无限感受，最后一段是这样写的：

> 一条旖旎秀丽的清亮河，一条盛满河东历史的涑水河，一条备受我们摧残折磨的母亲河！何日在涑水的源头上，我能再听泉水叮咚之声？何日我从源头直奔黄河时，一路上能再现“涑水清波哗啦啦”的欢畅？令人欣慰的是，在涑水河的呻吟中，我们终于开始反省了，觉悟了，行动了！也许不久，小浪底的黄河水，将被引入涑水河，清水复流不再是昨天的梦！保护母亲河，恢复它的美丽，安抚它的伤痛，这是我们的期待和愿景，更应是我们的努力和担当……

怎么才能让这样美好的愿望不落空呢？那就要找到问题的症结，通过政府实施行之有效的政策和措施，通过每一名居民自觉地参与环境保护，树立“河流再生”的思想，不断地坚持下去，逐步达到改善身边的环境质量和恢复河流健康面貌的目的。

通过研究，我们越来越明确地认识到，“我们是龙的传人”这句富有感染力的话语，在环境变迁领域内具有的含义是：前人创造的业绩应由我们来继承，前人的未竟之业将由我们来完成，前人做下的具有负面环境效应的结果须由我们来改善，而且都是责无旁贷！

侯甬坚

2016年暑期于西安

目　　录

第一章 绪　论

第一节 研究意义

随着全球性生态环境问题的日益严重，人类生存环境的自然变化与因人类活动而引起的环境变化问题已受到国际学术界的普遍关注。中国科学技术协会从20世纪80年代起一直致力于组织和推动中国科学家积极参与国际科学联合会组织的“国际地圈生物圈计划”，即IGBP，又称“全球变化研究”。在该项目研究过程中，对历史环境变迁的研究颇为重视。这是由历史环境变迁研究的特性所决定的，通过对历史环境变迁过程的研究，不仅能够深刻地认识现代全球环境问题，而且同时也成为预测未来环境变迁趋势的重要依据。[①]过去的全球变化（PAGES）是IGBP的核心计划之一，它的目的是通过过去地球表面环境变化规律和机制的研究，弥补现代环境、气候变化观察记录的不足，获得现代地球环境和气候变化规律和机制的理解，寻找与今天状况接近或相似的“历史相似性”，从而为未来环境和气候变化预测服务。

过去的全球变化，主要指地质历史时期，包括第四纪、人类历史时期的变化。中国科学家已在利用冰芯、黄土沉积、湖泊沉积、孢粉、树木年轮和历史文献方面重建了过去100万年、1万年、2000年，以及300年来的中国环境要素演化序列，受到国际学术界广泛关注。周廷儒在20世纪三四十年代开创了对历史时期环境变化的综合研究，他认为：“现代是过去的钥匙，我们想了解古代环境的形成和发展，就得先了解现代的自然地理过程，同时也为预报将来的发展方向提供依据。……现代地面自然界的每一个特征，都有一定发展的历史。如果我们不去查明它的历史过程，想了解现代自然规律的特点是不可能的。但是，在历史过程中，自然界遗留下来许多痕迹，我们必须和现代过程比较，才能获得较好的解释。”[②]黄秉维曾指出：“在中国，地理学工作还很少注意到古地

---

① 陈泮勤、孙成权：《国际全球变化研究核心计划（三）》，北京：气象出版社，1996年，第118—142页。

② 周廷儒：《古地理学》，北京：北京师范大学出版社，1982年，第3—22页。

理的研究。现代科学方法的运用以及综合研究古代自然地理的工作，可以说基本上还没有开展起来。为了真正认识现代地理环境，不应该忽视这一薄弱环节”“中国拥有特别丰富的历史文献。利用这些资料来探讨人类社会历史时期的必然变化，无疑是可以得到巨大的成绩的，我们必须重视这一点”。[①]郑度在论述“地理过程的微观研究进一步深化”这一地理学发展趋势时曾指出：“历史过程和现代过程的研究是预测未来的根据。例如冰川、冻土、沼泽和湖泊等特殊自然综合体与周围自然环境的变化密切相关，作为古地理重建历史过程研究对象的冰芯、湖岩芯、树轮等是全球环境变化的信息载体，其地球化学研究和精确测年断代将提供指标可靠、信息全面的环境与气候变化的连续记录和模式，并为全球环境变化预测提供依据。”[②]陈宜瑜等在回顾全球变化研究进展并展望我国未来全球变化研究时指出：“基于各种代用资料重建中国历史环境变化及人与环境的相互作用集成研究；集成多种代用资料及多学科研究成果，虚拟再现华夏故土与华夏文明的独特演变过程，科学认识并构建华夏文明发展过程中人口、资源、环境、发展的人地关系耦合模型。以史为鉴，为规范人类社会的可持续发展提供科学依据与知识库群，为全球变暖背景下国家发展重大战略决策提供科学指导。”[③]

全球环境变化研究在过去、目前和未来，都是地理学的重要研究领域。历史地理学是属于现代地理学的一个重要组成部分的学科，“其主要研究对象是人类历史时期地理环境的变化，这种变化主要是由于人的活动和影响而产生的”[④]。中国历史地理经过几代历史地理学者的不断开拓和辛勤耕耘，得到了蓬勃发展，并在7大研究领域取得了丰硕成果[⑤]：历代疆域政区研究与历史地图的编制；历史气候与自然灾害研究；历史时期地表过程研究，包括历史地貌过程（水系、湖沼、海岸线、沙漠与黄土地貌等）和历史生物过程（自然植被与野生动物种群）；中华文明起源与发展研究，涵盖文明起源、农业起源以及文明作为一种文化在人类社会发展中的体现与演变，诸如历史人口、城镇聚落、农业、农田水利、交通、文化、民族、军事、医学等；区域综合与重大历史事件研究；历史

① 黄秉维：《自然地理学一些最重要的趋势》，《地理学报》1960年第3期，第296—299页。

② 郑度、陈述彭：《地理学研究进展与前沿领域》，《地球科学进展》2001年第5期，第599—606页。

③ 陈宜瑜、陈泮勤、葛全胜，等：《全球变化研究进展与展望》，《地学前缘》2002年第1期，第11—18页。

④ 侯仁之：《历史地理学刍议》，见《历史地理学的理论与实践》，上海：上海人民出版社，1979年，第3—17页。

⑤ 葛全胜、何凡能、郑景云，等：《21世纪中国历史地理学发展的思考》，《地理研究》2004年第3期，第374—384页。

时期人地关系与适应模式研究，涉及人类活动对自然环境变化的影响与自然环境演变对人类文明、人类社会发展的作用两个方面；新技术的应用研究，包括中国历史地理信息系统（CHGIS）的研发和以历史资料为主体的数据库的建设；等等。这7大研究领域中，有多个领域都涉及人地关系的研究，在全球环境变化研究中该学科做出了特殊的贡献（图1-1）。

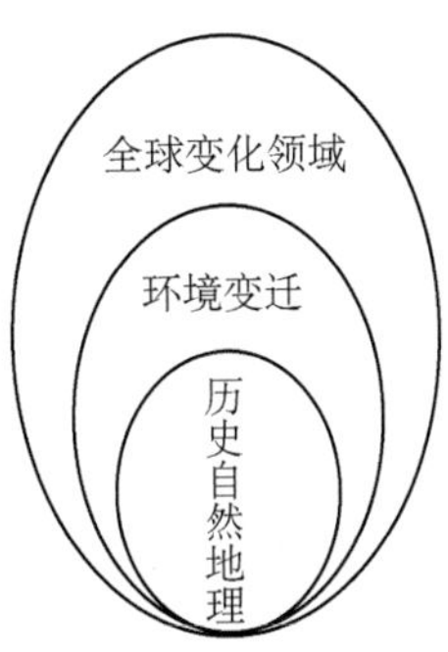

图1-1 历史地理学的工作层次

水是生命活动的物质基础，是人类赖以生存、发展最宝贵的自然资源。无论过去、现在或是将来，水始终是影响人类社会发展的重要因素。我们所生活的时代，水资源环境成为困扰生存的一大禁锢。李丽娟在《地理水文学的发展进程与展望》一文中，指出水资源短缺、水环境恶化及洪水灾害加剧是我国主要面临的水的问题。三大问题是流域水—土—生态系统与人类社会经济系统相互作用下恶化的结果，而水资源短缺是三大问题的核心。水资源、水环境和水灾害三者之间存在着相互联系和相互转变的关系。[①]因此，本书选取山西省涑水河流域的水文水资源为研究对象，开展历史水资源环境研究工作。笔者试图通过本案例的典型研究加深对水规律本身的探讨，并有利于谋求人类在生存与发展过程中与资源、环境间的互动关系，从而更好地为当前现代化建设服务。

① 李丽娟：《地理水文学的发展进程与展望》，陆大道主编：《中国科学院地理研究所伴随共和国成长的五十年》，北京：科学出版社，1999年，第66—69页。

第二节　学科理论探讨

一、历史地理学科中的水文研究传统

历史时期水文学的研究，主要体现在地理学和工程学两个主要领域。具体而言：一是体现在水文学的地理方向，即历史水文地理研究；二是体现在水文学的工程方向，即古代水利设施建造、布局诸领域，即水利史、水利环境史。中国历史地理学是一门古老而又年轻的学科，以沿革地理为主体的中国传统历史地理学具有非常悠久的历史渊源，而现代意义上的中国历史地理学“肇始于20世纪20年代，正式形成于20世纪50年代”[①]。参照地理学“二分法”，一般将历史地理学分为历史自然地理和历史人文地理两个大类，并且各自都有其相对完善的研究思路和方法。历史自然地理学按照自然要素又可划分为气候、地貌、水文、植被、动物、土壤等几个方面，并且参照现代地理学的方法，将相应的研究要素称为历史××地理，如历史土壤地理、历史动物地理等，但对“水文”这一要素的称谓则五花八门，有称“历史水系、水体变迁”“历史水文地理”“历史河湖地理”，究竟历史时期水文研究该如何称谓，或者说“历史水文地理”这一称谓的内涵和外延是什么？有进一步探讨的必要，同时可加深对历史水文研究的认识。以下仅就历史地理学界对历史“水体”研究及认知程度进行评述。

现代中国历史地理学的三大巨擘侯仁之、谭其骧、史念海诸先生十分重视历史水文的研究工作。侯仁之先生早在1962年发表的《历史地理学刍议》一文中，就强调历史水文研究的重要性。在谈到历史地理学若干方面或若干专题的研究，必然直接有助于生产建设的进行时，就举例指出“历史水文的探讨是水利建设上所必不可少的”[②]。尔后在《中国大百科全书·地理学》分册中编写“历史地理学”词条时，又明确提出历史水文地理，并指出：“达比在1936年出版的著作中对英格兰沼泽水文在历史时期的变化作了系统地探讨；中国谭其骧、史念海对黄河水系历史时期的变迁，谭其骧等对长江水系历史时期的变迁，曾

① 朱士光：《中国古都学的研究历程》，北京：中国社会科学出版社，2008年，第155页。

② 侯仁之：《历史地理学四论》，北京：中国科学技术出版社，1994年，第5页。

昭璇对珠江水系历史时期的变迁，均有较深入研究。”[①]

谭其骧先生对历史自然地理的研究见解独特，如对历史上黄河800年安流、历史时期洞庭湖和鄱阳湖的变化、海河水系的形成等都有相当深入的研究。[②]这些研究领域的开展是对历史水文研究的贡献。谭其骧先生一生最看重《何以黄河在东汉以后会出现一个长期安流的局面——从历史上论证黄河中游的土地合理利用是消弭下游水害的决定性因素》[③]一文，正如他自己所说，“我自以为这才是一篇够得上成为历史地理学的研究论文，文章的结论对当前社会主义建设事业也有一定参考价值”[④]。不过，谭先生并没有明确提出历史水文或历史水文地理这一概念。

史念海先生对历史水文的研究贡献最大，而且在先生眼中历史水文研究占据很重的分量和地位。毛曦曾对史念海先生一生学术研究撰写的各种类型著述367篇（部）进行过学科分支类别统计分析：历史自然地理的专门著述共计38种，占著述总量的7.6%，其中历史水文地理竟达17种。[⑤]史念海先生的历史地理学经典教材《中国历史地理纲要》[⑥]，第二章“历史自然地理”开篇就论述“水文的变迁”，足见先生对历史水文研究的重视程度。

2007年11月10日，华林甫在中国人民大学清史研究所网站上首发了《二十世纪中国历史地理研究索引简编》[⑦]，现按此对历史地理学各分支进行统计分析（表1-1），可看出历史水文地理在整个历史地理学学科体系中的分量。

---

① 中国大百科全书总编辑委员会《地理学》编辑委员会编辑：《中国大百科全书·地理学》，北京：中国大百科全书出版社，1990年，第278页。

② 参见谭其骧：《长水集》（上、下）、《长水集续编》等论著中的相关文章。

③ 初刊于《学术月刊》，1962年第2期，第23—25页。后收入《长水粹编》，石家庄：河北教育出版社，2002年，第481—517页。谭先生文章发表后曾引起学术界很大争议，任伯平撰文提出不同看法，见《关于黄河在东汉以后长期安流的原因——兼与谭其骧先生商榷》，《学术月刊》1962年第9期，第51—53、56页。邹逸麟又进一步撰文申辩，见《读任伯平〈关于黄河在东汉以后长期安流的原因〉后》，《学术月刊》1962年第11期，第49—51页。近年赵淑贞、任伯平又联名在《人民黄河》（《关于黄河在东汉以后长期安流问题的研究》，《人民黄河》1997年第8期，第53—55页）和《地理学报》（《关于黄河在东汉以后长期安流问题的再探讨》，《地理学报》1998年第4期，第463—468页）上撰文，认为东汉以后黄河下游不存在一个相对长期安流时期。后王守春又撰写论文进行检讨，见《论东汉至唐代黄河长期相对安流的存在及若干相关历史地理问题》，《历史地理》第16辑，上海：上海人民出版社，2000年，第295—307页。总之，此问题目前来说仍争议很大，相信随着讨论的继续和深入，真理会越争越明。

④ 谭其骧：《长水集·自序》，北京：人民出版社，1987年，第10页。

⑤ 毛曦：《历史地理学学科构成与史念海先生的历史地理学贡献》，《史学史研究》2013年第2期，第48—56页。

⑥ 史念海：《中国历史地理纲要》（上册），太原：山西人民出版社，1991年，第14页。

⑦ 网址来源：http：//www.iqh.net.cn/info.asp?column_id=2712。

表 1-1　历史地理学科构成及各分支学科所占比例

一级学科	二级学科	三级学科	数量篇（部）	占总量比例（%）	占二级学科比例（%）
历史地理学	历史地理学理论与方法（50）		50	5.13	
	历史人文地理（503）	综合研究	26	2.67	5.17
		历代政区	98	10.06	19.48
		历代疆域	41	4.21	8.15
		历史经济地理	62	6.37	12.33
		历史城市地理	99	10.16	19.68
		历史人口地理	50	5.13	9.94
		历史军事地理	23	2.36	4.57
		历史交通地理	34	3.49	6.76
		历史文化地理	70	7.19	13.92
	历史自然地理（242）	综合研究	1	0.10	0.41
		历史气候	40	4.11	16.53
		历史地貌与历史环境	51	5.24	21.07
		历史动物地理 历史植物地理	39	4.00	16.12
		历史水文地理	96	9.86	39.67
		历史上的海陆变迁	15	1.54	6.20
	历史地理文献研究（179）	历代地理总志	66	6.78	36.87
		历代正史地理志	33	3.39	18.44
		古地图与历史地图	64	6.57	35.75
		其他	16	1.64	8.94
总计			974	100	

由表 1-1 可知，历史地理学科体系中，历史人文地理是研究的重点，著述多、分量重，占到所有历史地理论著的 51.64%；历史自然地理居其次，占到所有历史地理论著的 24.84%。而历史水文地理在历史地理学一级学科中所占比例为 9.86%，位居所有三级学科的第 3 位，在历史自然地理二级学科中的比例则更高，达 39.67%。这在一定程度上能体现 20 世纪历史水文地理学研究的总体状况。这一趋势与国外历史地理研究基本一致，但国外历史水文地理研究的比例则稍低。根据龚胜生等对 1981—2010 年《历史地理学杂志》的刊文统计[①]，

① 龚胜生、曹秀丽、林月辉，等：《1981—2010 年间的国际历史地理学研究——基于国际期刊〈历史地理学杂志〉的统计分析》，《中国历史地理论丛》2013 年第 1 期，第 5—12 页。

发现历史水文地理学领域共刊文 16 篇，占到所有历史地理论著的 0.5%，与历史气候、地貌地理并列位于 18 个分支学科的倒数第二位，仅高于历史土壤地理。但有比重逐年增加的趋势，1981—1990、1991—2000、2001—2010 年刊文数分别为 1 篇、5 篇、10 篇，占同时期所有研究领域的论著比重分别为 0.1%、0.7%、1.5%。在华林甫所列举的 96 篇（部）历史水文地理论著中不乏陈吉余、陈桥驿、黄盛璋、曾昭璇、张修桂、邹逸麟、朱士光、王守春等重视历史水文研究的名家，详见其相关论著。

中国科学院《中国自然地理》编辑委员会编著的《中国自然地理・历史自然地理》分册[①]，是 20 世纪 70 年代末中国历史自然地理研究的综合成果，代表着历史地理学术界的最高水平，也是华林甫《二十世纪中国历史地理研究索引简编》中历史自然地理分支“综合研究”列出的唯一一部论著。该书中将历史自然要素按照气候、植被、水系、海岸、沙漠等几个类型进行了研究，并没有使用“水文”这一名词，因而在撰写过程中只是将我国历史上最主要的 7 条河流：黄河、长江、海河、珠江、辽河、塔里木河及人工开凿的大运河进行章节安排，并且局限于“历史水系变迁”研究。2013 年新修订版与旧版相比较，在“历史时期河流水系的演变”的撰述上有少许变化，如在论述黄河的演变时，新增“历史时期黄河的洪水和泥沙”，明显增加了历史水文研究的分量。[②]

可见，历史水文研究在历史地理学科中占有一席之地，但问题也很突出：历史水文的研究对象和内容，不甚明确。以往研究主要集中在“历史河湖变迁”“历史水系变迁”等领域。另不同学者对历史水文研究的名称称谓也不尽统一，有称“历史水系、水体变迁”“历史水文地理”“历史河湖地理”等。现仅就目前国内主要历史地理学通论性著作对历史自然地理中“水文”部分名称称谓和研究内容，作一初步勾勒（表 1-2），即可看出其中的端倪。

林頫经过统计，自 20 世纪 80 年代以来历史地理专业通论性著作目前已至少出版 13 种。[③]表 1-2 显然不能完全涵括历史地理学界对“历史水文研究”认识的整体现状，但所选著作具有代表性，以此可窥视历史地理学界对“历史水文研究”的认知程度。

① 中国科学院《中国自然地理》编辑委员会编著：《中国自然地理・历史自然地理》，北京：科学出版社，1982 年。

② 邹逸麟、张修桂主编，王守春副主编：《中国历史自然地理》，北京：科学出版社，2013 年，第 187—196 页。

③ 林頫：《中国历史地理学研究》，福州：福建人民出版社，2006 年，第 23 页。

表 1-2 国内主要历史地理学通论性著作中的“历史水文部分”内容

编著者	著作名称	历史水文部分名称	主要内容	出版信息
王育民著	《中国历史地理概论》	河道的迁徙，湖泊的涨缩	河道的迁徙，湖泊的涨缩，海岸的推移等；其他有些不是因人的活动而发生的自然地理方面的变化，如地震的发生、火山的喷发、水文要素的变动、河道河口的变迁等，本属于地貌学的研究课题，但如果这些变化在人类历史时期发生比较显著的差异和影响，也属于历史自然地理研究的任务。在历史自然地理方面，对于古代河道、灌渠、井泉及湖泊分布的复原工作，有助于寻找地下水源，对现在河流、湖泊的综合开发利用和某些大城市给水问题的解决，提供有价值的参考资料	北京：人民教育出版社，上册 1985 年，下册 1988 年
马正林主编	《中国历史地理简论》（上册）		历史自然地理研究历史时期地理环境发展演变的规律，主要包括历史气候、水文、生物、土壤、地貌等几个方面：“黄河的改道与治理”“长江和一些主要湖泊的演变”“海岸线的变迁”	西安：陕西人民出版社，1987 年
史念海著	《中国历史地理纲要》	水文的变迁	古代中原地区的湖泊、黄河下游的改道、济水的阻塞、淮水下游的湖泊和淮水下游的变迁；云梦泽、彭蠡泽和三江、九江；海河水系和珠江、辽河；重要运河的开凿；内陆水文的变迁	太原：山西人民出版社，上册 1991 年，下册 1992 年
张步天著	《历史地理学概论》	历史水文地理	历史水文地理包括历史水系研究和历史水文研究。其中历史水系研究是指河川水系研究和湖泊水系变迁；历史水文研究包括两个方面，历史水位、汛期、流速、流量研究；历史时期河湖泥沙和化学特征。 历史水文地理研究，主要是指历史陆地水文地理。历史时期海洋水文地理也应属于历史水文地理研究范畴。历史陆地水文地理大致又可分为河湖水系历史变迁和河湖水文的历史考察两方面的内容	开封：河南大学出版社，1993 年
张全明、张翼之编著	《中国历史地理论纲》	历史时期水系的变迁	河道的变迁、湖泊的涨缩以及海岸线的推移，还有一些自然现象如地震的发生、火山的喷发、河川的融化、水文要素的变动等，虽然不是因为人类的活动直接影响发生的。但是，如果这些现象在历史时期发生了显著变化，从而对人类的活动产生过重大影响，也应属于历史自然地理必须加以研究的对象	武汉：华中师范大学出版社，1995 年

续表

编著者	著作名称	历史水文部分名称	主要内容	出版信息
张全明、张翼之编著	中国历史地理论纲	历史时期水系的变迁	“历史时期水系的变迁”，水系也称河系，是指一条大河流域内各种水体构成的，脉络相通的系统的总称。它包括一条河流的干流、支流、地下暗流、沼泽、湖泊等。水系是地球在长期发展过程中形成的，形成之后，在自然和人力的作用下，仍在不断地发生变迁	武汉：华中师范大学出版社，1995年
陈代光著	中国历史地理	“水系”“历史时期河流变迁”“历史时期海岸变迁”	历史地理学的研究内容；历史自然地理现象包括气候、水系、湖泊、海岸、植被、动物和土壤的变迁；“历史时期河流变迁”“历史时期海岸变迁”；历史自然地理总论，谈及内容时又指出：人类生产生活所引起变化的水文、气候等	广州：广州高等教育出版社，1997年
邹逸麟编著	中国历史地理概述	“历史时期水系的变迁”	黄河下游河道的变迁及其影响；长江中下游水系的变迁；海河水系的历史变迁；黄淮海平原湖沼的历史变迁	上海：上海教育出版社，2005年
蓝勇编著	中国历史地理（第二版）	历史水文地理；“历史时期中国江河湖沼演变”	按照传统说法，现代地理学的研究划分为历史自然地理和历史人文地理两大块，加上历史地理理论与文献研究，可分为三大块。研究内容上，历史自然地理包括地貌、水文、生物、气候、灾害。历史水文地理：河流、湖泊、井泉等。 第四章“历史时期中国江河湖沼演变”分为三大块：黄河的变迁、长江的演变、历史时期中国主要江河水文变迁的思考	北京：高等教育出版社，2010年

据表1-2所列以及侯仁之、谭其骧等先生对历史自然地理中“水文”部分研究可知，历史时期水文研究的称法不尽统一，其中以“历史时期水系变迁”为主。其中原因，邹逸麟明确指出，历史时期水系变迁是历史自然地理领域里资料最丰富、问题最复杂的部分：一则是水系变迁原来就是沿革地理一个重要内容，两千年来资料浩繁，著作如林；二则是水系属自然环境诸因素中最活跃的因素，历史时期变化最大。“水系变迁”“海岸线变迁”是历史自然地理诸因素中最为活跃的因素，而且直接与人类的生命财产相关，所以引人瞩目。水系变迁中最厉害的就是黄河。[①]因而学界学人就径直称呼“水系变迁”，至多加上“湖沼”。

① 邹逸麟：《回顾建国以来我国历史地理学的发展》，《复旦学报（社会科学版）》1984年5期，第54—60页。

其实仔细思考，古往今来人们对“水系变迁”研究情有独钟，因其与人民生产、生活息息相关。人类居住的空间往往只占水系的一部分，时常关注的也就是生存空间周围的变化，河道的变化人民容易觉察出来，而对水本身的变化则不易觉察，因此河道变迁留下的资料相对较多，研究者也就多；其他则相应较少。

1990 年侯仁之先生明确提出“历史水文地理”这一分支学科，不过我们从侯先生在《大百科全书·地理分册》中对“历史水文地理”编写的词条，可看出其仍局限于水系变迁的研究。史念海、张步天和蓝勇等三人著作中明确称谓“水文”研究，且史念海先生提法最早。但就内容而言，从表 1-2 中所列看，张步天的提法最全面。

总之，在历史地理学界前辈学者的共同努力下，历史水文地理学获得蓬勃发展，但迄今未有具体明确标以“××水文地理”的历史地理专著出现，或将历史水文地理的研究对象和研究内容阐释较为清楚的成果出现。《中国历史地理学研究》一书，归纳的历史自然地理门类下，有历史气候变迁、历史地貌学、历史植物地理、历史动物地理、历史土壤地理和历史医学地理，仍唯独没有“历史水文”或“历史水文地理”。①同样，《历史自然地理研究十年：总结与展望》一文将河流和湖泊变迁纳入“历史地貌”条目，且仅列举 8 位学者的研究工作，显然对历史水文地理的研究，还需进一步加强和探索。②

二、历史水文地理学的理论体系

1. 学科属性

水文地理学（hydrogeography），又称“区域水文学”，是研究一定地区内水体的分布及其水文现象在时间与空间上的分布变化特征和规律，以及确定它们与自然条件的相互关系和作用的一门学科。它把水作为一种自然地理要素，用地理综合的观点研究水文现象的区域分异规律。它是定性描述与定量分析相结合的学科，对水利资源的开发利用，具有重要实践意义。③《中国大百科全书·地理分册》则将之定义为：研究地球表面各类水体性质、形态特征、变化和时程

① 林頫：《中国历史地理学研究》，福州：福建人民出版社，2006 年，第 79 页。

② 杨煜达：《历史自然地理研究十年：总结与展望》，《中国历史地理论丛》2011 年第 3 期，第 17—24 页。

③ 南京大学地理系等：《地理学词典》，上海：上海辞书出版社，1983 年，第 178 页。

分配以及地域分异规律的学科。[①]显然，不同学者对水文地理学的含义认识不一致，有的强调对水体形态、性质的区域描述和测量制图；有的强调水体与特定自然地理条件的联系和相互作用。水文地理学是地理学和水文学的交叉学科。

我们都很清楚，在全球水循环过程中，发生在不同地点、不同时间的水文现象并不是各自孤立的，而是在空间上和时间上存在一定联系的。从时间上来看，今天的水文现象是昨天的水文现象的延续，而明天的水文现象则是在今天的基础上向前发展的结果。因此，昨天的水文现象的描述和研究就成为历史水文地理学研究的范畴了。

历史水文地理学是历史地理学重要分支，它属于历史自然地理学的一级分支学科，历史地理学的三级学科。马蔼乃以现代科学的观点提出了新的地理科学分类体系，特别是以人地系统为核心，界定了地理科学的时空限域，重新定义了古地理科学、历史地理科学、现代地理科学的学科体系。在此学科体系中，古水文地理学属于古地理科学，水文地理学属于历史地理学下自然地理学的分支，很清楚地指明了历史水文地理学在整个地理学科体系中的隶属关系。[②]历史水文地理学是研究地球表面各类水体在一定区域内的分布及其水文现象在时间与空间上的分布变化特征和规律，以及其与地理环境、人类社会之间相互关系的学科。从研究时间段上讲，现代水文地理学是历史水文地理学的延续和发展，它是由自然地理学和水文科学共同研究水在地理环境中的作用而发展起来的，可以说是地理学和水文学的交接点。因此，历史水文地理的研究同样要用地理学的原理、观点和方法综合、系统地去研究已经发生的水文现象的一般规律，以便与古水文地理学、现代水文地理学一起构成整个水文地理学科较为完整的学科体系。

历史时期的水文地理研究在我国有着悠久的发展渊源。我国自古就有对水文现象的认识，传说时代的大禹治水，就有“随山刊木”，观测河水涨落。春秋战国典籍《管子》一书中，对河流进行了分类，并按水流特征开筑渠道，将水引到河流下游高地灌溉农田。这是我国古代典型的水文地理研究。秦汉时期，《尔雅》《说文解字》等著作是对水体类型的专门汇集和解释。汉代桑钦的《水

① 中国大百科全书总编辑委员会《地理学》编辑委员会编辑：《中国大百科全书·地理学》，北京：中国大百科全书出版社，1990 年，第 278 页。

② 马蔼乃：《论地理科学的发展》，《北京大学学报（自然科学版）》1996 年第 1 期，第 120—129 页。

经》则是我国第一部描述水系分布的专著。他一改前人按政区为纲记述水系的方法，而以大河流为纲进行描述，记载了全国137条河流。北魏时期郦道元的《水经注》，则是我国古代水文地理学研究的巨著。“这部著作长达40卷，是我国当时对陆地水文知识的一次大综合，也是地理学出现分科（水文地理学）的一种标志。”[①]陈桥驿在《〈水经注〉记载的水文地理》一文中对《水经注》记载的水文地理，举例进行了介绍，并指出：“它不仅在研究我国的历史水文地理中有重要价值，即在现代水文地理的研究中，也仍然不无意义。”[②]此后，我国水文地理学这一分支得到蓬勃发展，正史中大都辟有“河渠志（书）”“沟洫志”等河湖水利专著，其中记述了全国河湖水系分布。另专门《水志》《图志》也不断涌现，历代治学代有其人，至清末民国时期历史水文地理学研究发展到了新的高度。随着中国现代地理学学科理论体系的不断发展、完善与成熟，有关历史水文研究内容的大量论著也大量涌现，历史水文地理学研究发展到了崭新的高度。

目前，“水文地理学”在水文科学领域，名称已转变为“地理水文学”，更适应当今科学发展的需要。那么历史水文地理学的名称是否也应改为历史地理水文学呢？笔者在博士学位课程“历史地理学理论与方法”结束后，曾提交《水文地理、地理水文名词在历史水文研究中的运用》的课程论文，当时文中指出历史水文研究作为历史自然地理研究中的一个分支学科，研究成果颇丰，可是在以往研究中“历史水文研究”名称称法不一，大大降低了成果的影响度。文章通过对地理学界“水文地理学”向“地理水文学”名称转变过程和历史地理学界对“历史水文研究”使用名称的考察，得知“地理水文学”更符合现代科学发展需要。建议历史地理学界在进行历史水文研究时，也应使用“历史地理水文”取代“历史水文地理”。现在看来，当时的想法仍需进一步修正。近代以来，特别是新中国成立后水文观测站数据的完善和系统化，大大丰富了历史水文地理学的研究主题，其学科名称可使用“历史地理水文”，传统社会是对缺少水文观测数据的水文研究，此学科名称暂用“历史水文地理”较为恰当，如只是在名称上做出变动，而历史水文研究的实质内容没有太大变化，其学术意义何在。本书的研究内容，属于缺少水文观测数据的传统社会，称“历史水文地理”研究，较为合理。

---

① 中国科学院自然科学史研究所地学史组主编：《中国古代地理学史》，北京：科学出版社，1984年，第133页。

② 陈桥驿：《〈水经注〉记载的水文地理》，《水经注研究》，天津：天津古籍出版社，1985年，第29—42页。

2. 研究对象

历史水文地理学的研究对象，从原理上来讲，应该是自然界的一切水体，即广义的水资源。[①]而实际上是不大可能的，历史水文地理学一个最基本也最重要的特点就是借助历史文献记载进行研究，显然把广义上的水资源都纳入研究体系不太可能和现实。比如冰川，在地质时期就已存在，但在历史时期人类对它的认识和了解非常有限，很难进行研究。当然有条件的地区例外。因此，本书认为历史水文地理学的研究对象，仅指狭义上的水资源[②]，当然，这当中对历史时期土壤水的研究难度也比较大，可能在大多数地区不具备研究条件，也应排除在外。这样，研究对象就特指与人类活动紧密联系、息息相关的各种水体，它包括河流、湖泊、地下水、微咸水等。有些研究论著中，还将历史水文地理的研究对象直接称为历史水资源研究，其实是一回事，只是概念的内涵和外延稍有差异。

如果单就某条河流，某个湖泊进行研究，那么研究对象和区域很容易确定。事实上研究过程中往往是区域水文地理研究，多种水资源形态交织在一起，那又如何选择研究对象和区域？以往历史地理学研究在区域选择上，主要按照行政区域、地理范围、研究要素等几种类型。这同样是摆在区域史研究者面前的一道难题。陆敏珍认为："在区域的理解上，最重要的不是简单地将研究对象与行政区划脱离关系，而是要考量纳入研究视野中的区域是否逼向若干问题，或者聚焦在若干问题上。在这个意义上说，区域的理解与其说是一种地理上的空间范围，不如说是一种学术概念；区域的理解是通过选择与特定的学术问题发生关系的某些要素而完成的。"[③]因此，大多数情况下区域的选择都是根据研究需要确定的，区域的选择没有一定的范式可以参照。关于历史水文地理研究的区域选择，本书认为最理想的研究对象应该为一个独立的、相对完整的流域。流域本身就是区域，这是毋庸置疑的。

流域是供给河流地表水源的地面集水区和地下水源的地下集水区的总称。

---

① 广义水资源是指世界上一切水体，包括海洋、河流、湖泊、沼泽、冰川、土壤水、地下水及大气中的水分，都是人类宝贵的财富。按照这样的理解，自然界的水体既是地理环境要素，又是水资源。见黄锡荃主编：《水文学》，北京：高等教育出版社，1993 年，第 30 页。

② 狭义的水资源不同于自然界的水体，它仅仅指在一定时期内，能被人类直接或间接开发利用的一部分动态水体。这种开发利用，不仅目前在技术上可能，而且经济上合理，且对生态环境可能造成的影响也是可以接受的。这种水资源主要指河流、湖泊、地下水和土壤水等淡水，个别地方还包括为微咸水。见黄锡荃主编：《水文学》，北京：高等教育出版社，1993 年，第 30 页。

③ 陆敏珍：《区域史研究进路及其问题》，《学术界》2007 年第 5 期，第 194—200 页。

一般所指的流域都是地面集水区。流域作为一条河流或水系的集水区域，属于一种典型的自然区域，是一个从源头到河口完整、独立、自成系统的水文单元，在地域上有明确的边界范围。因此，以流域为研究单元，可以揭示出完整水文单元的区域特征。同时，流域作为一种“流”，是各种自然信息和人文信息的交流通道，也便于和需要作为整体研究。如果割裂开进行研究，就不能全面和系统地表达流域水文特征。因此，历史水文地理学以流域为研究单元，是最理想和符合科学研究的选择。

20世纪80年代，王守春就历史地理学在研究历史时期河流演变时提出：“今后的研究侧重点应当放在把河流流域作为一个整体或一个系统来进行研究”，并提出应创建“历史流域系统学”。[①]侯仁之先生在1992年提出对历史地理学要进行系统研究，应选择“区域链”作为研究对象，即以河流为轴线，将沿途区域视为子系统，进行流域系统研究。并以北京大学历史地理研究中心的工作为例，将研究重心扩展到“潮河链”“滦河链”等具体设想。[②]朱士光近年来也十分强调流域研究的重要性，其指导的博士生王元林《泾洛流域自然环境变迁研究》和张慧芝《明清时期汾河流域经济发展与环境互动》的论文内容都是选择流域进行研究的。王尚义、张慧芝在2009年发表的《关于创建历史流域学的构想》中大胆提出要创建“历史流域学”并对学科体系的理论问题进行了探讨。[③]王尚义在中国地理学会2011年新疆年会上第一次深刻阐述了“历史流域学”的学科构想之后，2011年11月在山西五台山召开首届中国历史流域学年会对构想进行讨论。2012年10月13日，中国地理学会2012年学术年会在河南大学召开，其中第7主题（历史流域与环境演变）分会场召集人由侯甬坚师、王尚义共同担任。会上参与交流讨论的论文有67篇之多，充分展示了流域研究的独特视角。2014年11月7—9日在太原师范学院召开“流域环境变迁与历史地理学创新学术研讨会”，继续倡导以流域为研究单元开展研究。同时，太原师范学院还组织出版著作《历史流域学论纲》[④]、创办《流域研究》学术期刊。新近刊发的两篇论文《历史流域学：流域的本质与研究的观念》《地理学发展视角下的历史流域

① 王守春：《论历史流域系统学》，《中国历史地理论丛》1988年第3期，第33—43页。

② 侯仁之：《历史地理学四论》，北京：中国科学技术出版社，1994年，第27页。

③ 王尚义、张慧芝：《关于创建历史流域学的构想》，《光明日报》2009年11月19日第9版、21日第7版、25日第10版，《新华文摘》2010年第4期全文转载。

④ 王尚义、张慧芝：《历史流域学论纲》，北京：科学出版社，2014年。

研究》[1]，都是对历史流域研究的理论探讨。可见，流域研究在历史地理学中的地位渐趋凸显，历史水文地理学的学科特征决定了历史水文研究的区域选择更要以流域作为研究对象，形成对流域水文地理研究的新视角。

3. 研究内容

历史水文地理学应包括历史海洋水文地理研究和历史陆地水文地理研究。历史海洋水文地理主要探讨海洋水文气象情势、海洋分区描述、航海地图等内容，本书暂不做讨论。[2]龚胜生等整理发现国外历史水文地理的主要研究内容为水文运动理论、水文测量及方法、海洋污染影响及防治、海难、水文环境化学特性等[3]，这其中很大一部分属于历史海洋水文地理研究。本书此处只论及历史陆地水文地理。历史水文地理学研究具体有哪些内容？这是本学科研究面临的首要问题。

首先需要强调的是，历史水文地理学的研究内容有其自身的特点，可谓特征鲜明。历史水文地理学是现代水文地理学的前身，现代水文地理学是历史水文地理学的延续和发展，二者研究对象和性质大体一致。有人可能会认为历史水文地理学的研究内容，应该与现代水文地理学并无二致。其实情况并非如此，这与历史地理学的学科属性是一致的。20 世纪 60 年代黄盛璋在谈及历史自然地理研究内容时，就指出："历史自然地理学的研究至少可以有前五个部门（是指地貌、气候、水文地理、生物地理、土壤地理），但每一部门的具体内容则有它自己的特点，不一定和现代自然地理学相同，历史自然地理学的具体内容是根据学科本身的特点确定的，而不是根据现代自然地理学研究的范围和内容确定的。历史自然地理学研究的特点有三：第一，所研究的自然地理现象在历史时期必须有较大或较显著的变迁；第二，这些现象发生或发展的过程主要限于历史时期而不在地质时期；第三，必须有可以凭借的研究资料。如此历史自然地理学的研究范围就要比现在自然地理学为狭，不能认为现代自然地理学所研

---

① 毛曦：《历史流域学：流域的本质与研究的观念》，《大连大学学报》2014 年第 5 期，第 15—18 页；王尚义、李玉轩、马义娟：《地理学发展视角下的历史流域研究》，《地理研究》2015 年第 1 期，第 27—38 页。

② 对于中国海洋历史地理或环境史的研究并不多见，最近重要的论著有：Micah S. Muscolino. *Fishing Wars and Environmental Change in Late Imperial and Modern China*，Cambridge，MA：Harvard University Asia Center，2009；（该书已有中译本：〔美〕穆盛博著，胡文亮译：《近代中国的渔业战争和环境变化》，南京：江苏人民出版社，2015 年）；李玉尚：《海有丰歉：黄渤海的鱼类与环境变迁：1368—1958》，上海：上海交通大学出版社，2011 年。

③ 龚胜生、曹秀丽、林月辉，等：《1981—2010 年间的国际历史地理学研究——基于国际期刊〈历史地理学杂志〉的统计分析》，《中国历史地理论丛》2013 年第 1 期，第 5—12 页。

究的内容历史自然地理学都可以研究或都需要研究。”[①]黄氏指出学科本身的特点决定了历史自然地理具体内容的特殊性，这当中也包括历史水文地理学研究内容的独特性。因此，根据现代水文地理学的学科内容以及历史时期水文研究的独特性，历史水文地理的研究内容至少应包括以下几点。

（1）历史水系研究

前文对新中国成立以来历史水文部分研究的评述可知，以往历史水文地理的研究内容主要局限于“历史河湖演变”“历史水体变迁”方面，这当然是历史水文地理研究的重要内容。因为河湖水系变迁是开展其他工作的基础，搞清楚水系水体本身的变迁，是历史水文地理研究的首要任务。历史水系研究包括对水体的性质、形态特征、空间分布及区域差异、河湖水系演变等研究。这是传统历史水文地理研究的重心所在。我国疆域辽阔，各类水体资源丰富，河流水系演变复杂且古今变化较大，今后仍需继续加强此部分工作。

（2）历史水文研究

本部分研究内容是对水本身的认识，对水情要素的研究。张步天提出历史水文地理包括历史水系研究和历史水文研究。其中，历史水文研究包括两个方面，即历史水位、汛期、流速、流量研究；历史时期河湖泥沙和化学特征。[②]这可能是受《中国古代地理学史》一书中“陆地水文地理”章节内容启发演绎而来。中国科学院自然科学史研究所地学史组主编的《中国古代地理学史》一书，其中就专列章节对我国古代陆地水文现象进行了整理和研究。[③]按照当时水文学界对水文学地理研究方向名称的传统称法，将历史水文研究称为“陆地水文地理”，撰写人为陈瑞平。从该书第四章的章节标题安排可以看出其研究内容（图 1-2）。

“陆地水文地理”是以我国古代对自然地理的认识发展为脉络进行撰写的，显然，从研究内容上来看，分为历史水系研究和历史水文研究两部分。历史水系研究主要包括水体的记述、分类与命名等；水系的记述及变迁研究等。历史水文研究主要对水体汛期、水位、流速、流量、洪水等研究；历史时期水体的泥沙和化学特征等研究。不过此处历史水文诸要素的研究更强调的是观测数据，倾向于定量分析。本书认为，按照现代水文学的要求，只要是水文要素都可以纳入历史水文研究的范畴，而不应该仅仅局限于上述提到的诸要素。

---

① 黄盛璋：《论历史地理学一些基本理论问题》，《地理集刊》第 7 号，北京：科学出版社，1964 年，第 1—17 页。

② 张步天：《历史地理学概论》，开封：河南大学出版社，1993 年，第 9 页。

③ 中国科学院自然科学史研究所地学史组主编：《中国古代地理学史》，北京：科学出版社，1984 年，第 123—168 页。

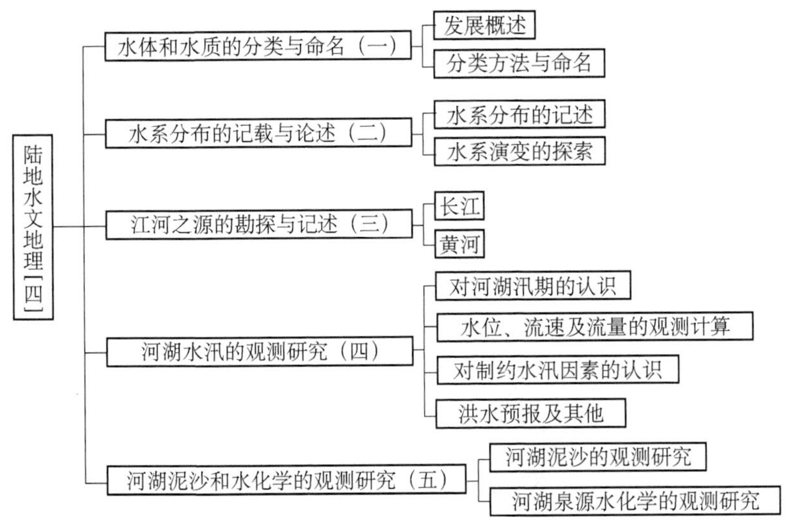

图 1-2 《中国古代地理学史》中的“陆地水文地理”章节安排

观测数据固然重要，但观测数据出现之前的我国历史时期水体的水文状况也应引起重视和足够的关注。现代各种水体是由历史时期发展演变逐步形成的，若只着眼于有水站实测基础上的研究，显然不能全面把握各种水体的特性和发展演变规律。更何况具有现代科学意义上的中国最早水文、气象数据，出现在 19 世纪中叶。据调查，帝俄教会为了搜集中国的水文、气象情报，于 1841 年开始在北京观测和记录降雨量；英国政府于 1862 年开始在汉口组设海关，并设立水尺，观测长江水位（从 1865 年起有正式观测记录）；法国教会于 1873 年在上海徐家汇设教堂并观测雨量。[①]显然，有实测数据的历史充其量才一百五十多年，而中国历史悠久，一百五十年前相当长时段的水文诸要素也需要进行整理和系统研究。因此，历史水文研究也是历史水文地理学的研究内容之一。

（3）历史水环境研究

全球变化和可持续发展研究，是当今国际科学界非常瞩目的重大课题，引起各国政府、科学界和广大民众的广泛关注。20 世纪 80 年代以来，环境史研究在中国成为热门话题。因此，历史水文地理研究也必须紧跟时代学术潮流，适时增添研究主题或内容，体现学术研究的时代性和前瞻性。“一个时代有一个时代的学术”，就是这样的道理。随着时代的发展，历史地理学包括历史水文地

① 黄伟纶：《“水文”词源初探》，《水文》1994 年第 5 期，第 56—59 页。

理学的内容必定会有新的拓展。当今的全球环境变化可以说是历史时期全球环境变化的延续和发展，对人类文明以来由人类活动所引起的全球环境变化的研究该如何展开，是当前科学界的一大难题。人们关注现实，寻求历史解释，是学术研究的终极所在。本书认为历史水环境研究应该纳入历史水文地理研究的框架中。

此外，本书认为历史水环境研究，亦即指水文效应[①]研究。这一研究内容也与历史地理学学科特点相一致，最近地理工作者对历史地理学界工作的评论是："历史地理学属于地理科学，是现代地理学的一个组成部分，'其主要研究对象是人类历史时期地理环境的变化，这种变化主要是人的活动和影响而产生的'，这是老一辈历史地理学家在长期的学科探索与哲学思考中提出的科学命题。"[②]近年来流行对区域水资源环境的研究，也属于历史水环境研究范畴。对于历史水环境应该和需要研究哪些内容，这又是一个仁者见仁，智者见智的问题。笔者认为历史水环境的研究内容应该包括研究区的环境变化过程描述、驱动因子探析、人类对环境变化的适应与调控以及区域环境总体评价。研究者可根据所选研究区，确定区域特色的水环境研究内容。

（4）历史水文地图研究

我国古代就有撰述和记载水经的传统，因此大量典籍中往往保存有不少的有关河流、湖泊等水体的历史水文图，这也是水文地理学研究的重要内容。对于历史水文地图的研究，可以复原和厘清历史水文状况，有助于水文现象的整体性认识。同时，我们在历史水文地理研究过程中，也会根据研究成果编制区域或局部的水文地理图，最终形成整体图，这也属于历史水文地图研究的范畴。

因此，历史水文地理学的研究内容，目前来讲至少应包括历史水系研究、历史水文研究、历史水环境研究、历史水文地图等方面。诸方面之间本身是一个互相联系、互相影响、不可分割的整体，研究过程中可以有所交叉。当然，历史水文地理研究具体过程中，可根据不同的区域或流域选择，确定适合的研究内容，不一定要面面俱到。这是由历史水文地理学的区域性特点所决定的。

现代水文学研究依据水文手册和水文年鉴，历史时期水文要素研究也需要

---

① 水文效应，是指由于自然或人为因素，使地理环境发生改变，从而引起水循环要素、过程、水文情势发生变化。见黄锡荃主编：《水文学》，北京：高等教育出版社，1993 年，第 264 页。

② 葛全胜、何凡能、郑景云，等：《21 世纪中国历史地理学发展的思考》，《地理研究》2004 年第 3 期，第 374—384 页。

资料支撑，而且特别强调实测数据，但在大多数地区对水文要素研究只能限于定性描述为主。有条件的地区当然例外，如在“文化大革命”期间，考古工作者在长江中、上游进行水文考古工作，这项工作大致可分为三个方面：调查沿江有关历史水文的古代建筑遗存、古城址；调查沿江有关历史水文的石刻题记；调查清理长江沿岸有关历史水文的古墓葬、古遗址。通过这些工作，把古代历史文献资料与地上、地下文物古迹结合起来进行分析研究，对考察历史水情、探索水文变化规律是十分重要的。此外，水利工作者还对我国一些主要河流的水文资料进行整理，并取得较好的成就。[①]重庆市博物馆等编的《水文、沙漠、火山考古》一书，书中有关水文部分的有：《长江上游宜渝段历史枯水调查》《略谈长江上游“水文考古”》《从石刻题记看长江上游的历史洪水》三篇论文，就是这次工作的成果。[②]

总之，历史水文地理学的主要研究内容是以人类活动为中心，紧扣“水资源”“水灾害”“水环境”诸要素，以及如何展现水文事项与研究成果而自成体系。宏观而论，历史水文地理学的研究体系是很系统、全面，但真正落实到某一区域（流域），有些研究要素是没有研究资料支撑的，这也是目前历史水文地理研究长期得不到长足发展的关键所在。不过，侯甬坚师则从另一学术层面指出历史水文地理研究薄弱的原因，“河湖研究方面，长期以来主要是河道、湖泊变迁的研究，很少进入历史水文地理的研究框架。造成这种状况的原因之一，是大学历史、地理系分科学习，一文一理，课程分开，完全不同，相互之间的结合通融，只能在研究生阶段去提高了。历史上史地不分家的传统，结果是分了家”[③]，可能也是其中的原因之一。总之，在历史水文地理的具体研究过程中，应根据本书构建的历史水文地理学理论框架再结合研究区域资料情况和区域特点，适时调整研究内容，以形成某一区域独特的历史水文地理研究体系，从而丰富历史水文地理学学科体系的整体构建。

① 黄盛璋、纽仲勋：《近年我国历史地理研究的进展》，《中国史研究动态》1979年第3期，第9—13页。

② 重庆市博物馆等编：《水文、沙漠、火山考古》，北京：文物出版社，1977年。

③ 侯甬坚：《历史地理学的学科特性及其若干研究动向述评》，《白沙历史地理学报》第3期，台湾彰化师范大学历史学研究所出版发行，2007年，第32—74页。

第三节　学术史回顾与评价

一、国内外历史水资源环境研究现状评述

1. 国外

国际全球环境变化人文因素计划（IHDP）是地球系统科学联盟四大全球环境变化计划之一，该计划将自然科学和社会科学的研究方法与视角结合起来，力求更好地区分导致全球环境变化的人文因素，并确立了研究目标：理解人文因素在全球变化中的作用，为建立资源、环境与生态安全及可持续发展提供支撑。该计划从 20 世纪 90 年代开始实施，目前已进入第二个 10 年。在西方，研究人类活动与自然环境的关系，一直是一个盛行的论题，水资源——作为人类最密切的自然资源和环境要素，当然也受到了应有的关注。1864 年乔治・珀金斯・马什（George Perkins Marsh）的《人与自然：人类活动所改变的自然地理》[①]是第一个里程碑。其后，谢洛克（Sherlock）、托马斯（Thomas）、高迪（Goudie）等[②]著作中皆有很好体现，包含了人类活动对水资源的影响研究。而 1969 年乔利（Chorley）的《水、地球和人类》[③]这一文集，更是集中评述了与水有关的自然和社会经济环境的诸多方面。

剑桥大学历史地理学家阿兰・贝克（Alan R. H. Baker）的《地理学与历史学——跨越楚河汉界》[④]书中“人类活动对自然之水资源的影响”论述最为翔实。其指出：水对于人类生存是必不可少的，因此人类作了大量的努力将水作为资源来管理。研究主要体现在：①对河流的蓄意改造。戴恩（Dion）对法国卢瓦尔河堤坝筑造的研究是有关河流管理的经典研究。②湿地环境的开垦。经典研究有 1940 年达比（Darby）对中世纪英格兰东部芬斯沼泽地及其以后开垦的叙

---

① Marsh G P. *Man and Nature: Or Physical Geography as Modified by Human Action*. London: Sampson Low, Son and Marston, 1864.

② Sherlock R L. *Man as a Geological Agent: An Account of His Action on Inanimate Nature*. London: HF & G. Witherby, 1922; Thomas W L. *Man's Role in Changing the Face of the Earth*. Chicago: The University of Chicago Press, 1956; A.高迪著，邢嘉明等译：《环境变迁》，北京：海洋出版社，1981 年；Goudie A. S. *The Human Zmpact on the Natural Environment: Past, Present, and Future*. John Wiley & Sons, 2013.

③ Chorley R J. *Water, Earth, and Man: A Synthesis of Hydrology, Geomorphology, and Socio-Economic Geography*. London: Methuen & Co Ltd, 1969.

④ ［英］阿兰・贝克著，阙维民译：《地理学与历史学——跨越楚河汉界》，北京：商务印书馆，2008 年。

述。[①] ③水资源管理将继续成为历史地理学科的一个热门研究专题。鲍威尔（Powell）在《灌溉花园国家：维多利亚州的水资源、土地与社区，1934—1988年》和《承诺的草原、宿命的河流：水资源管理与昆士兰州的发展1824—1990年》两书中详细阐述了水域管理在澳大利亚发展、保护与环境评价历史中的中心地位。西方学者的研究，充分论证了人类对于水资源的能动管理，这种以人类需求为切入点的研究，尊重了历史发展的事实，为研究人类活动在全球变化中的作用提供了有效的路径。

2. 国内

对中国历史时期水资源环境的研究，主要集中在水资源存在形式、河流流量、区域水文状况以及区域水文变化的驱动因子等方面。

全国性的水资源环境研究情况，据林頫在《中国历史地理学研究》一书的专题介绍“历史自然地理研究”中“历史时期水系、水体变迁研究”指出：中国有数不胜数的名山大川，古代有江、河、淮、济“四渎”，今天有著名的七大江河。历史时期水系变迁是历史自然地理领域里资料最丰富、问题最复杂的一部分，一则是水系变迁原来就是沿革地理的一个重要内容，两千年来著作如林，资料浩繁；二则水系是自然环境诸因素中最活跃的因素，历史时期变化最大。因此，水系水体变迁研究是历史自然地理研究中最为活跃的领域，而且直接与人类的生命财产息息相关，所以引人瞩目，其研究成果同样令人叹为观止。关于湖泊变迁的研究方面，学术界已取得的历史上黄河流域古湖、古濩泽、昭余祁薮、华北平原湖沼、白洋淀、文安洼、梁山泊、城川湖泊、罗布泊、居延海、青海湖、滇池、茈碧湖、苏北湖泊、太湖、固城湖、雷池、杭州西湖、鉴湖、广德湖等研究成果，蔚然可观。此外学术界还对著名的人工河流大运河进行了详细研究。[②]

对于水资源存在形式，即河湖状况的研究，就黄河流域而言可以说成果颇丰。现择其要者简言之，历史地理学家史念海先生曾对黄河下游湖泊状况进行过探讨。[③]田世英的《黄河流域古湖钩沉》一文，运用历史文献资料从宏观上将黄河流域比较著名的湖泊进行总体勾勒，明确其所在具体位置及消失演变之迹，

---

① Darby H. C. *The Draining of the Fens*. Cambridge, UK: Cambridge University Press, 1940. *The Changing Fenland*, Cambridge: Cambridge University Press, 1983.

② 林頫：《中国历史地理学研究》，福州：福建人民出版社，2006年，第85—100页。

③ 史念海：《黄河流域诸河流的演变与治理》，西安：陕西人民出版社，1999年，第153—158页。史念海先生对黄河流域水资源环境诸方面多有涉及，诸如河湖状况、河流泥沙、河流流量、河流灾害及其水资源变化的原因等，且研究水平举世瞩目。

并指出历史时期的黄河流域，湖泊确实众多，大量植被的破坏是大量湖泊堙废的重要原因。[①]邹逸麟、张修桂对黄淮海平原不同历史时期的湖沼变迁状况进行过研究，研究思路是根据不同时期历史文献记载的湖沼，进行统计分析，并对分布的成因进行探析。[②]赵天改的硕士论文《关中地区湖沼的历史变迁》对历史时期关中地区湖沼变迁进行了初步的复原研究。[③]赵天改的论文主要研究水资源的重要组成部分——湖沼的历史变迁，并讨论了关中地区水体资源由丰转贫的原因，分析了关中湖沼大量湮废的危害及原因，在此基础上提出相应的保护和开发湖沼资源的措施，可为关中地区乃至西北地区开发水资源提供借鉴。其论文研究主要思路是根据历史遗留的文献记述复原了不同时期的湖沼，并列表统计和编绘上地图；同时进行不同时期数量、面积等比较，主要分为四大时段，即先秦、秦汉魏晋北朝、隋唐、唐末以来讨论湖沼的数量、特点、分布。最后其讨论关中湖沼湮废的危害、原因和复兴措施。当然，这只是一项初步且基础的工作。

对于河流水文状况的探讨，史念海先生用力最深。其对河流泥沙的探讨，涉及黄河及其支流渭河、泾河等，详见《论泾渭清浊的演变》和《历史时期黄河下游的堆积》等文[④]；对河流流量的研究又主要体现在《黄土高原主要河流流量的变迁》和《论西安周围诸河流量的变化》两篇文章[⑤]。其中《黄土高原主要河流流量的变迁》一文具有宏观把握和指向性意义，文章主要论述了发源于黄土高原的主要河流渭水、汾水、沁水、桑干河、滹沱河和漳水的流量变迁；指出地震和气候变化都不会影响到河流流量的长期变化，森林植被的破坏是主要影响因子。

对区域水文状况及驱动因子的研究，近年来南开大学王利华对华北中古水资源环境着力甚多，研究论文相继发表，主要有《中古时期北方地区的水环境和渔业生产》《中古华北水资源状况的初步考察》《古代华北水力加工兴衰的水

---

① 田世英：《黄河流域古湖钩沉》，《山西大学学报（哲学社会科学版）》1982年第2期，第33—41页。

② 邹逸麟：《历史时期华北大平原湖沼变迁述略》，《历史地理》第5辑，上海：上海人民出版社，1987年，第25—39页。后收入《椿庐史地论稿》，天津：天津古籍出版社，2005年，第246—269页；张修桂：《中国历史地貌与古地图研究》，北京：社会科学文献出版社，2006年，第279—416页。

③ 赵天改：《关中地区湖沼的历史变迁》，陕西师范大学硕士学位论文，2001年。

④ 史念海：《黄河流域诸河流的演变与治理》，西安：陕西人民出版社，1999年，第131—178页；史念海：《论泾渭清浊的演变》，《黄土高原历史地理研究》，郑州：黄河水利出版社，2001年，第306—328页。

⑤ 史念海：《黄土高原主要河流流量的变迁》，《河山集》七集，西安：陕西师范大学出版社，1999年，第14—50页；史念海：《论西安周围诸河流量的变化》，《河山集》七集，第51—76页。

环境背景》《中古华北的水环境与内河航运问题》等。[①]王利华对华北水资源环境的关注，最早应见于《中古时期北方地区的水环境和渔业生产》一文。另著《中古华北饮食文化的变迁》一书中，第一章“中古华北生存环境”之“水环境与水产资源”，谈及中古华北地区水环境状况。[②]此部分简单地论述了华北水环境，即中古时代华北各大河流及其众多支流的水文状况与现代相比要优越很多。同时，他指出这主要体现在：①中古时期黄河中下游各地河流的径流量都远比现代大，而且不像现代这样骤升骤降；较为良好的河流水文环境，有利于中古华北地区航运事业的发展，此外，还为中古华北提供了较为充足的农田灌溉水源以及较为可观的水产资源；②中古华北宛若繁星散落的湖泊沼泽，是水文环境良好的又一标志。但其没有深入展开论述，正如作者所言：“至于这一时期华北其它河流的水文状况，本文不打算展开叙述。”[③]不过好在此后多年，王利华一直致力于华北水文环境的探讨，其后的多篇文章还进一步对此问题展开讨论。现按照文章发表的先后顺序予以分析。2005 年的《古代华北水力加工兴衰的水环境背景》一文认为：东汉至唐代华北水力加工逐步发展并一度相当兴旺，宋代以后则逐渐衰退，明清时期竟至完全衰落。古代华北水力加工与水稻生产在用水方面一直存在矛盾，但两者又存在同步兴衰的关系。究其原因，东汉至唐代，水资源尚较丰富是具有关键意义的前提条件；它在宋代以后逐渐衰退、终至完全衰落，根本原因乃是当地水环境状况不断恶化，水资源日益短缺，使其逐渐丧失了存在和发展的自然基础。2006 年的《中古华北的水环境与内陆航运问题》一文则对华北水资源的基本状况进行了详细论述，其主要观点认为：中古时代该区域的水系发育良好，水资源远比现在丰富。其时，大小河流水源供给充足而且稳定，非遇特大干旱，即使在枯水季节亦能维持可观的流量，主要河流未见枯竭断流纪录；湖泽池沼数量众多，其中若干湖泊水域广阔，潴积能力巨大；高原山地的泉水资源丰富，可源源不断地挹注于大小河川的上流。正因为如此，其认为中古华北的内河航运曾经相当繁荣发达，是一个不争的事实。发展的内河航运是以良好的水资源环境为基础和前提条件的，水资源状况及其改变对内河航运的兴衰具有决定性的影响。中古时期特别是唐代，华北内河航

---

① 王利华：《中古时期北方地区的水环境和渔业生产》，《中国历史地理论丛》1999 年第 4 期，第 41—55 页；《古代华北水力加工兴衰的水环境背景》，《中国经济史研究》2005 年第 1 期，第 30—39 页；《中古华北的水环境与内河航运问题》，环境史研究第二次国际学术研讨会提交论文，2006 年 11 月 8—10 日，中国台湾；《中古华北水资源状况的初步考察》，《南开学报（哲学社会科学版）》2007 年第 3 期，第 43—52 页。

② 王利华：《中古华北饮食文化的变迁》，北京：中国社会科学出版社，2001 年。

③ 王利华：《中古华北饮食文化的变迁》，北京：中国社会科学出版社，2001 年，第 46 页。

道四通八达，正是由于良好的水资源条件为之提供了环境支持；后世华北内河航运逐渐衰退，至今已不足道起，乃是由于当地水环境逐渐恶化、水资源渐趋匮乏所致。2007年的《中古华北水资源状况的初步考察》一文，则是对上文的进一步阐述，研究方法和内容基本差不多，但有所细化。总之，王利华诸篇文章的主要论点认为：中古时期（约公元3—9世纪），华北地区仍然具有良好的水环境，大小河流在枯水季节亦能维持可观流量，湖泊沼泽众多，丘陵山地泉水丰富；后世（宋代以后）水环境逐渐恶化，水资源渐趋匮乏；与当代严重缺水的情况迥然有别。华北水资源由相当丰富到严重短缺的变化，主要是由于当地水源涵蓄、潴积能力下降；而水源涵蓄、潴积能力下降的原因归结为山区森林植被破坏和平原湖泊沼泽消亡。

另外，王子今的《秦汉时期生态环境研究》一书中“秦汉时期水资源考察”一章，题目涉及全国水资源，实际是以区域个案研究为主。①研究思路仍从河流（包括漕运）、湖泊、渔业等几方面反映水资源状况。不同之处在于，该书部分内容给出了自然工作者已经开展工作所能提供的河流、湖泊的水文资料状况。

山西省份学者，对河流和湖泊等水体研究的成果相当可观。他们对山西河流研究，主要篇幅集中在汾河及其支流。②另外，对桑干河变迁③、海河南系滹沱河、漳河变迁也有相关探讨④。对古人利用河流水力资源，主要研究集中在如水运、渠堰、水力加工等的功效方面。⑤对山西湖泊研究也有

① 王子今：《秦汉时期生态环境研究》，北京：北京大学出版社，2007年。

② 谢鸿喜：《沙渠河改道及洮水大泽考》，《中国历史地理论丛》1991年第3期，第195—201页；段士朴：《晋水·绵山历史渊源考辨》，《山西师大学报（社会科学版）》1985年第3期，第87—90页；桑志达等：《利用卫星遥感、地质、历史资料相结合方法研究太原断陷盆地古湖泊古河道分布及演变规律的初步研究》，《山西水利·史志专辑》1986年第4期，第7—16页；王尚义：《历史时期文峪河的变迁》，《山西水利》1988年第1期；陈桥驿：《〈水经注〉记载的三晋河流》，《中国历史地理论丛》1988年第4期，第1—13页；张杰：《潇河历史变迁初探》，《太原教育学院学报》1999年第2期，第13—17页。王原林：《汾阳及汾水干支流辨误》，《中国历史地理论丛》1995年第3期，第234、252页；孟万忠：《历史时期汾河中游河湖变迁研究》，陕西师范大学博士学位论文，2011年。

③ 王杰瑜：《明清时期晋冀蒙接壤地区生态环境变迁》，陕西师范大学博士学位论文，2006年。

④ 石超艺：《明以来海河南系水环境变迁研究》，复旦大学博士学位论文，2005年。

⑤ 石凌虚：《山西航运史》，北京：人民交通出版社，1998年；石凌虚：《晋渠钩沉》，《山西大学学报（哲学社会科学版）》1983年第2期；《平虏渠不在山西》，《晋阳学刊》1983年3期，第101—103页；《关于《汾河何时失去漕运之利》一文的几个史料问题》，《山西师大学报（社会科学版）》1984年第2期，第100页；《秦汉时期山西水运试探》，《晋阳学刊》1984年第5期，第68—72页；马志正：《汾河何时失去漕运之利》，《山西师大学报（社会科学版）》1984年第1期，第80页；薛愈：《晋渠考》，《山西大学学报（哲学社会科学版）》1983年第3期，第67页；张俊峰：《明清以来山西水力加工业的兴衰》，《中国农史》2005年第4期，第116—124页。

不少成果[①]，此外还有孙永和的《神陂与太子滩》和张广善的《濩泽与泽州》等未刊稿。其中，王尚义的《太原盆地昭余古湖的变迁及湮塞》是将文献考订、实地考察和现代技术手段三种方法综合运用的一篇力作。论文首先根据文献判断昭余古湖的四至范围和两次较大变化时期，再利用遥感卫星图片对古湖变迁及淤塞范围进行订正，并绘制成图，又通过实际考察对文献和遥感卫片分析结果进行进一步考证；最后分析古湖湮塞的原因。张慧芝则对汾河支流潇河明清河道迁徙原因和“泄文湖为田”的负面影响进行了探讨。[②]

研究河流水资源环境变迁的论文，据不完全统计，仅论文标题有“水文变迁”一词的主要有：《历史时期山西水文的变迁及其与耕、牧业更替的关系》《从古今县名看山西水文变迁》《历史时期潇河流域的水文变迁初探》《试论历史时期汾河中游地区的水文变迁及其原因》《涑水河流域水文变迁及其对盐池和农业生产的影响》《历史时期的汾河水利及其水文变迁》等6篇文章。[③]从论文研究的对象看，其主要集中在汾河及其支流和涑水河流域。从论文发表的时间看，又主要集中在20世纪80年代至90年代中期，且研究者主要集中在山西大学黄土高原研究所和山西省水利厅等部门，这说明当时山西曾出现过历史水资源环境研究热潮。其中以田世英、靳生禾等人的论文颇具代表性。田世英的《历史时期山西水文的变迁及其与耕、牧业更替的关系》一文认为：从历史文献上看，山西的地面水和地下水都是相当丰富的；三千多年来，山西水文之变也是异常显著的。文章主要从湖泊的堙涸消失、泉水的逐渐萎缩枯竭、湿地的干涸与地下水位的下降、汾河航运的兴废四个方面勾勒出三千年来山西水文的变迁；并

① 韩永章、解爱国：《论古代山西湖泊的湮废及其历史教训》，《山西水利史论集》，太原：山西人民出版社，1990年；王尚义：《太原盆地昭余古湖的变迁及湮塞》，《地理学报》1997年第3期，第262—267页；乾林：《河东盐池与五姓湖的兴废》，《晋阳学刊》1990年第5期，第50—54页；解龙德：《汾涑流域的古湖泊》，《晋阳学刊》2000年第2期，第98—100页；康玉庆：《汾涑流域古湖泊的沧桑变迁》，《太原大学学报》2002年第2期，第35—39页；《晋阳古湖——台骀泽》，《山西大学学报（哲学社会科学版）》1984年第4期，增刊。

② 张慧芝：《明清时期潇河河道迁徙原因分析》，《中国历史地理论丛》2005年第2期，第148—155页；《明代汾州“泄文湖为田”的负面影响》，《中国地方志》2006年第5期，第148—155页。

③ 田世英：《历史时期山西水文的变迁及其与耕牧业更替的关系》，《山西大学学报》1981年第1期，第29—37页；靳生禾：《从古今县名看山西水文变迁》，《山西大学学报》1982年第4期，第61—68页；李乾太：《历史时期潇河流域的水文变迁初探》，《山西水利》1986年第4期，第16—20页；张荷、李乾太：《试论历史时期汾河中游地区的水文变迁及其原因》，《黄河水利史论丛》，西安：陕西科技出版社，1987年，第244—255页；梁四宝、乔守伦：《涑水河流域水文变迁及其对盐池和农业生产的影响》，《山西大学师范学院学报（综合版）》1992年第3、4期，第72—76页；张宇辉：《历史时期的汾河水利及其水文变迁》，《山西水利》2001年第5期，第44—45页。

指出，如果从时间上划分，大概在五代以前，山西水文的变迁比较缓慢，五代以后逐渐加快，且越接近现代越快。文章最后指出历史时期山西耕、牧业的更替，确实是促进水文之变一个不可低估的原因。靳生禾的《从古今县名看山西水文变迁》一文通过古今县名，从地名学角度探讨山西水文变迁状况。文章在占有大量历史文献资料基础上将山西古今县名进行初步统计，以能反映水文变迁的以“水”命名的县进行了详细分析：包括以河川为名的88个县；以泉泽为名的21个县；兼以山水为名的四个古今县，用以说明历史文献反映这些县湿润多水，植被葱茏，农事丰饶的景观。文章还分析了其与晚清以来三晋干旱少水的现实迥异，说明古今水文发生很大的变化。最后指出山西地区水源从古到今经历了越来越少的过程，这与人类活动作用有关。

上述诸位学者都对历史水资源环境研究做出了一定的贡献，这是值得肯定和赞赏的。仔细分析和归纳可知，大多数论断认为华北区域：“中古时期（约公元3—9世纪），华北地区仍然具有良好的水环境，大小河流在枯水季节亦能维持可观流量，湖泊沼泽众多，丘陵山地泉水丰富；与当代严重缺水的情况迥然有别。”并提出疑问“何以中古华北仍能具备良好的水资源条件，而在后代却不断走向匮乏、最终形成当今如此严重缺水的局面呢？”对山西区域认为“如果从时间上划分，大概在五代以前，山西水文的变迁比较缓慢，五代以后逐渐加快，且越接近现代越快”。这些真知灼见的研究结论，时间段都初步确定在五代，换句话说大多数学者认为五代之前后华北区域水资源环境开始出现变化。

归纳方家观点，即黄河流域或华北区域，以中古为一个时间段界限，前期（隋唐及之前）水资源环境良好，后期（五代之后）出现水资源减少、水资源渐趋匮乏、最终形成当今如此严重缺水的局面。这是大概自20世纪80年代起至今仍在学术界比较流行的观点。对此观点，张俊峰已有专文就其中华北水力加工状况，例举明清山西水力加工状况进行了反驳。张氏将这种学术观点概括称之为“对唐宋时代人口资源环境尤其是气候、水资源环境的过分‘美化’和对明清时代人口资源环境关系的严重‘恶化’似乎已成为一些论者研究时的预设前提，不假思索地将‘水资源匮乏’‘生态环境恶化’等结论性词语运用到明清环境史的研究当中”[①]。这是在对历史水资源环境研究中出现的学术倾向，值得反思。

通过前文对他人研究成果的述评可知，不同学者对历史“水资源环境”的研究思路和技术路线见表1-3。

---

① 张俊峰：《明清以来山西水力加工业的兴衰》，《中国农史》2005年第4期，第116—124页。

表 1-3　学者对“水资源环境”的研究思路和技术路线

水文对象	研究思路	研究学者
河湖状况	利用不同时期历史文献“横剖面”式复原	邹逸麟、张修桂赵天改等
河流流量	主要运用河流通航与否，如大小河流能够通航或漕船、兵船航道之用，一些河流甚至在枯水季节仍可通行船只	史念海、王利华
区域水文状况	河流航运与否、湖泊的湮塞消失、泉水的萎缩枯竭、湿地的干涸与地下水位的下降	田世英等
	河流水系发育状况；湖沼泉水数量、面积大小；竹林等。另外内河航运的发达与否；水稻种植规模；水力加工的兴衰；水产捕捞的丰歉等经济行为可佐证水资源的丰富程度	王利华
	从河流（包括漕运）、湖泊、渔业等方面反映，部分给出了自然工作者已经开展工作所能提供的河流、湖泊的水文资料状况	王子今

从表 1-3 中诸位学者的研究技术路线可看出：第一，水资源的存在形式，即河湖状况，主要研究思路为利用不同时期历史文献“横剖面式”尽可能全面的复原研究。第二，河流的流量变化，目前学术界无法做出具体的数量估计，主要通过内河航运的通航与否来进行估算和佐证。第三，区域水文状况，评价指标很多，可以通过河流的水系发育状况；河湖泉的数量、面积的大小变化；河流通航能力；水稻种植规模；水力加工的兴衰；竹林和渔业等指标来进行考察。

二、研究流域的研究现状评述

涑水河流域的水文环境变迁，前人已有些工作基础。比较重要的文献，研究水资源存在形式的有《山西省历史地图集》相关图幅的绘制；研究水文变迁的有《涑水河流域水文变迁及其对盐池和农业生产的影响》①；专论伍姓湖②和盐池变迁的有《河东盐池与五姓湖的兴衰》③等。另外田世英、谢鸿喜等著作中都涉及涑水河流域河湖泉池状况。

《山西省历史地图集》是山西省地图集编纂委员会编纂的新中国第一部大型的省区综合性历史地图集，集山西省内外专家和学术团体机构集体智慧而成，具有综合性、系统性、科学性和艺术性等鲜明特色。该图集除序图外，主要分政区、

① 梁四宝、乔守伦：《涑水河流域水文变迁及其对盐池和农业生产的影响》，《山西大学师范学院学报（综合版）》1992 年第 3、4 期，第 72—76 页。

② 伍姓湖，元明清社会称五姓湖；中华人民共和国成立后称伍姓湖。

③ 乾林、国甲：《河东盐池与五姓湖的兴废》，《晋阳学刊》1990 年第 5 期，第 50—54 页。

自然、人口与民族、经济、文化、军事等六部分，共有387幅图，107幅照片，100幅图表、26万文字说明，2万余条地名索引。每图组都由该领域专家负责和把关，如政区图组由谢鸿喜、杨静负责，自然图组由蒋耘、苏宗正、杨静负责，因此，地图编纂和绘制总体质量极高。图集已由中国地图出版社于2000年9月出版。

《山西省历史地图集》政区图组中，在标绘政区行政建置时，也将不同历史时期的河湖泉池一并点绘上图，我们通过整理可以看出不同历史时期的河湖泉池状况，并可反映水资源的存在形式，进而一定程度上反映流域水文环境状况，具体详见表1-4。

表1-4　《山西省历史地图集》标绘的涑水河流域河湖

图组名称	图幅名称	河流	湖沼泉池	备注	页码
政区图组	春秋晋	涑川	董泽、盐池、女盐池、五姓湖	湖沼全无名称，此处作者按照明清湖沼名称	16—17
	战国韩赵魏	涑水、洮水	解池、女盐池、张泽	洮水入盐池	18—19
	秦	涑水	盐池、女盐池、张泽	涑水无名称	20—21
	西汉（平帝元始二年）(2)	涑水	解池、女盐池、张泽		22—23
	东汉（顺帝永和五年）(140)	涑水	解池、女盐池、张泽		24—25
	三国魏（元帝景元三年）(262)	涑水	解池、女盐池、张阳池		26—27
	西晋（晋武帝太康元年）(280)	涑水	盐池、女盐池、张泽	解池名称为盐池，其他无	28—29
	东晋十六国前赵刘曜光初元年（东晋元帝建武二年）(318)	涑水、姚暹渠	解池、女盐池、张泽	姚暹渠未注名称，系作者据明清补充。下同	30—31
	东晋十六国后赵代石勒建平元年（东晋咸和五年）(330)	涑水、姚暹渠	解池、女盐池、张泽		32—33
	东晋十六国前燕、前秦代前燕慕容暐建熙元年前秦苻坚甘露二年（东晋穆帝升平四年）(360)	涑水、姚暹渠	解池、女盐池、张泽、董池陂		34—35
	东晋十六国前秦苻坚建元十六年（东晋孝武帝太元五年）(380)	涑水、姚暹渠	解池、女盐池、张泽		36—37
	东晋十六国北魏西燕（北魏道武帝登国二年；西燕慕容永中兴二年；东晋孝武帝太元十二年）(387)	涑水、姚暹渠	解池、女盐池、张泽、董池陂		38—39

续表

图组名称	图幅名称	河流	湖沼泉池	备注	页码
政区图组	东晋十六国后燕后秦北魏（后燕慕容宝永康元年；后秦姚兴皇初三年；东晋孝武帝太元二十一年）（396）	涑水、姚暹渠	解池、女盐池、张泽		40—41
	南北朝北魏（一）孝文帝太和十六年（492）	涑水、姚暹渠	解池、女盐池、张泽、董池陂		42—43
	南北朝北魏（二）孝庄帝永安二年（529）	涑水、姚暹渠	解池、女盐池、张泽		44—45
	南北朝东魏、西魏（东魏孝静帝武定四年；西魏文帝大统十二年）（546）	涑水、姚暹渠	解池、女盐池、张泽	女盐池，张泽未注名称	46—47
	南北朝北齐北周（北齐后主武平四年；北周武帝建德二年）（573）	涑水、姚暹渠	解池、女盐池、张泽、董池陂		48—49
	南北朝北周宣帝大象元年（579）	涑水、姚暹渠	解池、女盐池、张泽		50—51
	隋炀帝大业五年（609）	涑水、姚暹渠	解池、女盐池、张泽		52—53
	唐（一）太宗贞观十三年（639）	涑水、姚暹渠	解池、女盐池、张泽		54—55
	唐（二）玄宗天宝元年（742）	同上	同上		56—57
	唐（三）宪宗元和十三年（818）	同上	同上		58—59
	五代十国后梁晋太祖开平四年（910）	涑水、姚暹渠	解池、女盐池、张泽		60—61
	五代十国后唐明宗天成元年（926）	涑水、姚暹渠	解池、女盐池、张泽		62—63
	五代十国后晋辽（后晋高祖天福七年；辽太宗会同五年）（942）	涑水、姚暹渠	解池、女盐池、张泽		64—65
	五代十国后汉辽（后汉高祖乾祐元年；辽世宗天禄二年）（948）	涑水、姚暹渠	解池、女盐池、张泽		66—67
	五代十国后周北汉辽（后周世宗显德六年；北汉睿宗天会三年；辽穆宗应历九年）（959）	涑水、姚暹渠	解池、女盐池、张泽	姚暹渠水下游断流，不流入张泽	68—69
	北宋辽（北宋神宗元丰八年；辽道宗大安元年）（1085）	涑水	解池、女盐池、张泽		70—71

续表

图组名称	图幅名称	河流	湖沼泉池	备注	页码
政区图组	金世宗大定二十九年（1189）	涑水、姚暹渠	盐池、女盐池、伍姓湖		72—73
	元文宗至顺元年（1330）	涑水	盐池、女盐池、五姓湖		74—75
	明（一）成祖永乐六年（1408）	涑水	盐池、女盐池、伍姓湖	女盐池未注名称	76—77
	明（二）神宗万历四十八年（1620）	涑水、姚暹渠	盐池、女盐池、伍姓湖	女盐池、伍姓湖未注名称	78—79
	清（一）世宗雍正八年（1730）	涑水	盐池、女盐池、伍姓湖	女盐池未注名称	80—81
	清（二）德宗光绪十八年（1892）	涑水、姚暹渠	盐池、女盐池、伍姓湖	女盐池、伍姓湖未注名称	82—83
自然图组	先秦时期水系	涑水、洮水、汭水、妫水	董泽、盐泽（解池）、女盐池（无名称）、五姓湖（无名称）、东下冯井、舜井	涑水标注为时令河；洮水不是涑水支流，而直接入盐泽	112
	秦汉时期水系	涑水	董泽陂、解池、女盐泽、张泽		112
	魏晋南北朝时期水系	涑水、洮水、永丰渠	董泽、解池、女盐池、晋兴泽、张泽	涑水为全流河；洮水为涑水上游一支流；晋兴泽位于女盐池与张泽之间	113
	隋唐五代水系	涑水、沙渠水、姚暹渠	解池、女盐池、晋兴泽（无名称）、张泽		113
	宋辽金元时期水系	涑水、永丰渠	盐池、女盐池、伍姓湖		114
	明清时期水系	涑水、姚暹渠	盐池、女盐池、伍姓湖		114
	《水经注》载山西水系	涑水、洮水、沙渠水、景水	董泽、盐池、女盐池（无名称）、晋兴泽、张阳池	涑水上游为洮水；沙渠水为涑水一级支流，景水为沙渠水支流，为涑水二级支流	115
	历史古湖泊		青凌池、董泊、大泽、莲花池、苦池、安邑湖、黑龙潭、盐池、北门滩、硝池、六小池、晋兴泽、张阳池	在安邑湖、黑龙潭、盐池之间还有两个未标注名称的小湖沼。共计20个湖沼，其中苦池、盐池、硝池、六小池等9湖沼为咸水湖，其余11湖为淡水湖	118
	运城盆地古湖泊		苦池、汤里滩、盐池、硝池、北门滩、六小池、晋兴泽、张阳池	图幅中有湖沼的古今面积对比	119
	历史名泉		沸泉、圣水泉、玉莲泉、叠水崖泉、桑落泉、苍龙泉、妫汭泉		120

注：将地图中直观图幅转换成文字表述，难免会出现问题。如转换过程中出现问题，由笔者负责

通过对《山西省历史地图集》中所标绘涑水河流域河湖状况的整理统计可知，在“政区图组”中，共有图幅37幅，其中34幅图中有涑水河流域河湖泉池的绘制；在“自然图组”中，不同时期水系图、历史古湖泊图、历史名泉等图幅中都标绘有涑水河流域的河湖泉池情况。本书认为，《山西省历史地图集》在标绘涑水河流域河湖时问题比较多，主要有：①主要河流湖泊的上图并不统一，缺乏统一标准。河湖等时有时无；即便上图的河湖名称，亦时有时无。②洮水在《山西省历史地图集》中的变化很大，值得研究。③涑水河的几次人工改道也未能很好地体现于图；图幅中标绘的涑水河与姚暹渠（永丰渠）都是分流入五姓湖的，与文献记载不太相符。④涑水河流域河湖数目远不止地图上标绘的这些。

另外，《涑水河流域水文变迁及其对盐池和农业生产的影响》一文认为：在历史时期早期，涑水河流域的水文条件是很优越的。到战国及秦汉以后，由于农业的大规模发展，涑水河流域良好的水文状况藉以维持的林草植被已大面积消失，从此便开始了整个涑水河流域水文劣变的过程。同时指出涑水河流域的水文变迁主要表现在湖泊的减少和淤浅，地下水位下降和泉水的萎缩消失以及河水流量减少使灌溉面积相应缩小和洪水泛滥等方面。水文变迁的另一个方面是水文状况的恶化。这主要表现为水量的季节分配悬殊和上游冲刷严重、泥沙含量的增大，下游则表现为淤积和溃决改道。结论认为由于历史时期的过度开发资源和不合理地使用土地，致使这里的水文条件发生劣变，不仅给农业生产带来灾难，就连自古以来“可以半天下之赋”的“晋盐之利”也频频受损，宋代以后的典籍中洪水为害盐池的记载俯拾即是。最后提出建议指出，涑水河流域的水资源保护和国土整治问题亟待引起政府和有关部门的高度重视，从生态学和系统工程等角度出发，采取有效措施，尽快减缓或终止由生产活动所带来的环境劣变。①

这是对涑水河流域水文状况进行全面和系统研究的一篇力作，学术贡献不可磨灭。但“到战国及秦汉以后，便开始了整个涑水河流域水文劣变的过程”这样的观点，真是历史场景的再现吗？果真如此，我们的先民又是如何适应和选择合理的生存方式，这是需要很好地探讨和研究的。2008年5月笔者的博士学位论文《山西汾涑流域历史水文地理研究》完成后，又有一些成果陆续发

① 梁四宝、乔守伦：《涑水河流域水文变迁及其对盐池和农业生产的影响》，《山西大学师范学院学报（综合版）》1992年第3、4期，第72—76页。后收入梁四宝：《明清北方资源环境变迁与经济发展》，北京：高等教育出版社，2015年，第177—187页。

表，代表性的有《山西森林与生态史》《历史时期五姓湖的变迁》《清代前期（1644—1796）涑水河流域农业垦殖与生态环境》《北魏以降河东盐池时空演变研究》《湖兴湖废：明清以来河东“五姓湖”的开发与环境演变》等①，本书将在具体研究章节中对近年来新增成果进行评述。因此可以说，以往研究成果不能满足当前的学术需要，应该需要重新审视和继续加强研究。

第四节　本书的视角和框架结构

面对全球性的环境变化，学界纷纷寻找环境变化的原因、影响机制，力图找到解决环境变化的金钥匙。特别是与人类生活息息相关的水资源环境变化，尤其引起人类的关注。人们关注现实，寻求历史解释，是学术研究的终极所在。同时，历史水文地理学学科的显著特点就是研究的区域性，而且流域是最重要、最合理的研究对象。因此，本书选取位于山西区域的典型流域涑水河流域为研究对象和区域，符合历史水文地理学的学科属性。涑水河是独立流入黄河的一级支流，同时又是黄土高原的一部分。黄土高原是认识全球变化的一把钥匙（中国科学院院士刘东生语），故通过对涑水河全流域水资源环境的考察来体现历史水文地理学的研究思路与方法，无疑具有重大的理论和现实意义。

涑水河流域古今水资源环境变化明显，这一变化过程很大程度上是人类活动不断作用和强化的结果。以往研究中较少关注导致水资源环境变化的人文因素影响，如对维系国家经济命脉的流域最大咸水湖泊——盐池的变迁情况，为了抵御客水入池所修筑的护池堤堰防洪工程系统、盐池系统与流域河流改道的关系、人类行为措施如何改变地表水的地域分配、人类对水利资源的开发利用等，这一系列问题都与人类活动关系极为密切。因而，本书在历史水文地理学的研究框架下，重点探讨人类活动如何改变涑水河流域的水资源环境，试图回答

① 翟旺、米文精：《山西森林与生态史》，北京：中国林业出版社，2009 年。姚娜：《历史时期五姓湖的变迁》，《运城学院学报》2010 年第 6 期，第 16—18 页。姚娜：《清代前期（1644—1796）涑水河流域农业垦殖与生态环境》，陕西师范大学硕士学位论文，2011 年。王长命：《北魏以降河东盐池时空演变研究》，复旦大学博士学位论文，2011 年。贾海洋、张俊峰：《湖兴湖废：明清以来河东“五姓湖”的开发与环境演变》，《中国农史》2013 年第 5 期，第 79—88 页。

涑水河流域水资源的历史变迁状况，人类活动如何一步步影响水资源环境，变化后的次生水资源环境又是如何影响人类社会，人类又采取了何种应对措施等问题。只有将人类活动对水资源环境的改变放在“长时段”的历史视野中观察，才能洞悉水资源环境变迁及轨迹，才有助于认识当今涑水河流域河网水系景观格局的形成过程，对涑水河流域的生态用水和经济社会可持续发展有指导和借鉴意义。

涑水河流域是一个面积相对较小的流域，主要涉及今绛县、闻喜、夏县、运城市区、临猗、永济等6市县，研究资料相对丰富，历史时期水资源环境受人工影响亦比较大。因此，本书紧紧抓住“水资源”“水灾害”“水环境”三个重要名词，对涑水河流域相关的历史水文地理问题进行探讨，有利于比较深入的研究和分析，以达到加强历史水文地理学研究的目的。本书的研究框架安排如图1-3所示：

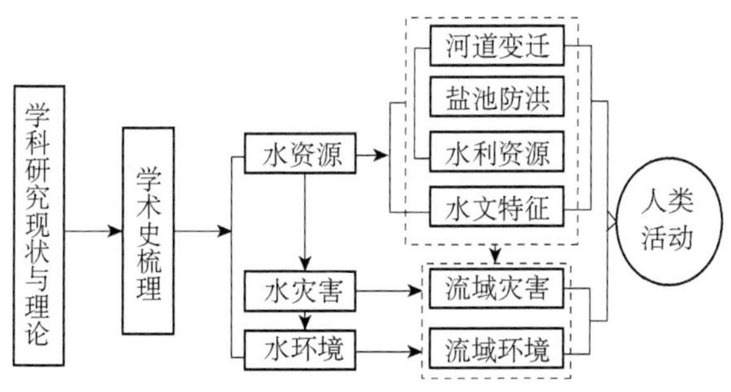

图1-3　本书研究框架图

由图1-3可知，本书的第一章分别对应为学科理论探讨和学术史梳理；第二至七章都是围绕人类活动而安排的内容。第二至五章和第六章的第一节，属于人类活动对涑水河流域原生水文水资源环境的改造利用；第六章的第二节和第七章，属于人类活动改造后的次生人工水文水资源环境下的灾害和环境变化；其中，第二至五章内容是以人类活动改变水资源区域分配的措施为主线串联的。涑水河流域最初水系是盐池与涑水河等众多河湖共同组成的河网水系，后因人类社会生活需求，人为将盐池改造成独立的闭合湖泊系统、人为改道涑水河等河流的流向、采取农田灌溉、城市引水等直接或间接措施、工业社会吕庄水库等蓄水工程的修建，才逐步演变成次生人工水资源环境下的河网系统。河湖水文特征是历史水文地理学的重要研究内容，但在传统社会或因研究区域选择的不同，该部分的研究分量也大不一样，本书研究的涑水河流域就因该部分内容较少，故不单列一章，而将之纳入第六章仅安排一节内容。

水文科学主要依据已有的水文资料，包括有实测数据的水册、水文年鉴等来开展工作。而历史水文资料具有独特性，无现成的资料可以凭藉，大量的且较为零散的水文点滴资料，散存于中国古老的典籍文献中。因此，本书所依据的历史文献主要有档案、碑刻及史料汇编、正史与政书、地方志与专志、笔记和文集、调查报告等五类。档案和史料汇编主要指《清代黄河流域洪涝档案史料》和《二十五史河渠志注释》等；正史与政书主要是中华书局版的“二十四史”、明清各朝实录，如《明实录山西资料汇编》《清实录山西资料汇编》等；地方志资料包括山西全省性质的通志、各府州县性质的方志等，如江苏凤凰集团等影印出版的《山西府州县志辑要》（共 70 册）、《晋乘蒐略》等；碑刻资料主要有《河东水利石刻》《河东盐池碑汇》《河东地区碑刻资料汇编》等。

目前来说，历史水文地理学研究仍主要侧重于对水体性质和区域水文的定性描述及相关成果制图。因此，本书研究方法主要运用历史地理学和水文地理学的方法综合研究，其中尤以最为常用和传统的文献考证与实地考察相结合方法为主。

首先，充分利用正史“地理志”和“河渠志”，对流域河湖状况进行地理“剖面”复原整理。同时，尽可能地搜求流域内不同时期的方志、碑刻、水册、论著、档案等资料进行整理和补充。

其次，运用相关学科，如地理学、陆地水文学、地貌学、环境学、灾害学、水利史学等学科方法，对所获资料进行系统分析。研究过程和结果呈现，多注意新技术、新方法的吸收与运用。[①]对可以绘制成图的内容，利用地图学的原理和方法形成局部图和区域水文总图。

最后，对研究过程中的重要主题要有选择、有重点地进行野外考察与调查，掌握相关的第一手资料。历史水文地理学的研究方法本身就在不断地探讨和摸索中，既要充分体现在具体的研究实践中，又需要学界同仁不断汲取营养和创新，形成历史水文地理学独特的研究方法。

---

① 如满志敏基于多源资料对北宋黄河京东故道的重建，见满志敏：《北宋京东故道流路问题的研究》，《历史地理》第 21 辑，上海：上海人民出版社，2006 年，第 1—9 页。潘威和满志敏利用“格网”重建了长江口南支冲淤状况（1861—1953）和青浦区河网密度变化（1915—1978），见潘威：《1861—1953 年长江口南支冲淤状况重建及相关问题研究》，《中国历史地理论丛》2009 年第 1 期，第 1722—1728 页。潘威、满志敏：《大河三角洲历史河网密度格网化重建方法——以上海市青浦区 1918—1978 年为研究范围》，《中国历史地理论丛》2010 年第 2 期，第 5—14 页。马建华等利用黄泛地层洪水记录证据反演黄河洪水洪灾度，见马建华、谷蕾、吴朋飞等：《开封古城黄泛地层洪水记录及洪灾度反演》，北京：科学出版社，2016 年。

第二章　涑水河流域的河道状况

历史究竟应该研究什么？章开沅认为，就是要探索历史的原生态。历史事件、历史人物的原生态，就是其本来面貌，就是它们的真实面相。[①]以往历史水资源环境研究中，一些预设的结论性词语如"水资源匮乏""生态环境恶化"等频繁用在明清水环境状况描述上，似已成为历史水资源环境研究的范式。明清时期华北的水资源环境到底如何研究和体现？值得进一步探索。今天，我们固然看到部分河流和湖泊的枯竭，但也仍有众多河流和湖泊的存在。华北的水资源环境究竟应该如何描述？用"恶化""日趋匮乏"等词语能加以概括吗？本书不能苟同，因为历史场景的表达本身就是一个值得讨论的话题。

本书无力通检全中国整个历史时期的水资源环境状况，最理想和最现实的做法是区域层面的个案考察研究。由此再从众多的区域研究结果，上升到全局的高度，达到逐步认识事实真相的目的。这也是当前学术研究比较通行的做法。历史地理学的研究具有区域性综合研究特征，本书选取晋西南独立入黄河的一级支流涑水河作为研究对象，对其历史时期水资源环境状况与人类活动之间的关系进行复原研究。涑水河流域是中华文明探源工程的重要地区之一，传说时代的舜都蒲坂、夏都安邑都大致在这一流域内。该区域自古就是山西中心枢纽区之一[②]，今为国家战略层面"晋陕豫黄河金三角区域合作规划"的核心区之一。同时，流域内最大的咸水湖泊——盐池也是关系国家经济命脉的重要资源，因此受到历代政府的高度重视。历史时期，政府对流域内主要河流涑水河、姚暹渠、湾湾河都进行了不同程度的人工改道使之不入盐池。这使得流域内河湖水系变迁更加复杂，人类活动对全流域环境影响较为显著。

---

① 章开沅：《商会档案的原生态与商会史研究的发展》，《学术月刊》2006年第6期，第133—135页。

② 安介生：《略论唐代政治地理格局中的"枢纽区"——"金三角地带"——河东地区在唐史上的地位新探》，见范世康、王尚义：《建设特色文化名城——理论探讨与实证研究》，太原：北岳文艺出版社，2008年，第62—75页。安介生：《晋学研究之"三部论"》，《晋阳学刊》2007年第5期，第23—27页。安介生：《晋学研究之"区位论"》，《晋阳学刊》2010年第5期，第10—16页。

目前涑水河流域主要由涑水河、姚暹渠、湾湾河三条河道组成，均系人工河道，在今永济市伍姓湖处汇合。河道特点是上宽下窄，上陡下缓，洪水集中，历时短暂的间歇性河流。[①]姚暹渠为涑水河最大的一级支流，受人类活动影响比较大，显然，今天涑水河流域河湖系统是被人工化了的水文系统。本书要进行涑水河流域河湖状况复原，实际上就是要回归到涑水河的自然状态，同时还要展示给读者涑水河是如何从自然一步步被人工化的，体现涑水河水文系统的古今变化。

第一节 地质时期涑水河流域的河道状况

现今地理环境是在古地理环境和历史地理环境演变的基础上形成的，现今涑水河流域的河网水系格局是地质时期和历史时期的河网水系不断演变的结果。涑水河在地质时期原为汾河下游，后独立成河，这涉及黄河下游水系变迁问题。

涑水河所在的运城盆地是新生代发育的一系列断陷盆地——山西地堑系之一，它的东部和南部为中条山断块台地，西隔黄河与渭河盆地相望，北部为峨嵋台断块台地。盆地中最大的河流涑水河发源于盆地东北部的中条山地，由北东向西南流经运城盆地，在盆地的东南端注入黄河。峨嵋台断块台地是介于临汾盆地与南部的运城盆地之间的一高地，高出盆地60—80米，它以太古代地层为基础，上面覆盖着新生代的多种成因类型的沉积物。自上新世古汾河发育以来，台地的新构造运动对古汾河的流路产生了巨大影响，使得汾河自北向南流至侯马附近，突然折向西呈东西向河流，经新绛、稷山，在河津入黄河。涑水河从古汾河剥离，形成独立的河网水系，独立入黄河。

在侯马和闻喜之间的峨嵋台地上，保留有南北向的古汾河阶地和古河道。目前隘口一带还保留着老河谷形态，其西不远有很厚的河相砂砾石层。峨嵋台地上的古河道也是受新构造运动的影响而使汾河断流，改道西行。20世纪20年代，维理士提出了古汾河曾横穿峨嵋台地直接入运城盆地，然后入黄河的看法。[②]50年代，郭令智、薛禹群对这一地区的新生代沉积做了大量的研究工作，并从阶地分析

---

① 王铭、孙元巩、仝立功：《山西山河志》，太原：山西科学技术出版社，1994年，第302页。

② Willis B, Blackwelder E, Sargent R H. *Research in China*.Vol. Ⅰ, Pt, Ⅰ: Descriptive Topography and Geology. Washington, D.C.: Carnegie Institution, 1907.

的角度，认为古汾河是从峨嵋台地穿过，入运城盆地与涑水河相汇。[①]他们提出三种假设，认为第一种比较合理，主要观点认为：从前的浍水的上游流经目前涑水上游部分，并流过今日的绛县境和横水镇，至东镇、闻喜间汇入旧汾河。而从前的汾河自北流来，过侯马后，仍继续向南流，经现今隘口镇、礼元、东镇，循今天的涑水河谷往南流，过夏县，再穿过中条山，至会兴镇对岸茅津渡汇入黄河。北北东走向的断层控制着古代汾河河谷的发育，这种断层发展于第三纪中叶。以后，因涑水河谷北东走向的断裂的复活，而使之再度向下陷落，引起了古汾河的转向，循涑水河下游运行，至永济县旧城附近汇入黄河。至上更新世时，龙门山和孤山、稷王山以及塔山和紫金山间断裂作用再度活跃，乃发生北东东的正断层，中部陷落，使汾河下游与浍河转向西流，形成目前的水系形态（图 2-1）。

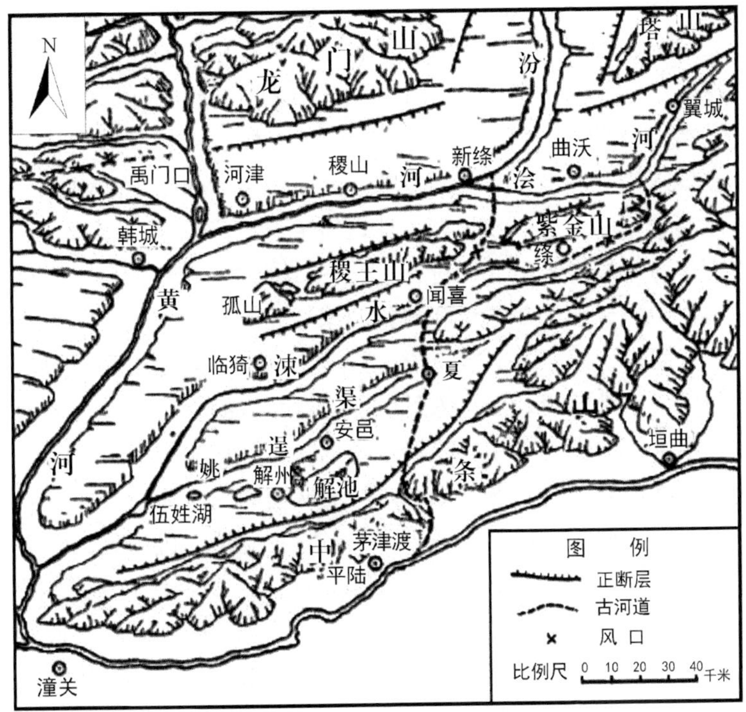

图 2-1　汾河下游河道变迁与断裂构造的关系[②]

① 郭令智、薛禹群：《从第四纪沉积物讨论山西汾河与涑水河在地貌演化上的关系》，《中国第四纪研究》1958 年第 1 期，第 107—117 页。

② 图幅来源：郭令智、薛禹群：《从第四纪沉积物讨论山西汾河与涑水河在地貌演化上的关系》，《中国第四纪研究》1958 年第 1 期，此处将原图中的地名改为现地名。

楼桐茂、杜榕恒则认为今日紫金山和稷王山南北两个断裂谷，都是汾河地堑的一部分，其发生时期当在第三纪中期。在中更新统至上更新统期间，本区为一宽阔的大湖盆，沉积了深厚的周口店期红色黄土及马兰期黄土。而今日之紫金山、稷王山、孤峰山和塔儿山，同为当时湖泊中的孤岛。直至上更新统黄土堆积以后，紫金山和稷王山北麓地带因断裂复活发生了掀升运动，整个湖盆开始上升，加以潼关以东黄河下切之后，湖水干涸或退缩，是分别发育成今日的汾河、涑水和浍水。同时，由于紫金山一带掀升运动，致使涑水平原东北方隆起，西南方下沉，地面向运城、解虞和永济方面作缓斜下降，而中条山则相对上升。汾河与涑水因此掀升而隔断，形成了目前的水系形态。①

尽管上述几位地质学者对汾河与涑水的演变关系有不同的见解，但都认为是新构造运动的结果。此后，仍有不少学者在这一区域继续做工作。1972年杨景春等在隘口一带开展工作，并进行了详细研究，确定了隘口——礼元古河道的存在，探讨了古汾河改道的时间。杨景春等根据台地上二级阶地的结构及时代，分析认为：古汾河从台地上消失的原因是台地北缘马坫垛断层的不断活动。古汾河从台地上完全断流是中更新世的一次断裂活动的结果。②中更新世晚期以后，由于峨嵋台地的抬升，使运城盆地退出了汾河流域。

杨景春等对峨嵋台地及北缘进行了研究，认为在古河道内可见到两级阶地，第一级阶地由中更新世的灰绿色和黄色的湖相亚黏土组成，相对高约50米。第二级阶地由冲积砂砾组成，呈半胶结状态，相对高约90米，这说明在中更新世以前，古汾河仍然从这里通过，入运城盆地，那时的临汾盆地和运城盆地还是连通的，河水并未断流，到了中更新世晚期，古汾河才废弃这一河道，改变了流向。关于汾河废弃流向运城盆地的路线而转向西的原因，与峨嵋台地北麓的北东东向断层活动有关。在侯马以西的马坫垛村附近，可以见到两条相互平行的北东东向断裂，将山前地带分成两个明显的台地。高台地高于马坫垛村150—180米，其上保存有与古河道内早更新世砾石层类似的砂砾层，低台地高出马坫垛村40米，由中更新世的湖相亚黏土组成，上覆红色土和黄土。早更新世后期，其中一条断层活动，峨嵋台地抬升，在山麓地带形成高台地，古河道内则形成第二级阶地，但是，这次构造运动，并未使汾河改道，它仍然从峨嵋台地

① 杜榕恒：《山西汾河河谷新构造运动在地貌上的反映》，《地理学资料》1959年第5期，第73—81页；楼桐茂、杜榕恒：《山西汾河地堑水系演变的初步观察》，《地理学报》1960年第3期，第155—164页。

② 杨景春：《汾河南段河流阶地与新构造运动》，《地壳构造与地壳应力文集》，北京：地震出版社，1987年，第121—126页。

通过。到中更新世后期，另一条断层开始活动，峨嵋台地再次抬升，在山麓形成了一级低台地，峨眉台地上汾河虽然仍继续下切，但终未能切通而放弃此道被迫改向西流。

1996 年李有利等对盆地内部结合鸣条岗地垒进行了研究，认为汾河盆地古河道的变迁与新构造运动有密切的关系。早更新世早期鸣条岗隆起的幅度很小，涑水河古河道从闻喜县城东北约 5 千米的东吴村一带越过鸣条岗地垒向南流。早更新世中晚期，鸣条岗隆起的范围扩大，造成了古河道向西南迁移，从闻喜经张南流入古湖盆。早更新世中晚期到中更新世早期，鸣条岗地垒活动相对比较和缓，古河道位置没有大的变化。中更新世晚期，鸣条岗地再次发生强烈抬升，使河道南迁，从沙流村一带越过鸣条岗地垒。中更新世晚期和晚更新世早期随着鸣条岗地的进一步抬升，河道继续西迁，到晚更新世，涑水河绕过鸣条岗地，处于与现在相近的流路。①

1998 年胡晓猛对古峨嵋台地进行了研究，认为：自上新世以来，由于山西断陷带的开始形成及南边运城盆地的断陷，古汾河开始出现，并在峨嵋台地处切穿台地入运城盆地。后由于台地的构造抬升，上新世晚期古汾河在台地上断流。进入早更新世后，因紫金山——峨嵋台地的不等量抬升，尤其是 F_2 断层的活动，致使古汾河再次切穿台地。但相对于上新世来讲，流路已明显地发生了转向，而是在礼元——隘口以西，礼元、裴柏以北，张家院、杨家院以南的台地区域内呈西南向流入运城盆地。经过早更新世晚期的一次湖侵后，至中更新世早期，台地再次抬升，古汾河下切侵蚀，切入 Q_1 砂砾石层中，并因以后曾发生数次湖进湖退的变化，这一时期堆积的砾石层往往与黑灰色湖相层互层。中更新世晚期，由于 F_1 断层的活动，台地上的古汾河下蚀作用无力切穿台地，被迫改道西流经新绛、稷山，河津入黄河。②

2000 年王强等认为峨嵋岭黄土塬南侧被切割形成鸣条岗黄土梁，应该发生在晚更新世。在闻喜县涑水河谷已见晚更新世哺乳动物群化石及部分全新世地层。③

总之，介于临汾盆地与南部的运城盆地之间的峨嵋台断块台地保留有大量

① 李有利、杨景春、苏宗正：《运城盆地新构造运动与古河道演变》，《山西地震》1994 年第 1 期，第 3—6 页。

② 胡晓猛：《古汾河在峨嵋台地上的变迁》，《安徽师大学报（自然科学版）》1997 年第 2 期，第 154—158 页。F_1、F_2、Q_1 都是地层特征分析中的专业术语，具体含义详见该文的“马坊垛——裴柏地质剖面”图。

③ 王强、李彩光、田国强等：《7.1Ma 以来运城盆地地表系统巨变及盐湖形成的构造背景》，《中国科学》（D 辑）2000 年第 4 期，第 420—428 页。

的地质时期古汾河与涑水河之间演化的重要证据。诸多地质学者持续开展工作得出的结论大致为：地质时期的涑水河是在新构造运动作用下独立成河的，大体上主要由于受燕山运动和喜马拉雅运动的影响，即在中更新世晚期，中条山、孤山、稷王山再度上升，迫使汾河从绛山之北，沿稷王山北麓，经河津汇入黄河，即现今河道。鸣条冈隆起，将涑水盆地又分为涑水河与姚暹渠两流域。涑水河就成为一条南有中条山与黄河分开，北有稷王山、孤山与汾河相隔的河流。

第二节　历史时期涑水河流域的河道状况

历史时期的涑水河是在地质时期涑水河基础上叠加人类活动不断演变的结果。探讨古代的河流状况往往需要古今对比，“古”就需要一个参照系，中国古代有部专门记载祖国江河湖泊状况的《水经》，不过记载极为简略，难以作为理想的参照系。好在北魏时期郦道元在此书基础上做成《水经注》，为我们认识汉魏六朝时期涑水河河道的地理面貌提供了翔实的材料。陈桥驿指出:“在全部《水经注》中记载河湖水系及流域情况最详细的地区，按照现在的区域名称来说，是河南与山西两省。”[①]显然，以《水经注》时代的涑水河流域作为“地理剖面”[②]的工作基础，是合情合理的。下文就以《水经注》中记载的涑水河为基础，来研究涑水河流域河湖水系的古今变化。

一、北魏《水经注》中的涑水河水文系统

1.《水经注》之前的涑水河道

传说中的古史时代，尧都平阳、舜都蒲坂、夏都安邑，都在今天的山西省

① 陈桥驿：《水经注记载的三晋河流》，《中国历史地理论丛》1988 年第 4 期，第 1—13 页。

② 历史地理学科的“地理剖面”，主要是采用横剖面和纵剖面的方法复原过去的地理条件，这是英国著名的历史地理学家达比的历史地理理论。中国现代历史地理学三大创始人之一的侯仁之先生曾师从达比并积极将该理论与方法借鉴并发展应用到中国的历史地理研究中。达比的历史地理思想，可参见赵中枢：《达比对历史地理学的贡献》，《自然科学史研究》1994 年第 3 期，第 284—292 页。邓辉：《论克利福德・达比的区域历史地理学理论与实践》，《中国历史地理论丛》2003 年第 3 期，第 145—152 页。Perry P J.H.C. *Darby and Historical Geography: A Survey and Review*. Geographische Zeitschrift, 1969, pp.161-177.

南部。谭其骧先生认为："关于尧舜禹的都城虽然还有各种不同传说，有的说在山东，有的说在河北，但在山西的传说却比较可信。"①这些都城的选址，都是濒临黄河或汾河之滨的，定有利用便利的水陆交通之缘故。其中，安邑即在今山西夏县西北，石凌虚根据康基田的《河渠纪闻》资料，认为这是"天子之都必求舟楫之所"，因其自然，便于转输之故。并绘有"传说中尧舜禹都城分布示意图"，图中就标绘有涑水河。②尽管有一些推断的成分，但涑水河在地质河道演变的基础上仍存在于历史时期的早期是必然的。

有关涑水的早期文献记载，目前可追溯到春秋时期。《左传・成公十三年》记载："四月，晋侯使吕相绝秦，曰：康犹不悛，入我河曲，伐我涑川，俘我王官，翦我羁马，我是以有河曲之战。"③这里"涑川"，是河流名称。杜预注曰："涑水，出河东闻喜县，西南至蒲坂县入河。"此处杜预只交待了涑水的首尾之属与河流的大致流向，再无其他信息。河曲，地名，约在今山西永济市西南一带。其地恰好处于黄河九曲之一的转弯处，故名"河曲"。王官，地名，约在今山西闻喜县南。王官以上涑水河道尽管没有记载，仍是存在的。上游的水从源头流出后，是经过王官城附近的，再加上下游的五姓湖（尽管后来见于文献记载，实际上地质时期就已存在），以及涑水入黄口附近的河曲城，事实上已将涑水河记载得很清楚，只不过中间具体流经不甚清楚。

《汉书・地理志》不见涑水河流域河湖的记载。《后汉书・郡国志》有董池陂、涑水、洮水和盐池的记载。晋司马彪记载的河东郡闻喜邑，"本曲沃。有董池陂，古董泽。有涑水，有洮水"④。梁刘昭对《后汉书》注补时，引用《博物记》指出闻喜邑的治所在"治涑之川"。涑水，即"左传吕相绝秦，曰'伐我涑川'"⑤之河流。又指出古董泽，即《左传》记载的"改蒐于董""东泽之蒲"之湖沼。

对于盐池的记载，《后汉书・郡国志》记载：安邑县"有铁，有盐池"⑥。梁刘昭对《后汉书》注补时指出："盐池，前志曰池在县西南。《魏都赋》注曰：在猗氏六十四里。杨佺期《洛阳记》曰：'河东盐池长七十里，广七里，水气紫色。有别御盐，四面刻如印齿文章，字妙不可述。'"⑦《后汉书》的两处记载和

① 谭其骧：《山西在国史上的地位——应山西史学会之邀在山西大学所作报告的纪录》，《晋阳学刊》1981年第2期，第2—8页。

② 石凌虚：《山西航运史》，北京：人民交通出版社，1998年，第12页。图在第13页。图中，涑水河画法比较简单，未交代源头，中间经过安邑北，下游在蒲坂附近入黄河。与后来涑水河入黄路线不一样。

③ 杨伯峻编著：《春秋左传注》（修订本）（全四册），北京：中华书局，1990年，第861—863页。

④ 《后汉书》志第十九《郡国一》，北京：中华书局，1965年，第3398页。

⑤ 《后汉书》志第十九《郡国一》，北京：中华书局，1965年，第3399页。

⑥ 《后汉书》志第十九《郡国一》，北京：中华书局，1965年，第3397页。

⑦ 《后汉书》志第十九《郡国一》，北京：中华书局，1965年，第3398页。

补注已经指出，涑水、董泽、洮水和盐池的大致位置，只有盐池涉及范围大小，为一“长七十里，广七里”长方形的湖泊。

另外，东汉桑钦的《水经》一书记载“涑水，出河东闻喜县东山黍葭谷。西过周阳邑南，又西南过左邑县南，又西南过安邑县西。又南过解县东，又西南注于张阳池”。此已经指出涑水的源头和较为详细的流路。

2.《水经注》中的涑水河干支流

20世纪50年代，侯仁之、黄盛璋曾运用地理学方法分别对《水经注》记载的北京和西安附近的河湖和城市进行了复原研究，为后人研读《水经注》做出了榜样。侯仁之先生在谈到注释《水经注》时指出：“这需要一次又一次的野外考察，也需要汇集一起可能汇集的文献资料作参考，更需要的是还必须有详细的地形图作底图以备记注。”[①]野外考察、文献资料和地图相结合，是研读《水经注》的工作方法。此后，有诸多学者接踵而至对《水经注》中记载的祖国各地区的水系校注与地理复原工作，以李新峰[②]、鲁西奇与潘晟[③]、李晓杰与张修桂[④]等学者的工作方法最具代表性。

本章节的目的在于在现今大比例尺地图上大致绘制出郦道元时期涑水河的

① 侯仁之主编：《中国古代地理名著选读》第1辑，北京：科学出版社，1959年，第99页。

② 李新峰：《〈水经·丹水注〉札记》，北京大学历史地理研究中心编《侯仁之师九十寿辰纪念文集》，北京：学苑出版社，2003年，第286—308页。

③ 鲁西奇在书中提到其师石泉教给他研读《水经注》的方法：当以王先谦合校本为主，辅之以杨守敬、熊会贞注疏本，参以武殿英之官本；与诸家异说不明处，则当参合今见《永乐大典》本；于注文及诸家疏释所涉及之史实，当溯本求源，翻检史志之记载，如有可能，更与后世之地志所记相比照，以明其源流，见其同异，尤须于常人所不注意处觅得间隙，发现问题。见鲁西奇：《城墙内外：古代汉水流域城市的形态与空间结构》，北京：中华书局，2011年，第8页。据鲁氏介绍，他“乃遵从先师之教诲，仔细研读《水经注》之江、沔、湘、资、沅、澧、溳、淯、淮水诸篇，成读书札记若干篇；先移录各篇经注文，于其下简要注出诸家注疏解说之异同，以及自己之疑问；然后于有疑处拾掇相关史实，略加辨析”。见鲁西奇、潘晟：《汉水中下游河道变迁与堤防》，武汉：武汉大学出版社，2004年。

④ 复旦大学历史地理研究所一向重视《水经注》的校注与整理工作，以张修桂、李晓杰为首的科研团队带领一大批学生长期从事此项工作。李晓杰在整理汾水流域诸篇时详细介绍了工作方法。见李晓杰、黄学超、杨长玉、吕朋：《〈水经注〉汾水流域诸篇校笺及水道与政区复原》，《历史地理》第26辑，第34—64页。张修桂在整理洞庭湖水系时亦指出：“本校注以中华书局年出版的陈桥驿的《水经注校证》简称《校证》卷37、卷38、卷39的相关水系为底本，并参校江苏古籍出版社年出版的，由段熙仲点校、陈桥驿复校的杨守敬、熊会贞的《水经注疏》。校注内容以河道流路、河床形态和有关支流为主线，兼及与之相关的内容，人物和事迹一般不出注。谭其骧先生主编的《中国历史地图集》简称《谭图》，其中郡县治所的定位，通常都是经过缜密考定的，本校注如无疑义，即采用其定位成果作注。杨守敬、熊会贞的《水经注疏》，引证资料极为丰富，所作的分析判断大多有理有据，为《水经注》研究做出巨大贡献，本校注如无疑义，理所当然地也采用其成果作注。底本标点明显有误者，径改。”见张修桂：《〈水经注〉洞庭湖水系校注与复原（上篇）》，《历史地理》第28辑，上海：上海人民出版社，2013年，第1—32页。

河道，为河流的古今变化提供一个可资比较的地理横切剖面。因而在借鉴诸位前贤工作方法的基础上，主要参照李新峰的工作方法梳理经、注文，以“Ⅰ”“Ⅱ”区分干支流，以此类推，各河流下附流经地物及注释。其中，未明归宿之水如泉溪陂泽，均作地物而非支流；多源不分主次之水，均作支流而无干流。此工作方法的好处，李新峰认为：“这项标准说明了作为各级标题的水道等级，又使所记地物各得其所，使经文和各级注文条理清晰，便于阅读查询。”[①]本书引注文，皆从王先谦的《合校水经注》。[②]

北魏郦道元在给《水经》作注时，将涑水的源头、具体流向、流路，以及涑水河流域的水文环境进行了描述。本书可据此复原涑水河干流河道。郦道元《水经注》中的涑水河有两处记载，即《水经注》卷四《河水》和《水经注》卷六《涑水河》。[③]

按经、注文文意可做出涑水干支流示意草图：

Ⅰ　涑水
　Ⅱ　洮水
　Ⅱ　董泽
　Ⅱ　景水
　Ⅱ　沙渠水
　Ⅱ　盐池
　　Ⅲ　盐水
　Ⅱ　东陂、西陂
　　Ⅲ　鸯浆

经、注文可梳理为：

经：涑水出河东闻喜县东山黍葭谷。

注：Ⅰ　涑水所出，俗谓之华谷，至周阳与洮水合。

本书释：涑水的源头，《水经》指明源出东山黍葭谷，郦道元则将黍葭谷又

① 李新峰：《〈水经·丹水注〉札记》，北京大学历史地理研究中心编：《侯仁之师九十寿辰纪念文集》，北京：学苑出版社，2003年，第286—308页。

② 王先谦：《合校水经注》，目前影印有巴蜀书社（1985年）和中华书局（2009年）两种版本，今从中华书局本。见（北魏）郦道元著、（清）王先谦校：《合校水经注》，北京：中华书局，2009年。

③ （北魏）郦道元著，（清）王先谦校：《合校水经注》，北京：中华书局，2009年，第59，107—111页。下文所用经、注文字均来自该书，不再一一引注。

定为华谷。后人其实很难辨认出华谷到底在哪儿，导致了自明代以来对涑水源头的纷争。清代董祐诚认为："水在今闻喜县东南，源出绛县陈村谷，伏流至柳庄复出，流入县界。陈村谷当即华谷也""今陈村谷水，即涑水"。[①]这一看法与今涑水正源源头完全一致。但今人谢鸿喜《〈水经注〉山西资料辑释》（下简称谢氏《辑释》）中则认为："黍葭谷，旧称华谷，今称烟庄峪，在今绛县东南今洮水河谷，黍葭当指今绛县南25公里烟庄。"[②]按谢氏说法，郦道元认为的涑水源头是今洮水，这与涑水河的正源源头不相符合。涑水源头的纷争过程，下一章将详细讨论。但有一点可以肯定，涑水的源头在周阳邑东或东南方向。本书在绘制地图时将涑水源头暂定为一个模糊区域。

II　洮水源东出清野山，世人以为清襄山也。其水东迳大岭下，西流出谓之唅口。又西合涑水。（郑使子产问晋平公疾，平公曰：卜云台骀为祟。史官莫知，敢问。子产曰：高辛氏有二子，长曰阏伯，季曰实沈，不能相容。帝迁阏伯于商丘，迁实沈于大夏。台骀，实沈之后，能业其官，帝用嘉之，国于汾川。由是观之，台骀，汾、洮之神也。）贾逵曰：汾、洮，二水名。司马彪曰：洮水出闻喜县。（故王莽以县为洮亭也。）然则涑水殆亦洮水之兼称乎？

本书释：涑水自模糊的源头区流出后，首先接纳了第一条支流洮水。洮水自源头流出后是要经过晗口的，后在周阳邑附近汇入涑水。晗口，清代董祐诚认为："即烟庄谷口，出谷即闻喜县界。"谢氏《辑释》认为："今称冷口镇，在绛县西南18里。宋代以前碑文尚称含口，元代以后始称冷口。"今绛县有冷口乡，流经冷口乡的河流，Google地图上标绘为涑水河，1∶20万地图[③]上标绘为洮水河。清代汪士铎的《水经注图》中将发源于大岭，流经含口，最后汇入周阳的洮水，作为涑水源头标于涑河北岸（图2-2），明显错误。

经：（涑水）西过周阳邑南。

注：其城南临涑水，北倚山原。《竹书纪年》：晋献公二十五年正月，翟人伐晋，周有白兔舞于市。即是邑也。汉景帝以封田胜为侯国。

本书释：周阳邑，《魏书·地形志》闻喜县有周阳城，《史记·正义》引《括地志》认为："在闻喜县东三十九里。"清代董祐诚案："唐初闻喜县治甘泉谷，

---

① （北魏）郦道元著，（清）王先谦校：《合校水经注》，北京：中华书局，2009年，第107页。

② 谢鸿喜：《〈水经注〉山西资料辑释》，太原：山西人民出版社，1990年。

③ 山西省运城地区行政公署：《运城地区政区图》（内部用图），1991年12月。

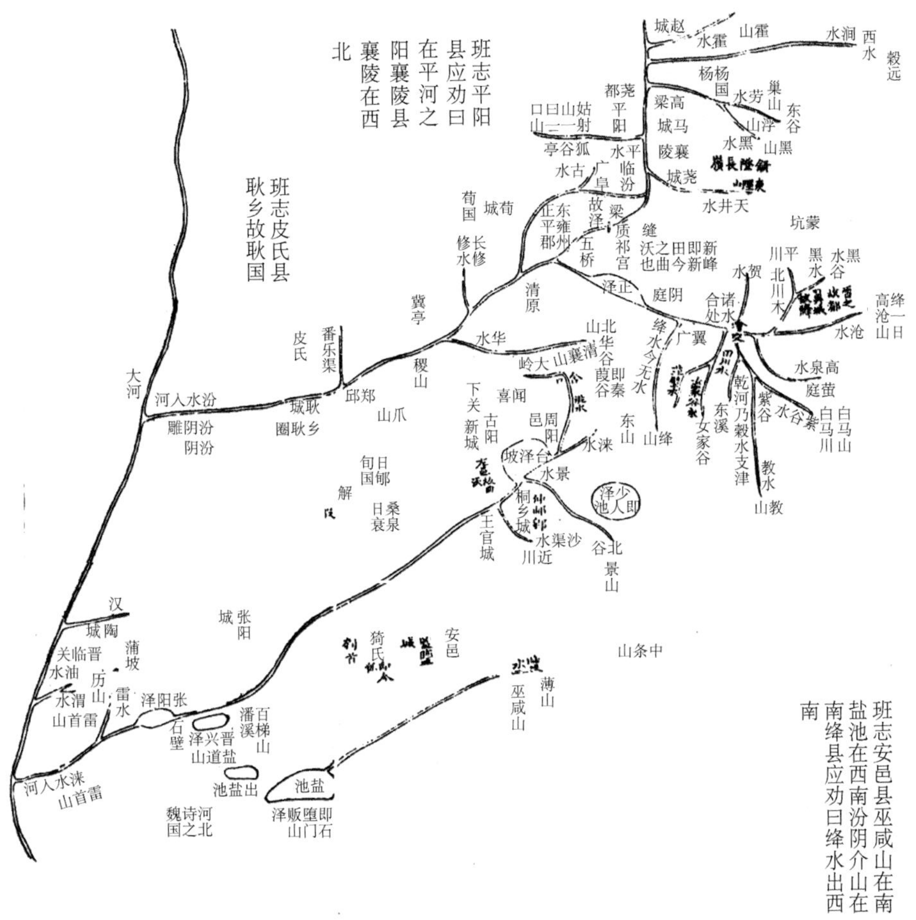

图 2-2　汪士铎《水经注图》中的涑水水道

在今县东二十里，则周阳城当在今县东六十里。”谢氏《辑释》认为：“周阳邑，当即今之中阳、北阳、西阳村，在今绛县西南十里处，为涑水与洮水合流处。”对照 1∶20 万地图，今绛县西南有地名中杨、北杨，可大致进行标绘。

Ⅰ　涑水西迳董泽陂南，即古池。东西四里，南北三里。《春秋》文公六年，蒐于董，即斯泽也。

Ⅰ　涑水又与景水合。

Ⅱ　景水出景山北谷。《山海经》曰：景山南望盐贩之泽，北望少泽，其草多藷萸秦椒，其阴多赭，其阳多玉。郭景纯曰：盐贩之泽即解县盐池也。案《经》不言有水，今有水焉。西北流，注于涑水也。

本书释：这是涑水接纳的第二条支流，景水的汇入口位于涑水河南岸。1∶20万地图上未标绘此河流。景水，今称田家沟水，是汇入沙渠水的一条河流。这与《水经注》的记载不同，历史时期河道当有变迁，汪士铎的《水经注图》和杨守敬的《水经注图》绘有该河河道，今其实很难标绘，只能暂绘以田家沟水向北截沙渠水再向北直接汇入涑水河。

经：（涑水）又西南过左邑县南。

本书释：对于“左邑县”，王先谦《合校水经注》指出：“官本曰：按‘左邑县’今刻讹作‘其县’。案：赵同。董祐诚曰：戴氏本作左邑县，按《续汉志》有闻喜，无左邑。《太平寰宇记》：后汉废左邑，移闻喜理之。是左邑即后汉闻喜。《经》云‘其县’，承上闻喜言，尤《水经》作于东京以后之证。今从朱氏、赵氏本。”[①]杨守敬认为：“戴改‘其县’作‘左邑县’。董祐诚曰：按《续汉志》有闻喜，无左邑。《寰宇记》：后汉废左邑，移闻喜理之。是左邑即后汉闻喜。《经》云‘其县’，承上闻喜言，尤《水经》作于东京以后之证。戴改非。”[②]汉代闻喜县和左邑县的县治所在地，精装本《中国历史地图集》的标绘是很清楚的，汉代的闻喜县在今东镇，汉代的左邑县在今闻喜县治。[③]此为经文，王先谦的观点正确。

Ⅰ　涑水又西迳仲邮泉郥北，又西迳桐乡城北。（《竹水纪年》曰：翼侯伐曲沃，大捷。武公请成于翼，至桐乃返者也。《汉书》曰：武帝元鼎六年，将幸缑氏，至左邑桐乡，闻南越破，以为闻喜县者也。）

本书释：涑水河已经在今闻喜县境内了，今闻喜县东镇、县城治所的南面是有涑水河自东向西流的，古今河道的变化不大。这里郦道元提到仲邮泉郥、桐乡两座城用以证水的流向。《元和郡县志》桐乡故城，汉闻喜县也，在闻喜县西南八里。清代董祐诚按：“在今县东南。”谢氏《辑释》考证认为：“仲邮泉郥，无。桐乡城，待定。”杨守敬的《水经注图》中按照郦道元的记载，在涑水河南岸景水与沙渠水之间标绘有仲邮泉郥、桐乡城。[④]据徐少华考证认为，汉代桐乡

① （北魏）郦道元著，（清）王先谦校：《合校水经注》，北京：中华书局，2009年，第108页。

② （北魏）郦道元注，（民国）杨守敬、熊会贞疏，段熙仲点校，陈桥驿复校：《水经注疏》，南京：江苏古籍出版社，1989年，第577页。

③ 中国历史地图集编辑组编辑：《中国历史地图集》第二分册《秦汉》，上海：中华地图学出版社，1975年，第17—18页。

④ （民国）杨守敬著，甄国宪、陈芝整理：《水经注图》，谢承仁主编：《杨守敬集》第五册，武汉：湖北人民出版社、湖北教育出版社，1997年，第154页。

城的位置是在今闻喜县东镇涑水河南岸的伯里合不花墓至东王村附近。[①]仲邮郰的位置无法确定，暂存疑。

Ⅰ　涑水又西与沙渠水合。

Ⅱ　沙渠水出东南近川，西北流注于涑水。

本书释：这是涑水接纳的第三条支流，沙渠水的汇入口位于涑水河南岸。清代董祐诚认为："今曰吕庄河，在闻喜县东南。"杨守敬、熊会贞按："《唐志》，闻喜县东南三十五里，有沙渠。仪凤二年，诏引中条山水于南陂下，西流经十六里，溉涑阴田。《一统志》，在闻喜县东南五十里白石村，俗名吕庄河。"[②]谢氏《辑释》考证认为沙渠水在历史时期曾有比较大的变迁。今1∶20万地图上标绘有沙渠河，流入吕庄水库。

Ⅰ　涑水又西南迳左邑县故城南。（故曲沃也，晋武公自晋阳徙此。秦改为左邑县，《诗》所谓从子于鹄者也。《春秋传》曰：下国有宗庙，谓之国。在绛曰下国矣，即新城也。王莽之洮亭也。）涑水自城西注，水流急浚，轻津无缓，故诗人以为激扬之水，言不能流移束薪耳。（水侧，即狐突遇申生处也。《春秋传》曰：秋，狐突适下国，遇太子，太子使登仆曰：夷吾无札，吾请帝以畀秦。对曰：神不歆非类，君其图之，君曰诺，请七日见我于新城西偏。及期而往，见于此处。故《传》曰：鬼神所凭，有时而信矣。）

本书释：左邑县故城，清代董祐诚认为："《经》所谓闻喜县也，《汉志》属河东郡，后汉移闻喜来治，即今闻喜县治也。"但谢氏《辑释》考证认为："左邑县故城，汉县，故治即今东镇，在闻喜县东北24里处。"谢氏《辑释》将闻喜县、左邑县、桐乡县等县治所在地搞错了，下文将有详细辨析。董祐诚的观点正确，汉代左邑县故城应在今闻喜县治，这样才符合郦道元注涑水河的流向次序。《中国历史地图集》将汉代的左邑县位置定在今闻喜县治，汉代的闻喜县位置定在今闻喜县东镇。[③]

Ⅰ　涑水又西迳王官城北。（城在南原上。《春秋左传》成公十三年四月，晋侯使吕相绝秦曰：康犹不悛，入我河曲，伐我涑川，俘我王官。故有河曲之

① 徐少华：《晋都曲沃故址析异——兼论秦汉左邑县和古桐乡、西汉闻喜县的位置》，四川大学历史文化学院编：《纪念徐中舒先生诞辰110周年国际学术研讨会论文集》，成都：四川出版集团、巴蜀书社，2010年，第374—380页。

② （北魏）郦道元注，（民国）杨守敬、熊会贞疏，段熙仲点校，陈桥驿复校：《水经注疏》，南京：江苏古籍出版社，1989年，第578页。

③ 中国历史地图集编辑组编辑：《中国历史地图集》，上海：中华地图学出版社，1975年，第15—16页。

战是矣。今世人犹谓其城曰王城也。）

本书释：王官城，清代董祐诚认为："在今闻喜县南。"杨守敬按："《左传·文公三年》，秦伯伐晋，济河，取王官及郊。杜《注》，晋地。成公十三年所云俘我王官，即指此事。故郦《注》惟著王官城于此，在今闻喜县南。而《元和志》虞乡县下云，王官故城在县南二里，引《左传·文公三年》取王官；闻喜县下云，王官故城在县南十五里，引《左传·成公十三年》俘我王官，是分为二地。《括地志》又谓在猗氏县南二里。"[①]这里说到至少在今河东地区有两座王官城，按照《元和志》此处的王官城在唐代闻喜县南十五里。今人谢氏《辑释》考证则认为："王官城，又有王城之称，即禹王城，在今夏县西北18里，闻喜县南40公里处。"[②]谢氏的观点可能有误，郦注中王官城、安邑县明显是两座城。

经：（涑水）又西南过安邑县西。

（安邑，禹都也。禹娶涂山氏女，思恋本国，筑台以望之，今城南门，台基犹存。余案《礼》，天子诸侯，台门隅阿相降而已，未必一如《书》传也。故晋邑矣，春秋时，魏绛自魏徙此。昔文侯悬师经之琴于其门，以为言戒也。武侯二年，又城安邑，盖增广之。秦始皇使左更、白起取安邑，置河东郡。王莽更名洮队，县曰河东也。有项宁都，学道升仙，忽复还此，河东号曰斥仙。汉世又有闵仲叔，隐遁市邑，罕有知者，后以识瞻而去。）

本书释：安邑县，杨守敬按："两汉、魏、晋，县并属河东郡，后魏改为北安邑，属河北郡。在今夏县西北十五里。"[③]谢氏《辑释》考证认为："安邑，夏禹所都，战国为魏都城。汉为安邑县治，故城即今夏县西北18里禹王城。"禹王城即古安邑，亦即春秋——战国的魏国都城，秦汉及晋的河东郡治。城内曾出土土铸钱石范、陶质半两钱模，汉代铸铁遗址等，已有相关考古调查。该城现今仍存一大型土台，上建有禹王庙。2011、2014年笔者曾赴该城遗址考察。

I　涑水西南迳监盐县故城，城南有盐池，上承盐水。

本书释：监盐县故城，清代董祐诚认为："在今安邑县西十五里，即运城。"谢氏《辑释》考证认为："监盐县故城，又称司盐城、苦城、监城、盐氏、司盐

① （北魏）郦道元注，（民国）杨守敬、熊会贞疏，段熙仲点校，陈桥驿复校：《水经注疏》，南京：江苏古籍出版社，1989年，第580页。

② 谢鸿喜：《〈水经注〉山西资料辑释》，太原：山西人民出版社，1990年，第99页。

③ （北魏）郦道元注，（民国）杨守敬、熊会贞疏，段熙仲点校，陈桥驿复校：《水经注疏》，南京：江苏古籍出版社，1989年，第580页。

都尉等名，今为运城市治。”

Ⅱ　盐池。

Ⅲ　盐水出东南薄山，西北流迳巫咸山北。(《地理志》曰：山在安邑县南。《海外西经》曰：巫咸国在女丑北，右手操青蛇，左手操赤蛇，在登葆山，群巫所从上下也。《大荒西经》云：大荒之中有灵山，巫咸、巫即、巫肦、巫彭、巫姑、巫真、巫礼、巫抵、巫谢、巫罗十巫，从此升降，百药爰在。郭景纯曰：言群巫上下灵山，采药往来也。盖神巫所游，故山得其名矣。谷口岭上，有巫咸祠。)

Ⅲ　（盐水）其水又迳安邑故城南，又西流注于盐池。《地理志》曰：盐池在安邑西南。许慎谓之盬。长五十一里，广七里，周百一十六里，从盐省古声。吕忱曰：夙沙初作煮海盐，河东盐池谓之盬。今池水东西七十里，南北十七里，紫色澄渟，潭而不流。水出石盐，自然印成，朝取夕复，终无减损。惟山水暴至，雨澍潢潦奔泆，则盐池用耗。故公私共堨水径，防其淫滥，谓之盐水，亦谓之为堨水。《山海经》谓之盐贩之泽也。泽南面层山，天岩云秀，地谷渊深，左右壁立，间不容轨，谓之石门，路出其中，名之曰径，南通上阳，北暨盐泽。池西又有一池，谓之女盐泽，东西二十五里，南北二十里，在猗氏故城南。(《春秋》成公六年，晋谋去故绛，大夫曰：郇、瑕，地沃饶近盬。服虔曰：土平有溉曰沃，盬，盐池也。土俗裂水沃麻，分灌川野，畦水耗竭，土自成盐，即所谓咸鹾也，而味苦，号曰盐田，盐盬之名，始资是矣。)本司盐都尉治，领兵千余人守之。周穆王、汉章帝并幸安邑而观盐池。故杜预曰：猗氏有盐池。后罢尉司，分猗氏、安邑，置县以守之。

经：（涑水）南过解县东，又西南注于张阳池。

Ⅰ　涑水又西迳猗氏县故城北。(《春秋》文公七年，晋败秦于令狐，至于刳首，先蔑奔秦，士会从之。阚骃曰：令狐即猗氏也。刳首在西三十里，县南对泽，即猗顿之故居也。《孔丛》曰：猗顿，鲁之穷士也，耕则常饥，桑则常寒，闻朱公富，往而问术焉。朱公告之曰：子欲速富，当畜五牸。于是乃适西河，大畜牛羊于猗氏之南，十年之间，其息不可计，赀拟王公，驰名天下，以兴富于猗氏，故曰猗顿也。)

本书释：猗氏县故城，清代董祐诚认为：“二汉、晋、魏志俱在河东郡。《太平寰宇记》猗氏县，汉旧县在南二十里。此言故城是后魏时已徙治也。今县治即宋治。”[①]谢氏《辑释》考证认为：“猗氏县故城，汉县，今称铁匠营村，在今

① （北魏）郦道元著，（清）王先谦校：《合校水经注》，北京：中华书局，2009年，第110页。

临猗县南 19 里处。”雍正《猗氏县志》中所附舆图对涑水故道和今道的区分，标绘得很清楚。

I 涑水又西迳郇城。（《诗》云郇伯劳之，盖其故国也。杜元凯《春秋释地》云：今解县西北有郇城。服虔曰：郇国在解县东，郇瑕氏之墟也。余按《竹书纪年》云：晋惠公十有四年，秦穆公率师送公子重耳，围令狐，桑泉、臼衰皆降于秦师，狐毛与先轸御秦，至于庐柳，乃谓秦穆公，使公子挚来，与师言退，舍次于郇，盟于军。京相璠《春秋土地名》曰：桑泉、臼衰并在解东南，不言解，明不至解。可知《春秋》之文，与《竹书》不殊。今解故城东北二十四里有故城，在猗氏故城西北，乡俗名之为郇城，考服虔之说，又与俗符，贤于杜氏单文孤证矣。）

本书释：《史记·正义》引《括地志》：郇城，在猗氏西南八里。清代董祐诚案：“今治即唐治。”杨守敬按：“《括地志》，郇城在猗氏县西南四里，即猗氏故城之西北。”[①]谢氏《辑释》考证认为：“郇城，西周侯国，故治在今关原头村，在今临猗县南 5 里处。”

I 涑水又西南迳解县故城南。（《春秋》，晋惠公因秦返国，许秦以河外五城，内及解梁，即斯城也。）涑水又西南迳瑕城。（晋大夫詹嘉之故邑也。《春秋》僖公三十年，秦、晋围郑，郑伯使烛之武谓秦穆公曰：晋许君焦瑕，朝济而夕设版者也。京相璠曰：今河东解县西南五里有故瑕城。）

本书释：杨守敬按：“两汉、魏、晋县并属河东郡，后魏改为北解，仍属河东郡，在今临晋县东南十八里。”[②]谢氏《辑释》考证认为：“解县，汉县，今名城东、城西村。在今临猗县西南 27 里处。瑕城，今新城堡当为春秋瑕城，在今城西村西南 5 里处，东北距临猗县 35 里。”

I 涑水又西南迳张阳城东。（《竹书纪年》，齐师逐郑太子齿，奔张城南郑者也。《汉书》之所谓东张矣。高祖二年，曹参假左丞相，别与韩信东攻，魏将孙遬军东张，大破之。苏林曰：属河东，即斯城也。）

本书释：张阳城，清代董祐诚认为：“在今虞乡县西北。”谢氏《辑释》考

---

① （北魏）郦道元注，（民国）杨守敬、熊会贞疏，段熙仲点校，陈桥驿复校：《水经注疏》，南京：江苏古籍出版社，1989 年，第 589 页。

② （北魏）郦道元注，（民国）杨守敬、熊会贞疏，段熙仲点校，陈桥驿复校：《水经注疏》，南京：江苏古籍出版社，1989 年，第 589 页。

证认为："张阳城，亦称东张城，又称张杨城，今称东开张村，在今永济县东北27里处。"

Ⅰ　涑水又西南属于陂，陂分为二，城南面两陂，左右泽渚。

Ⅱ　东陂世谓之晋兴泽，东西二十五里，南北八里，南对盐道山。其西则石壁千寻，东则磻溪万仞，方岭云回，奇峰霞举，孤标秀出，罩络群山之表，翠柏荫峰，清泉灌顶。郭景纯云：世所谓鸯浆也。

Ⅱ　西陂即张泽也，西北去蒲坂十五里，东西二十里，南北四五里，冬夏积水，亦时有盈耗也。

本书释：谢氏《辑释》考证认为："晋兴泽，俗称鸭子池，在今五姓湖东。张泽，亦称张阳池，今称五姓湖，在今永济县西北三里处。"

Ⅲ　鸯浆，发于上而潜于下矣。（厥顶方平，有良药。《神农本草》曰：地有固活、女疏、铜芸、紫菀之族也。是以缁服思元之士，鹿裘念一之夫，代往游焉。）路出北巘，势多悬绝，来去者咸援萝腾崟，寻葛降深，于东则连木，乃陟百梯方降岩侧，縻锁之迹，仍今存焉，故亦曰百梯山也。

Ⅲ　鸯浆水自山北流五里而伏，云潜通泽渚，所未详也。

Ⅰ　又南，涑水注之。水出河北县雷首山。（县北与蒲坂分，山有夷齐庙。阚骃《十三州志》曰：山，一名独头山，夷齐所隐也。山南有古冢，陵柏蔚然，攒茂丘阜，俗谓之夷齐墓也。）其水西南流，亦曰雷水。（《穆天子传》曰：壬戌，天子至于雷首，犬戎胡觞天子于雷首之阿，乃献良马四六，天子使孔牙受之于雷水之于是也。昔赵盾田首山，食祁弥明翳桑之下，即于此也。）

Ⅰ　涑水又西南流，注于河，《春秋左传》谓之涑川者也，俗谓之阳安涧水。

本书释：从郦注可知，《水经注》卷四记载的涑水是流入黄河的；而《水经注》卷六记载的涑水最终流入五姓湖，未有进一步流入黄河的记载。不过后来的成化《山西通志》则记载："五姓滩，在临晋县南三十五里五姓村，即涑水、姚暹渠流经所终之地，一名五姓湖，西流至蒲州，入黄河。"此处指出五姓湖水是流入黄河的。对《水经注》记载的两条涑水是否为同一水？历来争议很大。清代董祐诚指出：张泽"今曰五姓湖，在永济县东南三十里，分属临晋、虞乡界"。并认为此下有"涑水又西南流注于河，《左传》谓之涑川也"十六字，见《河水》下。《左传》涑川，杜《注》，涑水至蒲坂县入河。是晋时涑已入河，而《经》不言，故郦《注》补见于河水下。秦渡河伐晋，循涑川而至王官，正其道也。雷水在河北，与涑水隔山，《注》有脱文，遂上下互易，详见《河水》下。

今涑水自绛州之绛县西，迳闻喜县南，解州之夏县北。安邑县北，蒲州府之猗氏县南，临晋县南，虞乡县北，至永济县东南，入五姓湖。又西南入河。[①]杨守敬按：《水经》叙涑水至张阳池而止。《注》亦至张阳池而止，皆不详其下流。而《河水经》雷首下，有“又南涑水注之”之文，《注》水出河北县雷首山，直与张阳池相接，是两涑水本为一水无疑。其划断为二者，或是伏流，或是后世湮塞，而张泽之水，遂于蒲坂入河。互详《河水注》，董氏补“涑水又西南流注于河，《左传》谓之涑川也”十六字赘矣。[②]方家争论的焦点就是《水经》不记涑水入黄河，“涑水又西南流注于河，《左传》谓之涑川也”这十六字需不需要补。其实，《经》文不记涑水入黄河，并不等于涑水不流入黄河。涑水为地质构造的产物，河道早就存在，涑水入黄河是既定事实。《左传》记载的“入我河曲，伐我涑川，俘我王官，故有河曲之战”，实际上已将涑水河记载得很清楚，只不过中间具体流经不甚详细。至此，在 1∶20 万地图上可将《水经注》记载的涑水河河道予以空间可视呈现（图 2-3）。

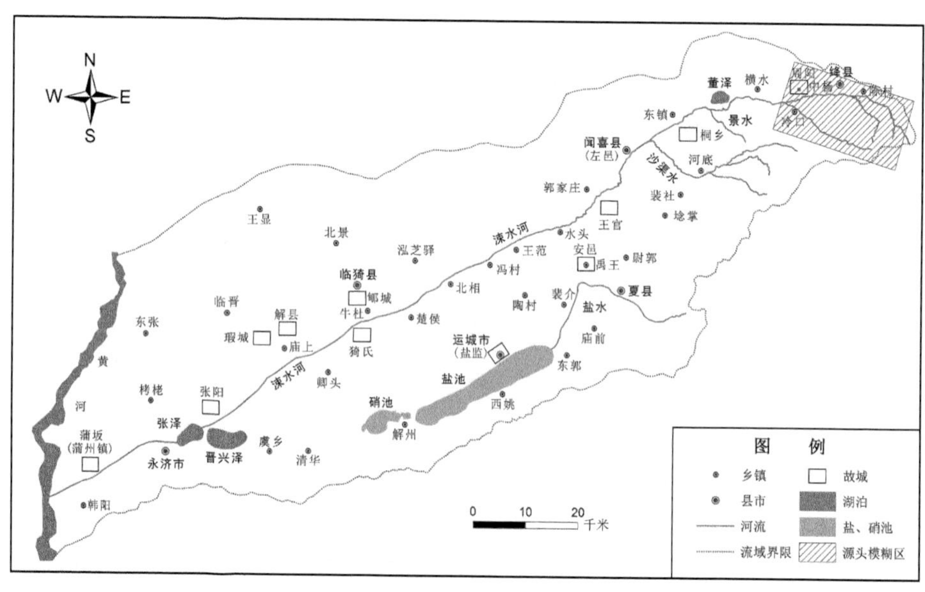

图 2-3 本书复原的北魏《水经注》涑水水道

---

① （北魏）郦道元著，（清）王先谦校：《合校水经注》，北京：中华书局，2009 年，第 111 页。（北魏）郦道元注，（民国）杨守敬、熊会贞疏，段熙仲点校，陈桥驿复校：《水经注疏》，南京：江苏古籍出版社，1989 年，第 593 页。

② （北魏）郦道元注，（民国）杨守敬、熊会贞疏，段熙仲点校，陈桥驿复校：《水经注疏》，南京：江苏古籍出版社，1989 年，第 593—594 页。

二、光绪《山西通志》中的涑水河水文系统

自北魏郦道元注校《水经》形成的涑水河道之后，又经过了千年的变化，在该河道的自然演化和人工干预下，形成了新的涑水河河网水系。目前来看以光绪《山西通志》中的记载最为翔实，现根据此文献予以复原。

“涑水，出绛县南横岭关山，与洮水会。西流入闻喜县境，与董泽、甘泉诸水合。又西南沙渠水东来注之，屈迳县城南。又西南迳夏县西。又西迳安邑县北，姚暹渠、盐池并在其南。又西迳猗氏县南。又西南迳临晋县南、虞乡县北，与姚暹渠合流汇五姓湖。”[①]

光绪《山西通志》在卷二、卷三有《府州厅县图》，该图采用的是传统的“计里画方”，本书试图将涑水河流经的在绛州、解州、蒲州的各府州县图拼接起来，构成清代末年的涑水河道图。实际上，是不能拼接成图的。本书只好在现今的1∶20 万地图上，按照《府州厅县图》中涑水河的大致流向，进行重新编绘，形成“《山西通志》中的涑水水道图”（图 2-4）。

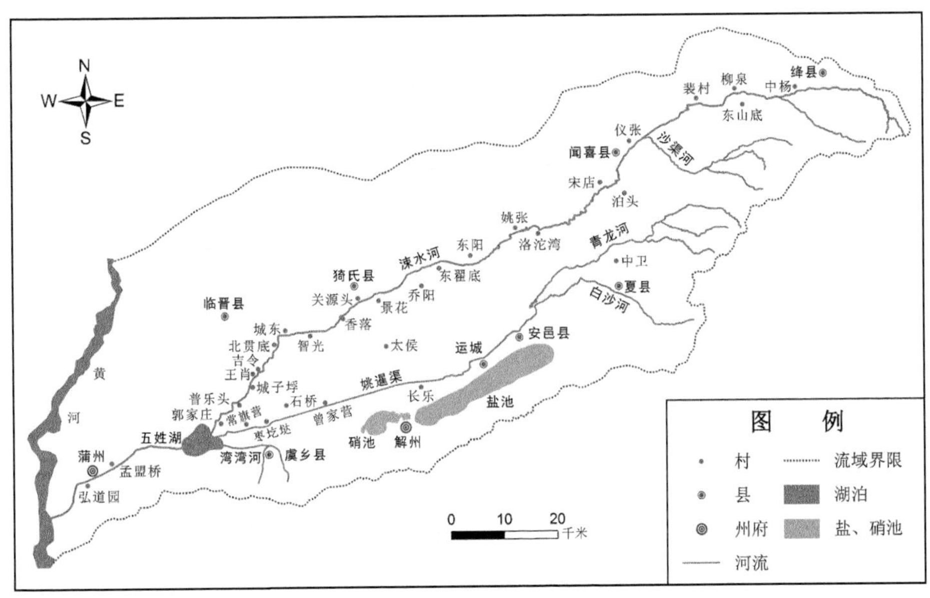

图 2-4　光绪《山西通志》中的涑水水道

① 光绪《山西通志》卷 41《山川考一》。

将图 2-3 与图 2-4 比较可知，光绪年间涑水河的源头已很清楚地呈现出来，另外涑水河道千余年间发生变化主要体现在闻喜以下的中游河段。这是人类为保护国家经济命脉盐池的安全生产所采取的人工改道。其具体改道情况，本书第三章有详细分析。

第三节 现代涑水河流域的河道状况

山西省河流状况总体而言主要分两大流域，即黄河流域和海河流域。其中省内黄河流域面积 97 138 平方千米，占全省面积的 62.2%，海河流域面积为 59 133 平方千米，占全省面积的 37.8%。[①]黄河流域中有汾河、涑水河、三川河、昕水河和沁河等大河。涑水河流域位于山西省南部的运城地区境内，地理位置为东经 110°17′—111°43′，北纬 34°44′—35°32′。北部及西部是从孤峰山与稷王山向南及向西延伸的峨嵋岭，东部及南部环绕着中条山。地势自东北向西南倾斜，流域范围包括闻喜县、夏县、盐湖区、临猗县、永济市的绝大部分和绛县、万荣县的一部分。流域面积 5774.4 平方千米，其中石山区 139.9 平方千米，土石山区 1035.6 平方千米。黄土丘陵区 1907.1 平方千米，平川区 2691.8 平方千米。目前流域共有 106 个乡镇，1796 个行政村，230.1 万人口。涑水河流域是山西省重要的商品粮棉基地，农作物以小麦、棉花和水果为主。改革开放以来流域内的经济快速发展，形成了盐化工、钢铁、有色金属、电力、机械制造等新兴支柱产业，涌现了南风化工、海鑫钢铁、关铝股份、永济电厂等大型骨干企业。

一、目前涑水河流域主要河道状况

目前，涑水河干流总长 196.6 千米，纵坡 1/400，河床糙率 0.033。根据河道特性可分为 4 个河段：吕庄水库以上河段长 54 千米，河形为“V”字形，纵坡 1/70；吕庄水库至上马水库段长 41 千米，为复式断面，复槽最宽处达 1600

① 李英明、潘军峰主编：《山西河流》，北京：科学出版社，2004 年，第 3 页。

米，主槽 10—20 米，纵坡 1/700；上马水库至伍姓湖段长 64 千米，为人工开挖，窄深式，纵坡为 1/850；伍姓湖至入黄口段长 37 千米，纵坡为 1/4000；河床比较稳定。涑水河流域农业灌溉发达，在 499 万亩耕地中，灌溉面积为 223 万亩，拥有 4 座中型水库和 15 座小（一）型水库，3 处万亩自流灌区。

根据《山西河湖》，目前涑水河流域的河道状况如下①。

（1）涑水河水系

A. 涑水河

河源区至吕庄水库段：涑水河发源于绛县陈村峪，汇集峪内多处泉流后出峪口潜入地下，大雨时潜流溢出地面。西北行约 2 千米进入陈村峪水库库区，过水库大坝到花疙塔村折向西略偏北流，途经陈村（镇）在紫家村接纳由南而来的紫家峪河。河西行过申王、南官庄、焦家涧、白家涧、郝家涧村，接纳由东南方向流来的冷口峪河。冷口峪河古称洮水，发源于绛县城南 13 千米处横岭关北侧。从源头至冷口段，冷口峪河沿途接纳卓文沟、焦家涧等 18 条沟峪泉水。涑水向西北过向阳村拐向正西流，过新庄、乔寺到许家园拐向东南流。经灌底堡、铁门堡至东刘家村，西出绛县进入闻喜县境。入闻喜境即进入杨家园水库库区，过水库向西流到东鲁村折向南流，经涑阳村向西南流 3 千米到闻喜县第一大镇——东镇。东镇有文物古迹保宁寺塔。河从镇东穿过，西南行 1.5 千米即进入涑水河流域内最大的平原型水库——吕庄水库。

吕庄水库至上马水库河段：吕庄水库大坝位于吕庄桥村西，于 1958 年 11 月兴工，1960 年 6 月竣工运行。水库大坝系均质土坝，分主副坝，主坝高 16.315 米、长 712 米，副坝高 12.84 米、长 4618 米，总库容 3320 万立方米，控制流域面积 879 平方千米。在库区东岸大坝上游约 1.5 千米处接纳支流沙渠河。沙渠河亦名唐王河，发源于闻喜县东南部中条山最高峰唐王山北麓走马岭、柳树沟一带。出水库过吕庄水文站，向西南流约 6 千米经五里墩、东社村即到闻喜县城。涑水河从闻喜县城西向流，过王家房、南宋至庄儿头村与南同蒲铁路平行南下，经辛庄、杨家庄出闻喜县界进入夏县。河入夏县后，从仪门、水南村折向西流约 3 千米，到夏县水头（镇）。

涑水河从水头镇北西行过洛沱湾、东张村出夏县界入运城盐湖区。在盐湖区境内，涑水河西南行约 3 千米进入上马水库库区。上马水库大坝位于冯村乡新郭村东，为涑水河干流第二座缓洪调洪水库，1958 年开工，1960 年竣工。大

① 《山西河湖》编纂委员会：《山西河湖》，北京：中国水利水电出版社，2013 年，第 141—143 页。

坝高 11 米，长 2980 米，总库容 3165 万立方米。

上马水库至伍姓湖河段：涑水河出上马水库向西南过冯村（乡）拐向西南行。河左岸杜村南为鸣条岗。过鸣条岗涑水继续西南行，过西翟底、西庄出盐湖区界入临猗县。河入临猗境，自东北向西南过东三里、曲家庄、香落到祁任庄附近折向西过南智光、渠下至城西东堡村折向南流。过程村、吉令至七级镇王肖村出县界入永济市。涑水河入永济市境，过城子埒、普乐头，到开张（镇）东向西南行经郭家庄与东来的姚暹渠同时汇入伍姓湖。

伍姓湖至入黄口河段：出伍姓湖后涑水河即从永济市区北部流过，后折向西行。永济古为蒲坂，史称舜都。涑水过永济市区，进入下游蒲州段。此段河道直奔西南恰与南同蒲铁路和运（城）风（陵渡）高速公路并肩同行，直奔黄河而去。途经主要村镇有七社、吕坂、石庄、孟盟桥到蒲州镇。

B. 涑水河支流

沙渠河[①]，是涑水河的一级支流，位于闻喜县东南部，发源于中条山最高峰唐王山，故又名唐王河，流经大峪、酒务头、柏范底、董村、河底等 15 个村庄，至吕庄水库进入涑水河。河流全长 33.5 千米，流域面积 262.78 平方千米，河床比降 1.3%，土壤侵蚀模数为 8120.5 吨/（平方千米·年），河床糙率 0.018。

（2）姚暹渠水系

A. 姚暹渠

姚暹渠。[②]姚暹渠地处山西省西南端，由东北向西南沿中条山西麓穿越运城盆地之腹地。汇水面积 2127 平方千米，涉及夏县、盐湖、永济 3 县（市、区）。姚暹渠分为上、中、下三段。上段自王峪口至苦池水库，渠长 26.7 千米，主要为土石山区，坡陡水急；中段自苦池水库至盐湖区曲庄头村，渠长 19.4 千米，为平原区（市区段）；下段自曲庄头至永济市伍姓湖，渠长 39.9 千米，其中曲庄头至土桥段 31.4 千米，大部分河渠为高出两岸的悬河，一般高出地面 5—8 米，最大高出 25 米。上中下三段渠总长 86 千米，上下渠段落差 110 米，平均比降 1.3‰。

姚暹渠起始于中条山西麓夏县庙前镇桑村尉家凹，是一自然沟峪，即峪口河，源流由东南向西北，经王峪口水库，转向北流，拦截中条山以西柳沟、寺沟、史家峪（河）、刁崖沟（河）、元沟、赤峪等多条沟峪来水，此间沿山修建

① 李英明、潘军峰主编：《山西河流》，北京：科学出版社，2004 年，第 229 页。

② 《山西河湖》编纂委员会：《山西河湖》，北京：中国水利水电出版社，2013 年，第 151—153 页。

有吴村滩调洪区拦王峪口沟与寺沟之洪水，张郭店泄洪闸调节柳沟、史家峪与吴村闸泄水，五格堤拦蓄刁崖沟、元沟、寺沟之洪水，最终汇流于五里桥转向西流。

姚暹渠过夏县城南五里桥西南行约 6 千米到裴介镇地域。途经大辛庄、朱吕、墙下堡至毛家埝村折向西南流过鲁因，出裴介向西不远即出夏县境，入盐湖区境内的苦池水库。现今在夏县境内的姚暹渠五里桥以西之渠段，因年久失修又极少过水，现渠线多被农田占用而损坏。姚暹渠出苦池水库向西南流与南同蒲铁路同行，经郭家卓、冯家卓等村庄到安邑镇，姚暹渠由安邑西侧南行约 5 千米，穿过禹都经济开发区进入运城市政府驻地——盐湖区。姚暹渠出盐湖城区向西南行，流经曲庄头、东庄等村，从西辛庄出盐湖区界进入永济市境内。过桥上村，在土桥村西南接纳由东南流来的湾湾河之后，过常旗营等村庄直入伍姓湖。

B. 姚暹渠支流

白沙河。[①]距今夏县城南不足 1 千米，由东南向西北沿夏县城南西行。白沙河古称巫咸河，亦名尧稍水，发源于中条山背水面的泗交镇瓦沟村，流经涧底河、樊家峪至白沙河水库。出水库经县城南关街入中留水库，因河水携带的泥沙呈白色，俗称白沙河。

青龙河[②]，又名铁寺河，是姚暹渠的一级支流。据《读史方舆纪要》记载，“青龙河在县北三十里，以河流屈曲如盘龙而名，下流合于涑水”。青龙河位于闻喜县城东南，自东北向西南流，发源于中条山麓西侧闻喜县与夏县交界处的杏树沟与大岭根一带，经野峪沟、十八坪村至茅沟，西行过寺家庄、宋家庄、王赵等村出闻喜县界入夏县境，过埝掌镇西南行经东下冯、崔家河、郭牛村、上董、高村、娄底折向西南，流经西阴、下张、郭里等村入禹王水库，再向南流，从西秦和东浒村之间穿过，从师冯村跨进盐湖区入苦池水库。河流全长 54.5 千米，流域面积 444.57 平方千米。河床比降 3.6‰，土壤侵蚀模数为 810 吨/（平方千米·年），河床糙率 0.03。青龙河河床曲折泄洪不畅，淤积严重，河床高出地面 3—5 米，河床不稳定，历史上多次决口。

湾湾河[③]，是姚暹渠的一级支流，发源于永济市清华乡陶家窑峪，流经清化、

① 《山西河湖》编纂委员会：《山西河湖》，北京：中国水利水电出版社，2013 年，第 152 页。

② 《山西河湖》编纂委员会：《山西河湖》，北京：中国水利水电出版社，2013 年，第 152 页。李英明、潘军峰主编：《山西河流》，北京：科学出版社，2004 年，第 232 页。

③ 李英明、潘军峰主编：《山西河流》，北京：科学出版社，2004 年，第 233 页。

董村、虞乡 3 个乡镇，在虞乡镇西阳朝村北流入排洪总干，到孙常村北与姚暹渠汇合涑水河。全长 18 千米，流域面积 101.39 平方千米，纵坡 0.1%，河床糙率在 0.025—0.04。

二、新中国成立以来涑水河道的人工干预

光绪末年的涑水河河道一直使用到新中国成立初期，1958 年涑水河流域发生的大洪水灾害加快了人工干预和改造涑水河道进程，经过近 60 年的不断改造才形成今天所见的涑水河河道状况（图 2-5）。

1958 年山西涑水河流域发生了近百年最大一次的大洪水，整个流域受灾严重。白沙河在太平街决口，水经中留、秦家堰、东西浒和姚暹渠、青龙河汇合入苦池调洪滩，冲决主坝，淹郭家卓、湾子村入汤里滩，又冲决黑龙堰五处，直入小鸭子池，再破东禁墙入盐池，使盐池损失芒硝 22 万担、盐 6.6 万担；涑水河上游来洪在吕庄附近与沙渠河洪水相遇，最大洪峰值达 655 立方米/秒，洪水所到之处，一片汪洋，淹没当时的闻喜、夏县、安邑、猗氏、解虞、永济 6 县（市）部分或大部分地区，共计淹没村镇 57 个，倒塌房屋 23 733 间，死亡 530 人，冲走粮食一千余万斤，淹没土地 30 万亩，运城机场被洪水包围，盐池生产受到很大威胁，公路遭破坏，铁路亦被冲断，当时直接经济损失达 8000 余万元。

（1）河流改道

1958 年的大洪水直接导致了白沙河改道。1958 年 7 月 17 日，白沙河从桥下街三官庙东一里许溃堤，洪水从两条古道[①]中间直注西淌，淹没原中留、下留两村，入李庄滩，与青龙河汇流，形成今天的河道。

青龙河改道。原河道曲折迂回，行洪不畅屡决为患，故于 1958 年冬将其改道。原河道从董村南出沟经高村、三联、苏庄、东西洋桥、尉郭、苗村、中卫、苏村、解村、西董入李庄滩，绕了 180 度的大弯，总长 13 千米。河床高出地面 3—5 米，村口路口形成缺口，河道弯曲，易于决口。新河道是经勘测规划，裁

---

① 两条古道，第一条古河道走南关绕城西，经社西，过大候，入禹王滩，与青龙河汇流（即现在的东关至中留段公路和中留水库北堤）；第二条古河道是在明崇祯六年（1633），白沙河南堤决口，才有故道绕出小南关之南，经桥下街、车秦寺后，石桥庄、湾里、下留、秦家堰、东浒入师冯滩与青龙河汇流（即现在的白沙河桥至车秦寺后大路和中留水库南堤）。见杨万有、崔培杰、许文志：《姚暹渠上游述略》，运城市水务局、运城市排水管理处编：《运城盐湖及市区防洪排水要略》，第 200—214 页。

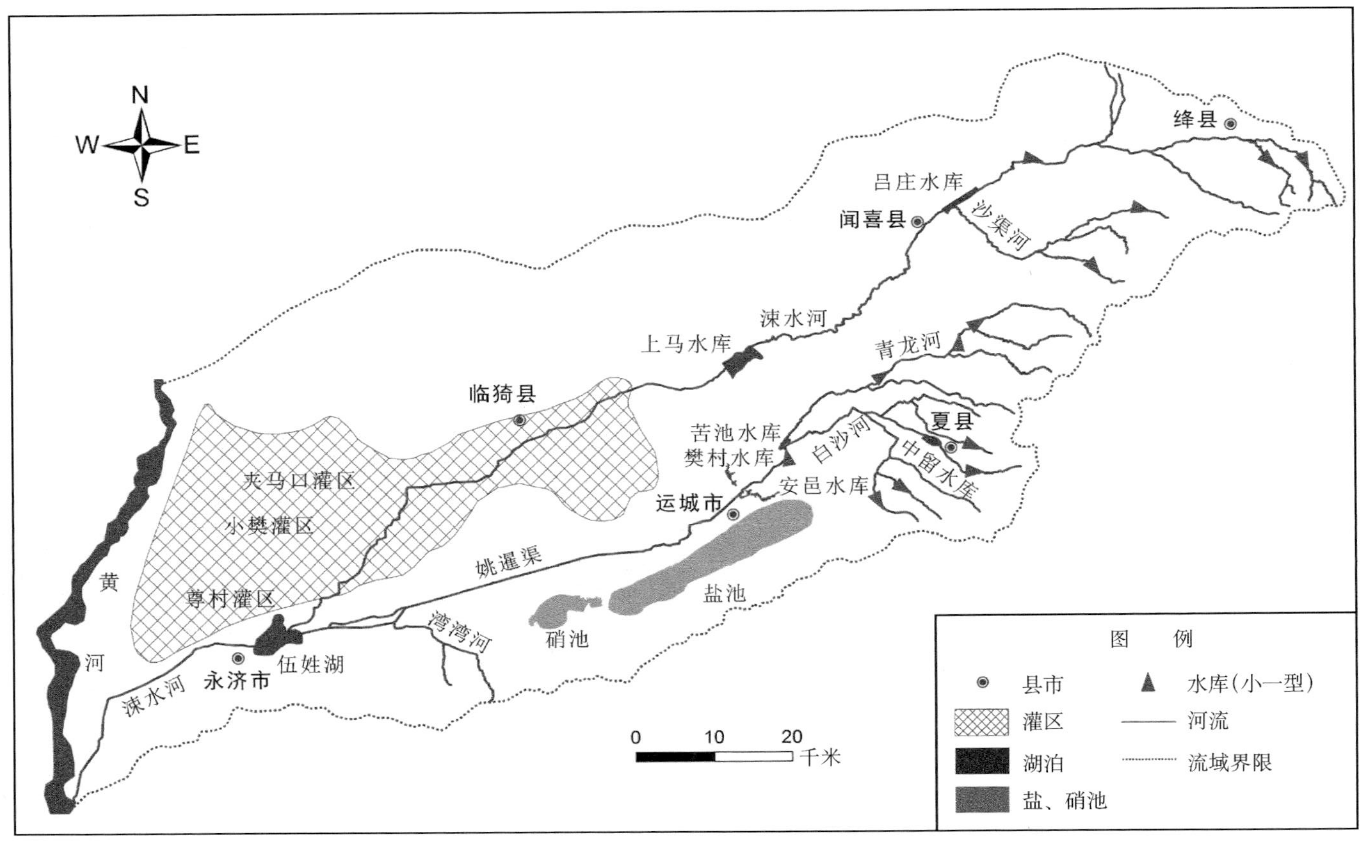

图 2-5 山西涑水河流域现代水系图

弯取直修建的。从上董村南开始，往西南经楼底、西阴、下张、郭里入禹王水库，总长8千米，全系地下河，允许流量100立方米/秒。

（2）修建水库

中华人民共和国成立初期，涑水河流域发生的两次大的改道，都限于涑水河的支流姚暹渠上。此后，涑水河、姚暹渠干流上修建中型水库4座，支流上修建小（一）型水库15座。

中型水库4座：

吕庄水库。位于闻喜县城东北约6千米处的涑水河干流中上游。控制流域面积878.6平方千米，总库容3713万立方米（其中兴利库容2338万立方米；已淤积库容504万立方米），为涑水河上游第一座平原水库。1958年11月破土动工，1960年6月竣工受益。大坝分为主坝和副坝，系均质土坝，主坝高16.315米，长712米；副坝高16.315米，长5262米。

上马水库。位于运城市东北 25 千米处的冯村乡新郭村东。控制流域面积1390.1平方千米（包括吕庄水库以上的878.6平方千米流域面积在内），总库容3531.36万立方米，已淤积库容1136万立方米，为涑水河上第二座缓洪调洪水库。1959年1月动工，1960年5月竣工。大坝高10.7米，坝顶长2980米，坝顶宽3米，采用水中填土法施工。

中留水库。位于距夏县城五华里湾里村南白沙河上，为一平原水库。库区淹没区为原中留村，故名中留水库。中留水库控制流域面积76.4平方千米，总库容1245万立方米（其中已淤积库容50万立方米），属于姚暹渠较大支流白沙河下游一纯防洪水库。该库于1958年7月动工，由于施工仓促，造成施工质量差。1959年9月进行整修加固，全部工程于1960年5月竣工。大坝为夯填式均质土坝，坝高7.8米，主坝长895米，副坝长1250米，坝顶宽3.5米。

苦池水库。位于运城东15千米处的三家庄乡黄家卓村附近，姚暹渠、白沙河、大洋滩和青龙河四条河流汇合处。控制流域面积702.45平方千米，总库容1400万立方米（其中已淤积26万立方米）。该库于1957年3月动工，同年6月竣工，系天然洼地平原型纯防洪水库。大坝系人工夯打均质土坝，高8.9米，坝顶长2395米。

小（一）型水库15座：

陈村峪水库。位于绛县陈村峪，于1970年10月动工兴建，1974年12月建成蓄水。水库控制流域面积29.25平方千米，总库容367万立方米，有效库容247万立方米。大坝为浆砌石单曲拱坝，高55.13米，坝顶弧长104.4米。

紫家峪水库。位于绛县紫家峪，于 1966 年 11 月动工兴建，1970 年 5 月建成蓄水，1977 年 5 月改建大坝加高 3.1 米，控制流域面积 38.6 平方千米。总库容 172 万立方米，有效库容 102 万立方米。大坝为重力拱坝，高 36.8 米，坝顶弧长 144 米。

杨家园水库。位于闻喜县东镇裴村南边的涑水河主流上，于 1958 年 3 月动工兴建，同年 6 月竣工，属平原水库。控制流域面积 400.5 平方千米，总库容 245.7 万立方米，兴利库容 65 万立方米，防洪库容 139.7 万立方米。该水库是闻喜涑水灌区唯一的蓄水灌溉工程。主坝长 240 米，高 11.2 米，坝顶宽 8 米；副坝分南北两条，南副坝长 1650 米；北副坝长 850 米，高均为 6 米。主副坝均为碾压务实均质土坝。

安邑水库。位于运城市安邑办事处西边，水源来自姚暹渠，是一座旁引式水库。该水库 1956 年 2 月施工，1957 年 1 月竣工。大坝为均质土坝，坝高 6.7 米，坝长 254 米。总库容 180 万立方米，兴利库容 150 万立方米。为解决运城市民吃水，防止水源污染，市政府于 1983 年在安邑水库后面筑一条长 120 米，高 5.5 米的均质土坝，把水库隔为东西两库，东库为防洪、灌溉、养鱼；西库为市民饮水。1991 年 9 月，为解决市民引夏县泗交水，又在西库筑一条东西坝，长 130 米、高 5 米，把西库分为南北两库，北库为泗交引水调节库。

八一水库。位于运城市三家庄乡庙村境内，水源来自姚暹渠。该库建于 1958 年 5 月，为旁引式水库。大坝为均质土坝，坝高 10.3 米，坝顶长 157 米，总库容 232 万立方米，其中兴利库容 222 万立方米。自从 1991 年后，小型造纸厂污水排入水库，使库水污染，没法养殖。

樊村水库。位于运城市安邑办事处北街樊村滩，水源来自涑水河。该库建于 1957 年 12 月。大坝为均质土坝，坝高 8 米，坝顶长 146 米，总库容 267 万立方米，其中兴利库容 227 万立方米。

三河口水库。位于闻喜县白石乡三河口村，水源来自沙渠河，属涑水河支流。1973 年 11 月兴建，1975 年 7 月竣工。水库流域面积 41.5 平方千米，流域长度 11.5 千米。大坝为均质土坝，坝高 32 米，坝顶长 260 米，总库容 325.7 万立方米，其中兴利库容 167 万立方米。

小涧河水库。位于闻喜县酒务头乡后元头村，水源来自小涧河，流入沙渠河，属涑水河支流。1972 年 11 月兴建，1976 年 10 月竣工。水库流域面积 24 平方千米，流域长度 6 千米。大坝为均质土坝，坝高 30.5 米，坝顶长 185 米，总库容 171.8 万立方米，其中兴利库容 55 万立方米。

白沙河水库。位于夏县城东南 2 千米处，它拦蓄白沙河水和经隧洞引来的泗交水。水库于 1974 年 2 月 14 日兴建，1984 年下马停缓建。1991 年 11 月 11 日重新动工，于 1992 年 6 月 25 日竣工。水库流域面积 72.7 平方千米，流域长度 13 千米。大坝为均质土坝，坝高 22.5 米，坝顶长 80 米，总库容 212.76 万立方米，其中兴利库容 106 万立方米。白沙河水库主要是解决运城、夏县城市用水和夏县部分村庄灌溉用水问题。

史家峪水库。位于夏县庙前镇白头村，水源来自史家峪河，流入姚暹渠。水库于 1959 年 5 月兴建，1960 年 5 月竣工。水库流域面积 27.83 平方千米，流域长度 14 千米。大坝为均质土坝，坝高 45.26 米，坝顶长 108 米，总库容 227.46 万立方米，其中兴利库容 115 万立方米。

王峪口水库。位于夏县庙前镇王峪口村，水源来自王峪口沟洪水。1971 年 12 月动工，1974 年 7 月建成。水库流域面积 20.4 平方千米，流域长度 12.9 千米。大坝为均质土坝，坝高 24.5 米，坝顶长 420 米，总库容 137.38 万立方米，其中兴利库容 73 万立方米。

跃进水库。位于夏县南大里乡疙瘩村，水源来自青龙河。1957 年 11 月兴建，1958 年 8 月竣工。水库流域面积 128.84 平方千米，流域长度 18 千米。大坝为均质土坝，坝高 12.4 米，坝顶长 346 米，总库容 189.5 万立方米，其中兴利库容 54 万立方米。水库淤积严重，库心淤积超过涵洞高程 1.2 米。

禹王水库。位于夏县禹王乡禹王村，水源来自青龙河。兴建于 1958 年 7 月，同年年底竣工。水库流域面积 236.21 平方千米，流域长度 26 千米。大坝为均质土坝，坝高 5.7 米，坝顶长 3200 米，总库容 454.65 万立方米，其中防洪库容 339.65 万立方米。

崔家河水库。位于夏县埝掌镇崔家河村，水源来自青龙河。1958 年 10 月动工，1959 年 8 月竣工。水库流域面积 87 平方千米，流域长度 16 千米。大坝为均质土坝，坝高 16.5 米，坝顶长 831 米，总库容 200.3 万立方米，其中兴利库容 45 万立方米，防洪库容，155.3 万立方米。

红沙河水库。位于夏县城关镇吴家峪村，水源来自红沙河，属涑水河系，水库于 1971 年 12 月动工兴建，1975 年 8 月竣工。水库流域面积 9.5 平方千米，流域长度 6.1 千米。大坝为均质土坝，坝高 26.5 米，坝顶长 200 米，总库容 135.6 万立方米，其中兴利库容 92.5 万立方米。

至 20 世纪 80 年代末，涑水河流域的治理措施均是建设水利设施，上游水库拦洪，中游河道排洪，下游河滩滞洪，形成蓄泄兼顾的防洪工程体系。

三、目前涑水河流域的环境状况

新中国成立后，运城在社会经济发展过程中，形成了以电力、化工、造纸等工业为主体的经济结构，涑水河在维持流域各市县国民经济快速发展作出了巨大的贡献。但同时也给涑水河带来了大量的污染，致使涑水河水量大大减少，出现地下水超采和地表水质污染等现象，流域的环境情况不容乐观。涑水盆地是一个相对封闭的半封流性盆地，盆地内的水流不畅，水体自净能力较差，据涑水河张留庄断面（涑水河入黄河断面）的监测数据，劣于《国家地表水环境质量标准》（GB3838—2002）V 类水质标准，属劣 V 类水质，已达严重污染水平，是中国水体污染较为严重的河流之一。

1. 地下水超采，形成著名的涑水盆地中深层地下水超采区

涑水盆地面积为 3336 平方千米，据不完全统计，现有开采井数 13 640 眼，井群分布密度 4.1 眼/平方千米。因盆地内地表水贫乏，浅层水水质较差，中深层承压水是当地工农业及城乡人民生活最主要的供水水源，多年来由于不合理的开采已形成了千余平方千米的下降漏斗。

从区域上看，整个涑水盆地属于一个地下水流动的大系统。地下水开采层位主要为涑水沉降带第四系松散层。根据第四系地层划分及各含水层的不同水力特征，一般将本区孔隙水划分为浅、中、深三个含水岩组，即由 Q_3、Q_4 组成浅层水含水岩组，Q_2 组成的中层含水岩组和 Q_1 组成的深层含水岩组。从 20 世纪 60—80 年代初，仅冲湖积平原局部地区为中深层混合开采，且深层水开采量较小，涑水河谷平原区为浅中层混合开采。从 80 年代中后期开始，数量众多的混合开采井导致盆地中深层承压水越流穿层，实质上承压水已形成一个统一的流动系统。1986 年以后中、深层漏斗已完全重合，即已形成实质上的中深层承压水混合下降漏斗。此时漏斗面积 682 平方千米，漏斗中心水位 301.43 米，漏斗中心位于运城市城区。至 2009 年，漏斗中心水位 255. 27 米，比 1986 年年末下降 46.16 米，年下降速率 2.01 米；330 米等水压线圈内面积 2195 平方千米，漏斗面积较 1986 年末扩展 1513 平方千米，年扩展速率 65.78 平方千米。[①]

据《运城地区水利志》[②]，中深层地下水超采区面积为 1809 平方千米，范

① 曹小虎：《在涑水盆地地下水下降漏斗监测管理中的应用研究》，《地下水》2010 年第 6 期，第 193—194 页。

② 运城地区水利志编纂委员会：《运城地区水利志》，香港：天马图书有限公司，2001 年，第 57 页。

围包括：西起永济市城西，东至闻喜县东镇，北起永济市赵柏村—临猗县临晋镇、临猗县城关—运城市上郭村—闻喜县郭家庄以北、城关以北及东镇一线，南至永济市姚温、虞乡以南—运城市城南—夏县城区—闻喜县河底、东镇一线。严重超采区面积为1079平方千米，范围包括：西起永济市城西，东至运城市陶村，北起永济市城北—临猗县七级、嵋阳、城关以南—运城市北相、陶村一线，南至永济市城关、虞乡村—运城市席张、运城市城北、陶村以西线。浅层地下水超采区面积为2354平方千米，占总面积的70.6%。其范围为：西起永济市蒲州以西，东至绛县白家涧村，北起峨嵋台塬，南至中条山前。据观测统计，中深层水超采区地下水位年均下降速率1.24米，水位最大累积下降值为13.51米；严重超采区地下水位年均下降速率2.01米，水位最大累积下降值为23.84米。盆地平原区地下水埋深多年（1976—2005年）平均下降速率为0.57米/年，近五年（2000—2005年）水位下降速度进一步加快，平均下降速率为1.10米/年。截至2005年年底，运城市盆地平原超采面积已达6598.8平方千米，占全市国土面积的46.36%，占盆地平原区的77.44%。盆地区的浅中井变成了间歇井。目前，全市200米以上的地下水已基本采完，正在开采300米以下的深层水。[①] 涑水盆地已形成千余平方千米的中深层地下水超采下降漏斗区是不争的事实。地下水超采和严重超采引起了全区性的地下水位严重下降；泉水水量减小；深层地下水水质受到污染；甚至地面沉降等环境水文地质问题。

2. 地表水质污染严重

涑水河源头至上马水库段自1995年起就已断流，吕庄水库、上马水库常年库干，上马水库以下虽有径流，但年平均流量0.26立方米/秒，年径流总量0.08亿立方米，而且近年来频繁出现全河断流的现象。水体颜色发黑，气味恶臭，水质恶劣，化学需氧量（COD）达到300毫克/立方米，pH为10.5，氨氮（NH_3-N）达到40，综合评价为劣V类水。涑水河水质的严重污染，对生态环境及沿河人民群众的生命健康造成了极大的危害。

20世纪80年代，涑水河在非汛期甚至汛期时常常处于断流状态，供水水源严重不足，河川径流量小且不断衰减，主要水库已经多年干涸无水，地下水严重超采。工业和生活废水排放总量不断增长，丧失自净和稀释能力，导致涑水河污染严重，生态环境日益恶化。据统计，年排入涑水河的工业废水和生活污水量达5506万吨，涑水河的水质状况转差，水质污染十分严重。

① 张珍：《运城市地下水超采引起生态环境变迁及对策》，《山西水利科技》2007年第3期，第22—23页。

90 年代后，涑水河已经成为一条排污河，综合污染指数居高不下，属于严重污染。这不仅给沿岸居民生产生活造成了严重危害，而且也严重制约了运城市经济社会的可持续发展，污染特征是以有机物和氮素为主要污染物的水质污染。

沿河两岸工业企业废水和城乡生活污水，排入涑水河废污水水量3180.6万吨，占全市总量的55.6%，COD 入河量为12 743.2吨，占全市 COD 入河量的78.6%，氨氮入河量为481吨，占全市入河量的79.9%。主要污染行业有造纸、化肥、纺织、农药和生活污水。主要污染源有绛县、闻喜、夏县、盐湖、临猗及永济的城市污水和永济化肥厂、纺织厂、印染厂，临猗化肥厂、针织厂、造纸厂等。主要污染物质有氨氮（NH_3-N）、挥发酚、COD、五日生化需氧量（BOD_5）等。[①]

对于涑水河流域水质污染产生的原因，周进研究认为造成涑水河严重污染的原因不是降水量变少，而是因为人类活动的影响，即过度地破坏植被、超量开采地下水及大量排放工业和生活废污水。其依据为：水文资料显示，涑水河径流量从20世纪70年代起即明显减少，其后丰水年份径流量虽有小幅上涨却不足降水量相同年份的1/6。同一时期涑水河流域内的降水量并无减少，年雨量值都在正常范围内波动。通过对水文资料、流域内人口变化及社会发展情况分析发现，这一时期是工农业从落后走向繁荣的大发展时期。[②]目前地下水年开采量已达5.8亿立方米，污染仍在继续。

3. 近年来政府整治情况

针对20世纪80年代始涑水河流域出现的水质污染，历届政府都在努力整治，当前政府的整治力度空前，流域污染环境得到一定程度的遏制，出现明显好转的迹象。

90年代后，对姚暹渠运城区段和禹都市场段进行了改造和封闭。采取点源治理与集中治理相结合的对策，涑水河的环境有所改善。

21世纪以来，政府对全市未达标造纸企业全部予以关停。仅涑水河上游的绛县、闻喜、夏县、运城四个县（市）关停造纸企业就达78家，年削减废水排放量7800万吨。涑水河张留庄断面的COD比1998年降低了86.7%，硫化物降低了42.3%。[③]

---

① 武建虎：《涑水河水质污染现状及保护对策》，《山西水利》2006年第2期，第36—37页。

② 周进：《涑水河流域水污染分析及治理对策》，《山西水利》2007年第2期，第57—58页。

③ 曹醒侨、薛晓光：《涑水河流域水环境问题及其改善治理措施思考》，中国环境科学学会学术年会论文集，2012年，第1219—1224页。

涑水河水体中主要污染物为化学需氧量（COD）、氨氮（NH_3-N）。李彦平等选取 COD_{Cr} 水质指标，用秩相关系数法对 2002—2008 年涑水河永济张留庄断面的水质状况进行评价结果也表明：涑水河在“十五”期间污染较为严重，在“十一五”期间虽有所好转，但污染形势依然非常严峻，监测结果表明其水质也一直处于劣Ⅴ类标准。涑水河张留庄断面为涑水河入黄河的控制断面。近年涑水河源头无水，河中的水流主要来自沿河两岸企业的生产废水和城市生活污水，实际上已成为一条排污河。数据分析显示在 2002—2008 年时间段内，涑水河污染趋势是下降的。这条河流水质质量的好转主要得益于近年来国家的节能减排措施和运城市实施的碧水蓝天工程；环保管理的科学和政府执法力度的加大，各企业、厂矿的废水严格要求做到达标排放，关闭一部分污染严重的小企业；同时加快了运城市汾河及涑水河沿岸各县市污水处理厂建设，污水处理厂的建成并投产运行，也大大降低了对河流的污染。[①]

2009 年，运城市市委、市政府就开始实施涑水河流域环境综合整治工程，在河道清淤、水土保持等方面做了大量工作。然而，涑水河严重污染、继续污染等问题没有根本好转。为把涑水河环境综合整治这一得民心、顺民意的事情办好，市三届人大常委会从大局出发，决定把这一工作纳入本届人大监督工作的重中之重，力求取得实效。市人大对涑水河环境整治的监督，从调查发现问题，到提出意见建议，再到跟踪整改落实，不断创新监督形式，使人大监督由封闭式向开放式、由程序监督向实质性监督转变，在人大监督的深度、广度、力度上都作出新的探索，如采取市县两级人大联动监督、法律监督与舆论监督相结合、人大监督与监察部门行政问责相结合、监督与支持相结合等。2011 年 12 月至 2012 年 6 月的“涑水河环保监督行”，打响了保卫母亲河总动员。2013 年 7 月到 2013 年 12 月，市人大常委会启动“一河一渠”环境综合整治监督行活动。2014 年 8 月至今，又开展涑水河流域环境综合整治监督行活动。[②]目前，河道治理工程正式开工建设，河道确权定界发证工作基本结束，沿河村镇垃圾填埋场规划建设基本完成，沿河重点排污企业的监管不断加强。

涑水河河道治理工程，治理总长度 152 千米，投资 4.9 亿元，总工期 3 年，治理范围从绛县陈村峪水库大坝下游至永济市伍姓湖入口，新建堤防 140 千米，

① 李彦平、贺运鸣、史华锋：《汾河和涑水河运城境内水质环境指标变化趋势分析及对策》，《科技情报开发与经济》2010 年第 30 期，第 160—162 页。

② 杨红义：《回应人民呼唤：还母亲河美丽容颜——市人大常委会创新作为开展涑水河治理监督纪实》，《运城日报》2015 年 3 月 11 日，第 001 版。

加高加固堤防 131 千米，主槽疏浚 138 千米，修建堤顶道路 134 千米，改造机耕桥 110 座，治理支流入河口 5 处，设置穿堤涵管 14 处；工程建成后，可提高涑水河的防洪标准和行洪能力，改善河道生态环境，有效保护沿河 191 个村庄、46 万余人、55 万亩耕地和 28 个企业，社会效益十分明显。[①]小浪底引黄工程是自黄河干流上的小浪底水库向涑水河流域调水的大型引（调）水工程，工程由引水干线、灌区工程、工业和城镇供水工程三部分组成，干线线路总长 59.6 千米。工程建成后，可有效保障垣曲县、绛县、闻喜县、夏县、盐湖区的工农业生产和城市生活用水需求，并解决涑水河的断流问题。这两项工程措施的实施，涑水河流域的水环境问题定会在一定程度上得到改善。

① 苏黎原：《北赵引黄二期及涑水河河道治理工程同时开工》，《运城日报》2013 年 11 月 5 日，第 001 版。

第三章　涑姚两河的人工改道及其他

运城盆地涑水河流域主要分为运城盐湖闭流区和涑水河河谷平原，人类活动改造河床措施主要体现在将运城盐湖由非闭流自然景观改造成闭流湖泊的人工景观，该流域的一切人类活动都与盐湖的生产密切相关。除了历代不断累积所形成的盐湖堤堰防洪工程措施外，涑水河、姚暹渠的人工改道，当是人类活动改造该流域原生水资源环境的重要举措。

第一节　涑水河的地理复原

一、涑水源头的地理认知过程

我国著名的大河如长江、黄河等，始终存在人类对源头的不断探索、认知和最终确定的过程。如蓝勇对"长江地质历史与人类对长江源头的探索"的论述[①]，笔者对黄河"河源探索"的论述[②]等。本书前一章在复原《水经注》中的涑水河河道时，曾将涑水河源头存在争议的区域定义为源头模糊区。此后较长的时间里，人们对涑水源头模糊区域的认识，由模糊逐渐到清晰，充分体现了人类对源头的探索认知过程。

对于涑水河源头，最早见于《水经》记载，"出河东闻喜县东山黍葭谷"，另外，西晋杜预在为"涑川"作注时也指出："涑水，出河东闻喜县。"汉代的闻喜县包括今绛县县域的大部分。北魏郦道元在为《水经》作注时指出，"涑

---

① 蓝勇：《长江》，南京：江苏教育出版社，2006年。蓝勇：《长江正源探索历史是非的考辨》，《历史研究》2005年第1期，第173—178页。

② 吴朋飞：《黄河源头探索》，郭来喜、刘毅主编：《黄河史诗：大黄河风采（大河卷·宁夏卷）（文图版）》，北京：科学出版社，2010年，第104—123页。

水所出，俗谓之华谷”。根据前一章的解释，华谷应该是在周阳东边或东南边方向汇入的河流，其源头在郦道元的眼中是很清楚的。但苦于时代久远，后人不能确指。目前来看，明代的文献记载出现了两种争议很大的观点：一是发源于绛县东南陈村峪；一是发源于绛县西南烟庄谷。诸多记载亦各持己见。发源于烟庄谷的观点，最早见万历年间闻喜人李汝宽所撰《创建护城石堤记》中的记载：“涑水出绛县横岭关北烟庄谷”和稍后的李汝重刊立《涑水渠图说》线刻碑，碑文中有李汝重“按涑水发源绛县横岭关烟庄谷”[①]。今人张国维在两篇文章中对此问题有论述和辨析[②]，仍坚持李汝宽、李汝重的观点。谢氏《辑释》和《山西历史地名词典》认为发源绛县横岭关下。[③]另外，大多数观点都认为发源于陈村峪。今《山西山河志》认为发源于绛县陈村峪[④]，《山西河流》《山西河湖》等也持同样的观点。按照文献记载，洮水是发源于烟庄谷的，涑水源头的纷争问题就出现了。本书认为两种观点的分歧，一与涑水和洮水的关系有关，二与涑水河源头模糊区的地质构造有关。为了弄清涑水的正源所在，笔者于 2011、2014 年曾两次对涑水河的源头模糊区进行了实地考察，现将涑水源头模糊区内有争议的三条河谷及笔者的考察路线用地图予以展示（图 3-1）。

明代文献中有将绛县境内的绛水认为是涑水上流。天顺《大明一统志》和成化《山西通志》所记载的绛水[⑤]，都西流入闻喜县界，认为是涑水上流。只交待发源于绛县，未交待具体的源头所在。另据《明史·地理志》记载：“绛，东南有太阴山，又有陈村峪，涑水出焉，经闻喜、夏、安邑等县，至蒲州入黄河。又西北有绛山，绛水出焉，西流入涑。”即涑水发源于太阴山陈村峪，同时绛水为涑水之支流。杨守敬的《水经注图》就在涑水河北岸标绘有绛水。《中国历史地图集》中在涑水源头则标绘有太阴山，即认为涑水发源于太阴山阴，自陈村

① 《涑水渠图说碑》，见张学会主编：《河东水利石刻》，太原：山西人民出版社，2004 年，第 192 页。

② 张国维：《涑水源头考》，《中国历史地理论丛》1991 年第 2 期，第 146—147 页。张国维：《明〈涑水渠图说〉考》，《文物季刊》1993 年第 2 期，第 68—72 页。

③ 刘纬毅：《山西历史地名词典》，太原：山西古籍出版社，2004 年，第 191 页。

④ 王铭、孙元巩、仝立功：《山西山河志》，太原：山西科学技术出版社，1994 年，第 302 页。

⑤ 天顺《大明一统志》：“绛水，发源绛县，西流入闻喜县，智伯言绛水可灌安邑即涑水上流也。”绛水，成化《山西通志》云：“源出绛县西南二十五里，流入闻喜县界，智伯言绛水可灌安邑，即此。盖涑水上流也。”此处记载的绛水位于绛县西南二十五里，与《明史·地理志》记载的“西北有绛山，绛水出焉”，二者方位互异。

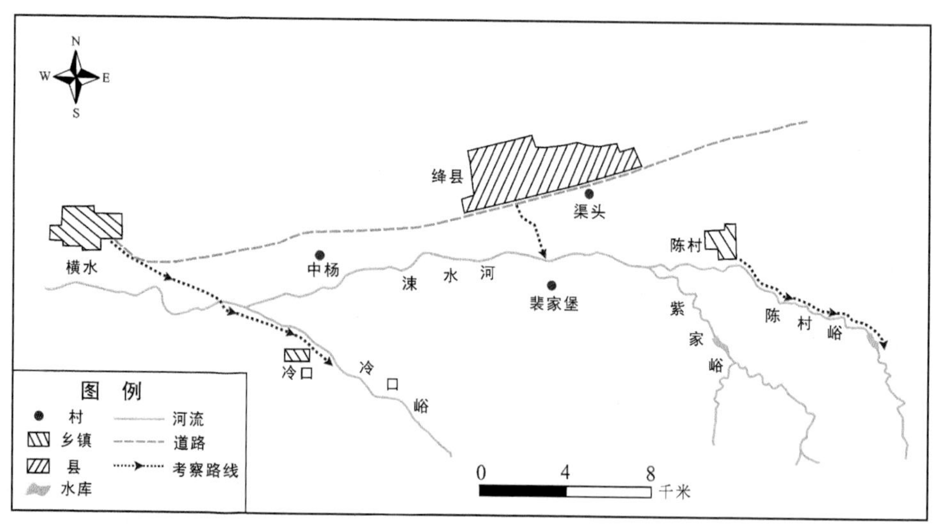

图 3-1　涑水源头区的河道与笔者的调研路线

峪流出。[①]

绛县境内的绛水，似不应为涑水之上流。据《元和郡县图志》“绛县”条，“绛水，一名沸泉水，出绛山东谷……水在县北十四里”[②]和嘉庆重修《大清一统志·绛州·山川》“绛水，在绛县西北，又西北入曲沃县界”的记载，判断绛水是北入曲沃县境内的一条河流，而不应该为涑水支流。因此，光绪《山西通志·山川考》案“绛水北流入浍。云入涑，误”是正确的。但由于涑水是发源于绛县的一条河流，文献中将涑水上游称为绛水，又似乎是可以的。因此，《古今图书集成》中明确指出：“又水源自绛县，亦谓之绛水。”[③]这样的话，可以解决“汾水可以灌平阳，绛水可以灌安邑”历来注疏家的矛盾异合之处。雍正《山西通志》亦指出：“绛水可以灌安邑，当谓涑水以源于绛，古亦称绛水也。”[④]

《明史·地理志》认为涑水发源于绛县东南的陈村峪，已给出了官方看法，但打破这一看法的是明代的地方文献记载，万历年间闻喜人李汝宽所撰《创建护城石堤记》中的记载：“涑水出绛县横岭关北烟庄谷。”稍后的李汝重刊立《涑

① 《中国历史地理集》第七册，元《中部省南部》（第 7—8 页）中在涑水源头标有太阴山；明《山西》（第 52—53 页）中涑水源头仍标有太阴山，同时将陈村峪也标绘在图上，位置低于太阴山。第八册清《山西》（第 18—19 页）图中只标有太阴山。显然《中国历史地图集》认为涑水发源于太阴山阴，自陈村峪流出。中国历史地图集编辑组编辑、中华地图学社出版，1975 年第一版。

② （唐）李吉甫：《元和郡县图志》卷 12，北京：中华书局，1983 年，第 334 页。

③ 《古今图书集成·方舆汇编·山川典》卷 215《目录·涑水部·汇考》。

④ 雍正《山西通志》卷 28《山川》。

水渠图说》线刻碑也持同一观点。这样就开始出现涑水二源的争论。后来的地方志文献中也出现抵牾的情况，如光绪《山西通志》在介绍清廉山时指出：“清廉山，亦曰清襄山，横岭关所倚也，北为冷口峪，在绛县南，涑水所出之黍葭谷也。……其山属绛者，北限乾河，西通晗口，近接闻喜境。”[①]同时该书又引《绛县志》：“横山在县南四十里，东南跨垣曲界，名大横岭，涑水出岭之乾河，伏流盘束地中，至闻喜县界始出，而西流云。冷口峪，在县南十五里，四时多风，盛暑恒冷。”

对明代出现的陈村峪和烟庄谷这两种不同的涑水源头意见，光绪《闻喜县志斠》中将涑水、洮水两水的位置，流出路线画得很清楚，指出“绛县横岭山，涑水之源也”（图 3-2）。

图 3-2　闻喜县地形大致图

资料来源：光绪《闻喜县志斠》卷 1《疆域图》

光绪《山西通志・山川考》谨案：绛志带溪水、柳庄渠、杨村泉，皆可称涑源。因此，《山西山河大全》采取折中方案记载涑水源头，“一名涑河。由发源于绛县的陈村峪河、冷口峪河、绛水 4 条河流汇聚而成”[②]。实际上没有解决涑水正源的问题。2011 年 7 月笔者曾对陈村峪和冷口乡的洮水进行过考察，在

① 光绪《山西通志》卷 31《山川考一》。

② 吴体钢、梁四宝、佘可文：《山西山河大全》，太原：山西省地方志编纂委员会办公室，1987 年 12 月，第 335 页。

访问当地群众的过程中，他们都说流经其村庄的河流是涑水源头。冷口乡政府所在地的街上有“涑源饭店”，附近的河道干涸，只有河床中间的一线水流，有一提灌站和竖插在河床中的水则以及河床中水流的痕迹，显示洪水期时该河道仍有流量较大的水流通过。当时限于时间关系未对陈村峪源头的陈村水库进行探究。2014 年 7 月 26 日笔者与刘闯、徐纪安再次前往陈村进行源头探索，时隔三年通往陈村的村间道路已重新修整，在进村的牌坊上刻有“涑源福地”的大字（图 3-3）。我们一行三人在对陈村群众采访的基础上，对陈村峪水库进行了实地考察，当时天气炎热，在中条山沟谷川道中前后走了近 5 个小时，最终到达水库（图 3-4）。

图 3-3　陈村镇村头的石牌坊

图 3-4　陈村峪水库

在前往陈村水库的途中，发现一块碑刻《陈村峪水库碑记》[①]，该碑周围灌丛杂树丛生，当时进行了拍照留存。为方便后人对该水利工程的研究，现将碑

① 又可见：《绛县水利志》（第 243—244 页），但该志收录的碑刻文字，有一些错误。现按照实地调研获取的原碑刻资料，进行文字录入、整理。

刻文字整理如下。

陈村峪水库位于陈村峪内花圪塔村下，该工程一九七零年十二月动工，一九七四年十月竣工蓄水，共投资三百零四点四八万元，投工九十四点七万个，总动土石方九点三五万立米，其中砌石方三点六八万立米。陈村峪水库为浆砌石拱坝，坝高五十五点一三米，其中基础埋深十米，坝顶宽四点五米，底宽十五点二五米，坝顶弧长一百二十八米，控制流域面积二十九点二五平方公里，设计防洪洪标准为五十年一迂，采用坝顶溢流，溢流孔七个，单孔宽四米，高四米，峰量三百六十五秒立方米，总库容三百六十七万方，设计灌溉面积二点二九万亩，底部设排砂底洞一个，形状为马蹄形，高二点五米，宽二米，最大泄量一百零五秒立米。受益村：城内、东关、乔村、路村、渠头、东吴、西吴、东吴必、沟西、南城、柴家坡、毛家坡、陈村、郭家庄、东荆上、东荆下、紫家峪、卓子沟、西吴必、峪南、北杨、崔必、西赵、孔家庄、申王坡、赵堡、西乔、勃村、岗底、下高、西荆、小张、义沟桥、增村、王家窑。

绛县陈村峪水库工程指挥部立

张学银　撰文

董廷文　书丹

李世瑞　镌石

李振江　绘图

公元一九八三年十月①

碑阴：陈村峪水库建设时期组织机构

陈村峪水库工程指挥部下设办公室、政治处、工程处、后勤处、技工处、机电班。

总指挥：赵希龙

副总指挥：张轶良　赵廷俊

梁汝涛　方安箴

吕金贵　王如岗

① 此部分为碑正面文字，原碑刻为竖排格式。标点符号为本书作者所加。

吉发富

主要设计人员有：绛县水利局赵森、王锡祜、武建勋

参加该工程建设的有：三十五个受益村的村民

在指挥部长期参加水库建设的国家干部有：

陈孚之　盖恒英　陈玉田

战玉琛　秦生荣　冯立民

柴联芳　柴成杰　王体洲

王秋贵　杨潭溪　郭家录

李士杰　李　江　高景荣

马惠民　李　翠　夏海祥

彭中明　杜翠兰　夏绍彦

王振元　吴玉堂　陈玉文

党顺有　乔笃智等

技工队

队长：周希圣

副队长：周柏林①

按照图 3-1，涑水源头模糊区的陈村峪、紫家峪、冷口峪这三条源头河都在《水经注》记载的周阳邑城附近（今中杨）汇合形成涑水河的干流，现根据确定河流源头的主要依据，即河流长度、流量大小、流域面积、河流方向、源头形势等具体指标进行比较（表 3-1）。

由表 3-1，三条源头河的流向基本一致，紫家峪夹在三条河的中间，是很难作为涑水正源的。按照“河源唯长”“河源唯远”的原则，陈村峪都大于冷口峪，冷口峪仅在流域面积上大于陈村峪。因此，将陈村峪作为涑水河的正源是符合涑水河源特征的。但为什么会出现冷口峪源头说的看法呢？本书认为，一是与涑水源头区的地质构造有关。乾隆《绛县志》记载“横山在县南四十里，东南跨垣曲界，名大横岭，涑水出岭之乾河，伏流盘束地中，至闻喜县界始出，而西流云”，给出了“伏流地中，至柳庄复出”的观点。陈村峪、紫家峪河床都属侵蚀构造地质，河道中往往很难蓄积较大流量的地表水，但地下含水层水量

① 此部分为碑背面文字，原碑刻为横排格式。标点符号为本书作者所加。

表 3-1　涑水源头区三条源头河河情比较

河流名称	源头形势	河流长度（千米）	河床	清水流量（立方米/秒）	流域面积（平方千米）	河流方向
陈村峪	源头在峪内南尽头山谷中的杜家沟、莲花池、石碑沟和过峪沟四条泉谷水。北流五里许至三岔河汇陈村峪河	25	一般宽度为 150—200 米，属于侵蚀性构造，下部岩石属于震旦纪安山岩，河床砂砾较厚	0.05—0.14	39.05（29.25）	由南偏向西北
紫家峪	发源于清陵山，在入峪三里处分为东、西两条峪；紫家西峪源头在老马岭，有老马岭、庙岭、柯儿沟等泉水。紫家东峪源头在八宝滩。紫家东、西两峪水流至大庙前后称紫家峪河	15	一般宽度为 100—200 米，属侵蚀构造地质，流域内多为坚硬的花岗片麻岩及较软的云母片麻岩，岩石裸露，河床为砂卵石及漂砾	0.05—0.08	36.13（38.6）	由南偏向西北
冷口峪	发源于绛县冷口峪内的横岭山，沿途有韩家沟、咀儿沟、东疙瘩岭、大虎峪等山谷水汇入	20	一般宽度为 400—600 米	0.04—0.09	70.2	由东南偏向西北

注：根据《绛县水利志》（2001 年版）相关资料整理

丰富。在考察调研中得知，新中国成立后当地群众曾对陈村峪、紫家峪附近的河流河道进行过人工筑塞。二是三条河与干流距离的远近有关。由图 3-1 可知，冷口峪在三条源头河中离涑水干流最近，也就被人们最先认识，而且冷口峪河由东南偏向西北流向正好与涑水干流形成一条较为完整的河流形状。再加上又有明代的地方文献印证，便坐实了冷口峪正源说的证据。今人张国维一是肯定明代文献可靠性大于清代且李汝重、李汝宽都是饱学之士，不会凭空臆造。二是认为涑洮兼称则涑洮同源，来说明源出横岭关烟庄谷的洮水即为涑源之水。从而否定现代史志辞书如《中国古今地名大辞典》《中华大字典》与《运城地区简志》等坚持陈村峪源头说的看法。①

二、涑水河人工改道的地理复原

涑水河自正源陈村峪流出后，纳汇紫家峪、冷口峪等水源，西经闻喜、夏县、

① 张国维：《涑水源头考》，《中国历史地理论丛》1991 年第 2 期，第 146—147 页。张国维：《明〈涑水渠图说〉考》，《文物季刊》1993 年第 2 期，第 68—72 页。

安邑至猗氏、临晋，入伍姓湖，再经永济孟明桥入黄河。在历史时期为保护盐池，曾多次人工干预河床措施，通过前一章的图 2-3 与图 2-4 的比较，能很清晰地反映出河道的变化。笔者的《山西汾涑流域历史水文地理研究》中曾对涑水河历史上的 3 次重大改道进行了初步复原，2011 年 7 月在山西涑水河流域考察调研时，在杨强的帮助下认识张钦桂，其慷慨馈赠了《运城盐湖及市区防洪排水要略》一书，书中有张灵生的《盐湖开发与防洪》、王志谦的《涑水河流域河道的历史变迁与河东盐池防洪的探讨》和刘英华、张灵生的《涑水古今谈》等 3 篇论文涉及涑水河的变迁。①现对涑水河道的变迁问题重新进行更为深入地探讨。

按照诸位学者对涑水河变迁的成果，本书将之归纳为：古道 A 道、由曾家营入姚 B 道、由卿头改西流 C 道、由邸家营往南入姚 D 道、明代河道 E 道，再算上前一章复原的《水经注》时代河道（此处记为 A0 道），涑水河至少有 6 条不同的河道。

古道 A 道：按照刘英华、张灵生的观点，涑水河的古道为“水出绛县、经闻喜，至安邑县冯村转而南下，经北相、曹允、曲渠后，形成几股支流，其主流向东流入黑龙潭（当时黑龙潭尚未修堰），其余支流向西经王家营，长乐滩流入硝池（当时硝池尚未修堰）。堤低流急，经常从东西两面冲入盐池，屡屡成灾。现在从地形上观察，东面樊村水库、安邑水库与汤里滩仍隐然相连，西面王家营至长乐滩流痕尚在，可谓佐证”。张灵生另一篇论文指出：“涑水河始出绛县，从现在樊村水库、安邑、八一水库直抵汤里滩，其余支流经北相、曹允、曲渠、王家营、长乐滩注入硝池。一遇汛期，洪水则从东、西两面冲入盐池，对盐池威胁很大。”同样王志谦的论文中也说道：“涑水河原来是从现在的樊村水库、安邑水库、八一水库流进汤里滩。这条故道，深、宽而蜿蜒曲折，极为明显；现在的安邑水库库区，就是古涑水河道中河湾形成的牛轭湖；山西水校就设在湖中央。”本书在运城地区 1∶20 万地图上对几位学者所说的涑水古道进行地理复原（图 3-5）。由图和文字记载可知，诸位学者的看法一致，刘英华认为是涑水古道，张灵生和王志谦认为是第一次改道，但均未给出这条涑水古道的形成时间，无史料支撑，仅是根据地形判断。

---

① 张灵生：《盐湖开发与防洪》，运城市水务局、运城市排水管理处编：《运城盐湖及市区防洪排水要略》，2009 年，第 3—28 页。王志谦：《涑水河流域河道的历史变迁与河东盐池防洪的探讨》，第 49—58 页；刘英华、张灵生：《涑水古今谈》，第 75—89 页；刘英华、张灵生：《涑水古今谈》一文又收入李乾太、啸虎主编：《山西水利史论集》，太原：山西人民出版社，1990 年，第 80—92 页。

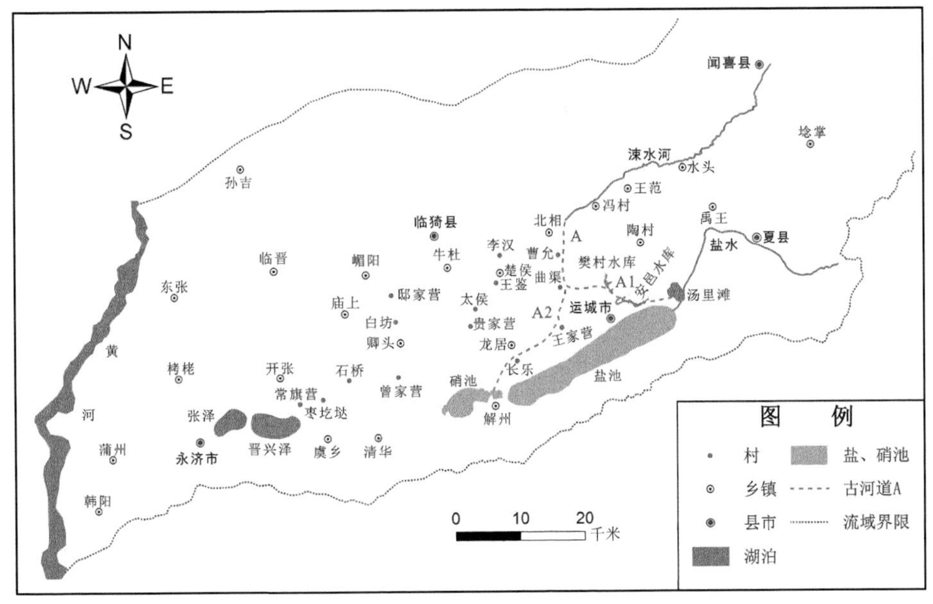

图 3-5　涑水河变迁中的 A 道

由图 3-5 可知，此条古道（分 A1、A2 两股）是几位当地水利工作者按照目前的地形地势推断出来的，此河道对盐池的威胁很大。但问题是，此古道 A 道与图 2-3 中《水经注》时代的涑水河 A0 河道又是什么关系呢？本书也进行了叠加处理，形成图 3-6。

盐水是流入盐池的，由图 3-6 可知，《水经注》记载的 A0 道是客观存在的，而古道 A 道是推断出来的，若两条河道都存在的话，只能有以下的可能性：《水经注》记载的 A0 河道因年代久远、行洪年代较长，出现河道老化、泥沙淤积情况，在洪水期会在冯村以下容易冲决南堤，形成古河道 A 道的流路，常有威胁盐池的安危。要不然没法解释确切有文献记载的 A0 河道流向；或者是《水经注》记载的 A0 河道已成废河道，涑水河道在正常情况下按照地形沿古道 A 道行水。

由曾家营入姚 B 道：显然，按照图 3-6 涑水河道的流向，南面的盐池是会受到威胁的，于是有了涑水河的第二次河道变迁。张灵生认为："涑水河在隋大业年间（605—617），姚暹渠成，涑水南下受阻，经过人为开导，于是涑水河沿古汾河槽迹将涑水由北相向西南，经曹允、王鉴滩在贵家营挖深渠泄水至赤社滩直抵西王滩。"王志谦则认为："涑水河经过人为的开导，由北相镇向西南、经曹允滩、王鉴滩，在贵家营村受阻而深挖渠泄水至赤水滩，直达西王滩。这

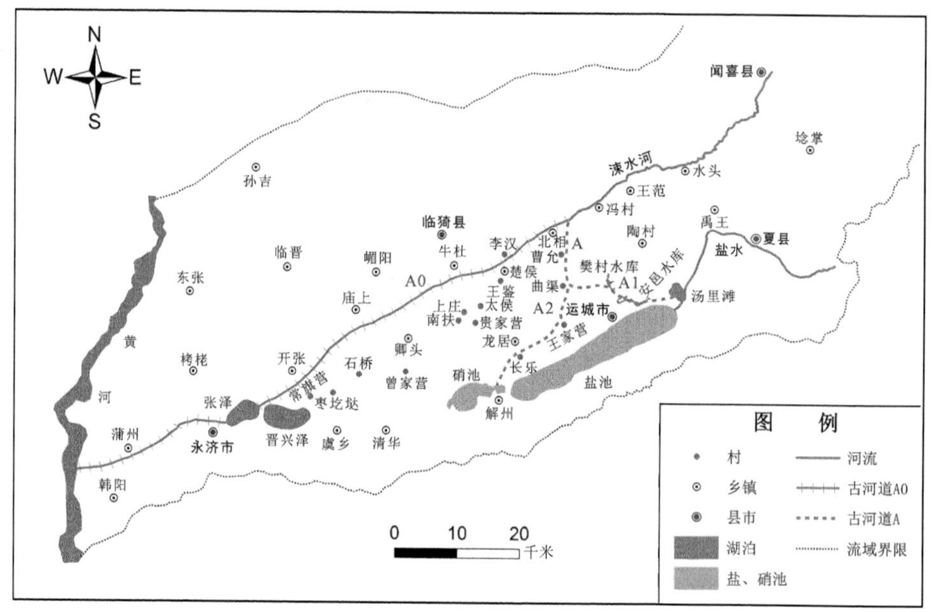

图 3-6　涑水河变迁中的 A 道与 A0 道

条人工河线，虽无考察到文字记载，然其遗迹十分明显，且 1958 年 7 月涑水河大洪水即沿此线下泄，也可谓之佐证。”两位学者给出了涑水河变迁后的河道，同样无具体改道时间和史料支撑，王志谦则利用 1958 年的大洪水泄洪路线佐证。本书同样在地图上予以地理复原（图 3-7）。

图 3-7 中显示，盐水已不流入盐池，姚暹渠已经筑成，那么原先的古道 A 道已被新的河道所取代，改为在曾家营附近汇姚暹渠再流入伍姓湖。由曾家营入姚 B 道的好处，从图中也可以看出是开始避开有威胁盐池的意图。刘英华、张灵生认为：“姚暹渠建成后，涑水受阻，涑水仍可冲断姚暹渠而入盐池，为涑水找出路。这是当时掌盐者必须考虑的大事。所以不知借何人之手，沿古汾河槽痕，将涑水由北相镇，李汉、王鉴、楚候、太候、上庄、南扶、卿头、曾家营而与姚暹渠合并流入伍姓湖。”此河道属于尝试，仅存在了 26 年。刘英华、张灵生认为：“选定这条路线，在当时讲完全符合逻辑。因为它引涑水由曾家营入姚暹渠已避开盐商集中的东部和中部解决了涑水河出路，从地形上讲，也不要穿过麻村高地，这应该是涑水河的第一次改道。而且从时间上讲，只是 617 年到 643 年的二十六年，经过二十六年的实践，证明姚暹渠太窄，容纳不了两个河的洪水，堤破则池危，合流实为盐池隐患，所以才有唐贞观九年（643）潼关刺史经手的又一次改道。应该说是薛万彻经手将涑水河由卿头向西经开张引

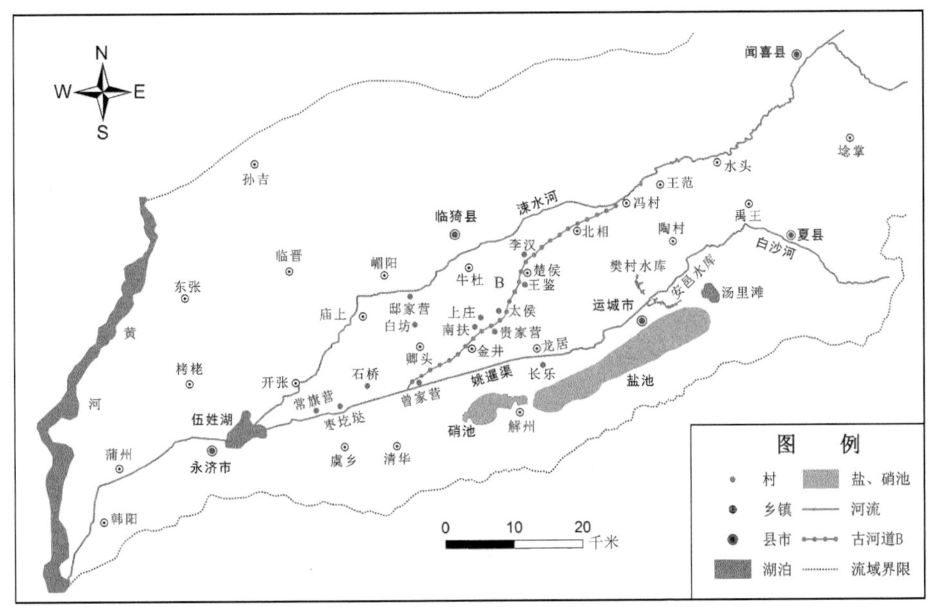

图 3-7 涑水河变迁中的 B 道

入伍姓湖，这才是涑水河的第二次改道。”①

由卿头改西流 C 道：此河道王志谦和张灵生的文中没有提到。刘英华和张灵生则据猗氏县志中郭为观写涑水河改道考：唐贞观九年潼关刺史薛万彻动用数万民，开挖河道。使“涑水河沿北相镇、李汗、王鉴、楚候、太候、上庄、南扶、卿头、东开张，入张扬池，此涑水河古道也”。《涑水古今谈》所附涑水河道变迁示意图中绘有该河道的具体流向（图 3-8）。这条河河道也即博士学位论文《山西汾涑流域历史水文地理研究》中论述的北魏《水经注》时代河道，当时论述为：结合后来的文献记载，本书认为涑水河具体流路、流向为“涑水，自安邑北相镇之西入猗氏县境，经鸣条冈，李汉、郭村之间折而南，又折而东南，经张河、孙坞等村，又折而西南历楚侯、王鉴、张嵩诸村，又西南经太侯、上庄及解之南扶等村境，自此又西南经临晋之卿头诸村”。其中涑水在进入卿头诸村后，“自解州之南扶村西南入本县许家营、关家庄、石桥等村南”。最后汇入伍姓湖，再由永济县流入黄河。这应该是郦道元所记载的涑水河道。②现在来看当时的观点有错误，此处进行修正。《水经

① 刘英华、张灵生：《涑水古今谈》，李乾太、啸虎主编：《山西水利史论集》，太原：山西人民出版社，1990 年，第 80—92 页。

② 吴朋飞：《山西汾涑流域历史水文地理研究》，陕西师范大学博士学位论文，2008 年，第 151 页。

注》时代的A0道（图2-3）与图3-8中涑水河的流径路线，以猗氏县故城为地理坐标，存在明显的南北走向差异。

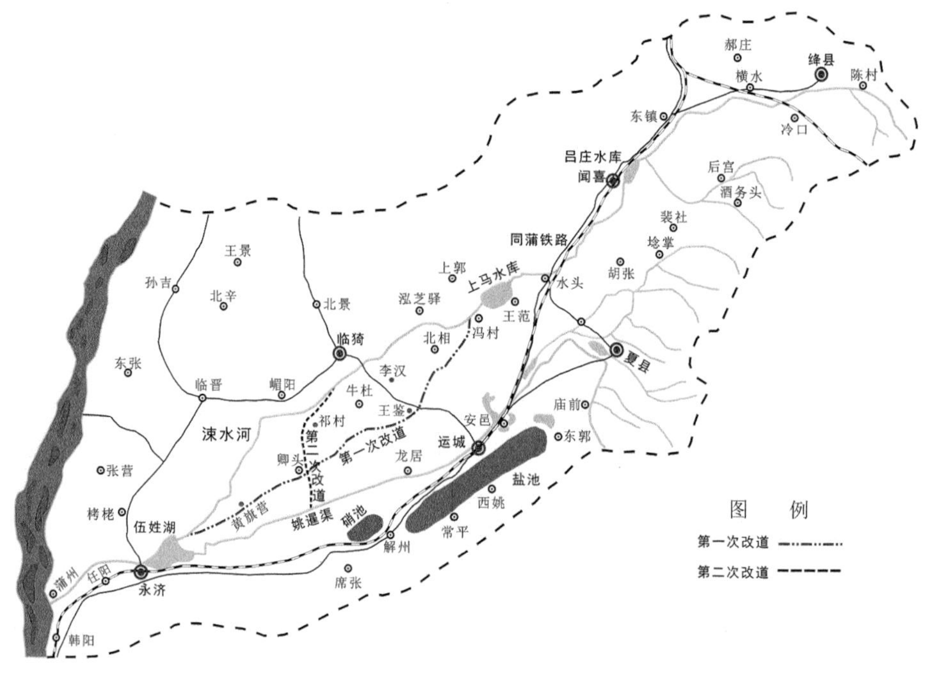

图3-8　《涑水古今谈》所附涑水河道变迁示意图

资料来源：刘英华、张灵生：《涑水古今谈》，据《运城盐湖及市区防洪排水要略》中81页图修改

因《山西汾涑河流域历史水文地理研究》中误将C道看作《水经注》时代的A0道，当时认为“比较重大的一次疏导河流，为唐贞观年间薛万彻所为”。具体论述为：乾隆《蒲州府志》中记载“涑自唐都督薛万彻道（导）水夏县至临晋，西委张泽入于河”。乾隆《解州安邑县志》在记述涑水河时也指出“唐正（贞）观中刺史薛万彻所开”①。可见薛万彻曾经对涑水河道做过贡献。尽管文献记载，唐贞观十七年（643）刺史薛万彻所开于虞乡县北十五里，穿渠自闻喜引涑水下至临晋。但此渠应该不是薛万彻所始开，胡天游《蒲州府复涑姚二渠记》中已很清楚地指出：“而郦善长谓涑水西迳郇瑕，又西南迳张扬城属于陂，则非万彻、暹所始营，唯二渠源湏山谷，捍挟泥沙，时时壖不循其理，久益为变。暹、彻所以条其攸归，必使之复去害，致利以予其民，宜著史书称名勿

① 乾隆《解州安邑县志》卷2《山川》。

绝至今。”[①]当时河道淤积，万彻所作贡献只是疏通河道，使水流顺轨。沿原涑水河道疏导，最后使涑水河与姚暹渠分南北流并入伍姓湖，再由永济县流入黄河。[②]现在来看，如果涑水河B道存在的话，那么C道就应该是唐代薛万彻疏浚所为（图 3-9）。

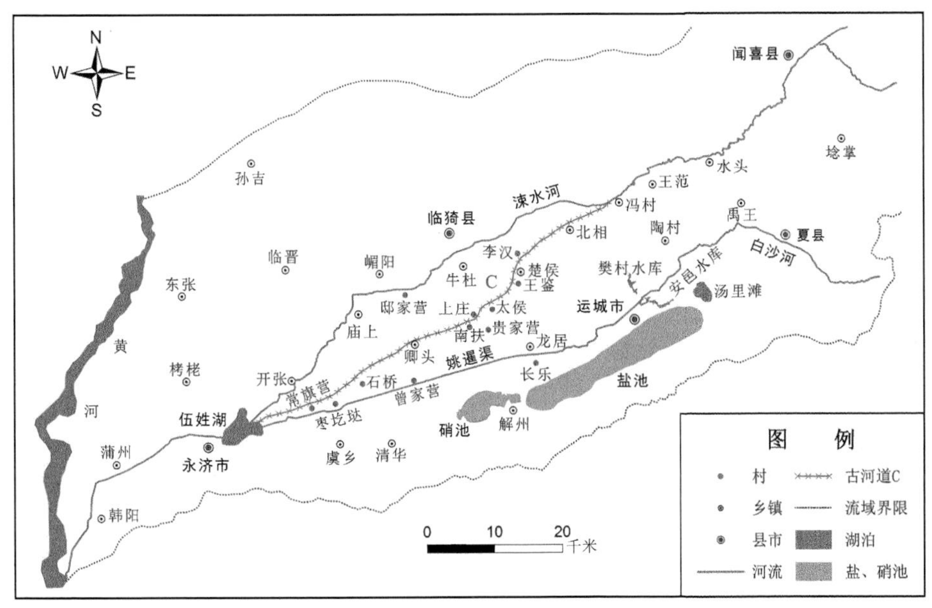

图 3-9 涑水河变迁中的C道

由邸家营往南入姚D道：此条河道，张灵生和王志谦看法一致，“涑水河自临猗邸家营村挖渠到永济白坊村，流经卿头镇一带至石桥村，再经枣疙瘩、常旗营入伍姓湖”（图 3-10）。刘英华、张灵生则认为：而后若干年，不知经何人之手，又将涑水河向西开挖，经三里、黑原头，香庙、至崔家湾（今涑阳庄）、邸家营折向南，经祁任村、卿头合姚暹渠入伍姓湖。这次改道据猗氏县志中郭为观写涑水河改道考记载：“……折而南经临晋之南村、卿头等村，合姚暹渠入伍姓湖。虽世代莫考，然故老相传，犹能道其疏浚之概焉，此涑水所改之道也。”又据夏县县志有关涑水河之记载：“涑水原入姚暹渠，明弘治十五年，巡盐御史曾大有为保护盐池，逐导使北去。”1956 年《涑水河流域规划报告》中涑水河干流也是这样引证的（见《涑水河流域规划报告》中涑

① （清）胡天游《蒲州府复涑姚二渠记》，乾隆《蒲州府志》卷 18《艺文》。

② 吴朋飞：《山西汾涑流域历史水文地理研究》，陕西师范大学博士学位论文，2008 年，第 152 页。

水河道形成与变迁表）。以上几位学者都没给出改道时间，《山西汾涑河流域历史水文地理研究》则指出此次河道变迁发生在元代，具体论述为：元代时，“司解盐者虑涑水时溢，浸败盐池”，将涑水河在安邑北相镇之西北开新道引使北行。具体流路、流向为：“自北相镇之西北开新道，西行经三里、高头、里原、水头、香落等村西，河家庄南，地名崔家湾者，折而南经祁村及临晋之南村、卿头等村，合姚暹渠入五姓湖。”其中里原和水头两村名，乾隆《蒲州府志》记载为原头、水难。郭为观认为此为涑水初改之道，“虽世代莫考，然故老相传，犹能道其疏凿之概焉”。这次河道的重大变化就是，引而西北，远离盐池，并且涑水河与姚暹渠合流汇入伍姓湖。光绪《虞乡县志》指出涑水河在折而南经祈村后的流路为：“经祁村及本县南村圻头、关家庄、石桥村西南流入伍姓湖。牌首枣圪塔村即当湖口。”①

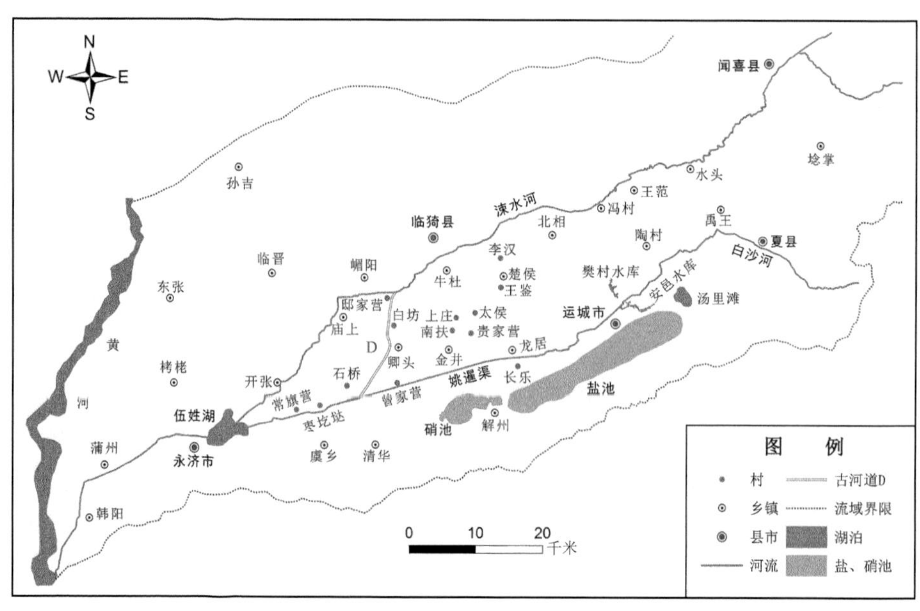

图 3-10　涑水河变迁中的 D 道

明代河道 E 道：此次河道变迁，即图 2-4 光绪年间的涑水河河道，亦即现在的涑水河路线，王志谦、张灵生、刘英华三位学者的观点一致，博士论文《山西汾涑河流域历史水文地理研究》则具体论述为：明代距元疏通河道时代已经久远，涑水河又有淤塞且威胁盐池之患。明弘治十六年（1503）巡盐御史曾大

① 吴朋飞：《山西汾涑流域历史水文地理研究》，陕西师范大学博士学位论文，2008 年，第 152 页。

有上疏朝廷，认为“姚渠首中太狭，涑水闯入盐池为害，疏请浚河八十里”，得到朝廷获许。此次疏浚新道，还是从猗氏崔家湾开始浚新道八十里，益引而西经祁任、智光诸村至蒲州由孟明桥入河，水所经注，多资灌溉。具体的流路，据不同文献记载可复原为：自猗氏崔家湾开引，稍西经祁任、智广、水头、观底、胥村、吉令、王宵、城子埒，“至本县杨村、普乐头、郭家庄北，折而南流入五姓湖，此涑水后改新道也”，最后仍由蒲州孟明桥入黄河。其中祁任村名，光绪《虞乡县志》记载为祁村；智广村名，乾隆《蒲州府志》记载为智光。普乐头村名，《乾隆蒲州府志》记载为薄落头。这是涑水河新开八十里新道，也是今天涑水河河道的大致流路。涑水河与姚暹渠分流入伍姓湖而归于黄河。[①]刘英华等认为弘治十五年（1502）巡盐御史曾大有是从涑水河上游闻喜县开始整治河槽。在冯村以下自崔家营开始，新开河道八十里，沿寨里、马营、季庙、崔家湾（即今涑水阳村）、邸家营、吉令、城子、开张入伍姓湖，使涑水河彻底远离姚暹渠，起到保护盐池的作用。此次涑水河改道的路线，笔者的博士论文中也曾在地图上予以绘制，现统一在 1∶20 万大比例尺流域图上标绘（图 3-11）。

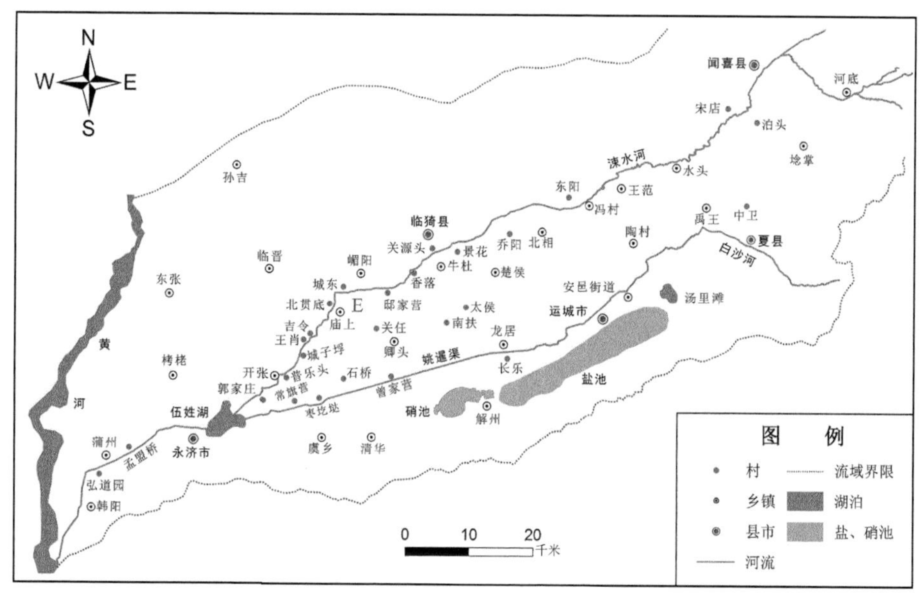

图 3-11　涑水河变迁中的 E 道

按照文献记载和几位学者的研究成果，历史时期涑水河的改道情况，可以复原汇总成图 3-12。由图 3-12 可知，历史时期涑水河的历次改道主要集中在涑

① 吴朋飞：《山西汾涑流域历史水文地理研究》，陕西师范大学博士学位论文，2008 年，第 152 页。

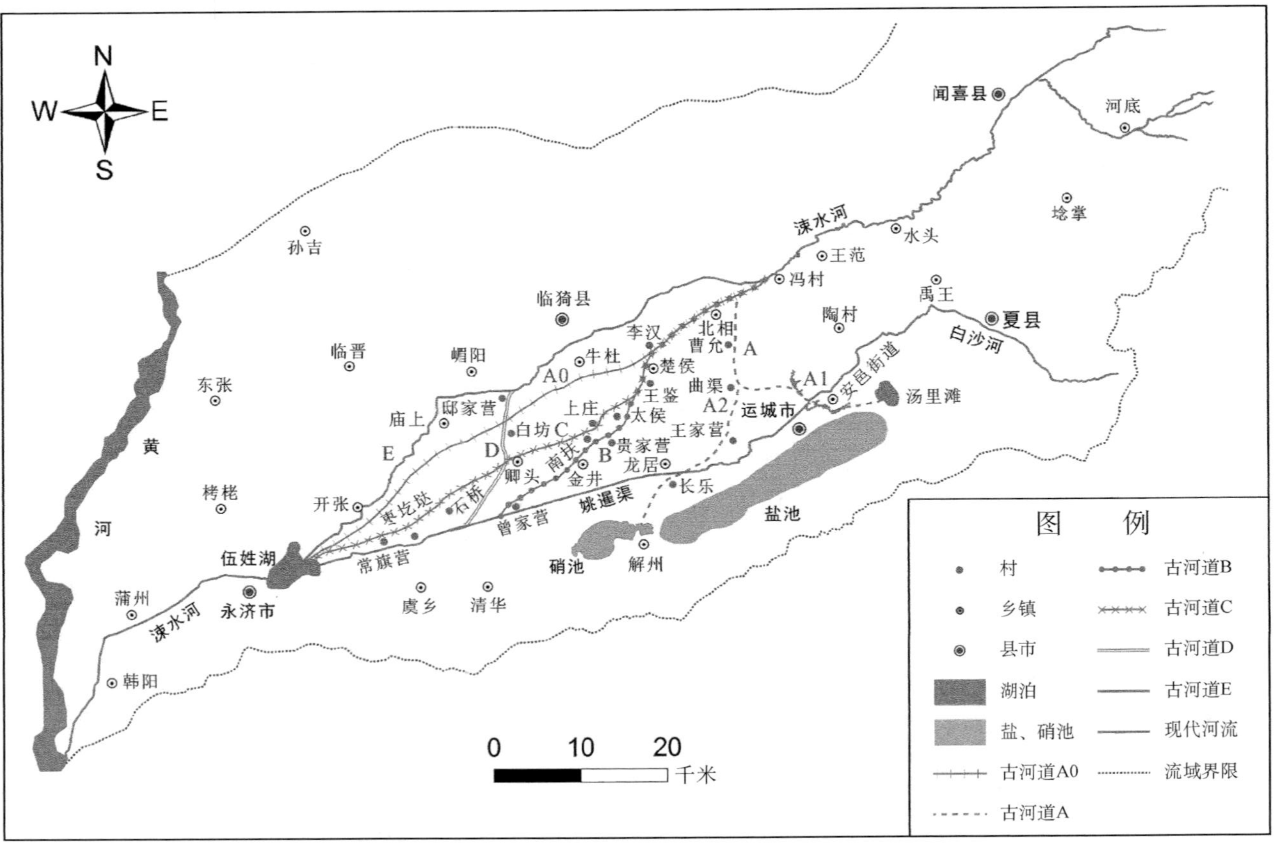

图 3-12　涑水河河道变迁示意图

水河中游地区，即冯村以下、伍姓湖以上、盐池以北的区域，呈现出涑水河道变迁异常频繁的特征，姚暹渠的出现又使河道变迁更加错综复杂。目前来看，涑水河 A0 道、D 道、E 道这三条河道的流向争议不大，A0 道是《水经注》文献记载确实存在的，D 道主要在于改道时间的确定（本书定为元代），E 道是涑水河的最后一次大规模改道，也是光绪《山西通志》中记载的河道，亦是今天的涑水河河道。涑水河 A 道、B 道缺乏文献记载，按照地形推测也是有可能存在的。涑水河 C 道也有文献支持。但出现问题的是既然北魏时代 A0 道存在，后世为何不继续沿用此河道，为何还会出现 A 道、B 道、C 道等河道？这是当地水利工作者研究的疏忽，尽管本书中也给出了两种可能性的解释，但心中仍存疑惑。千余年间涑水河河道的频繁变化，是与流域内盐池低洼、四周高的地形密切关系，是人类为了保障盐池的正常生产所采取的改造河床进而影响地表径流流向的工程性措施。

三、涑姚两河入伍姓湖的分合

涑水河流域的河湖多数是地质构造的产物，但在历史时期今运城盆地的河湖大部分是为了保护盐池而进行过人工改造，上一节中关于涑水河的 6 次河道地理复原就是很好的体现，涑水河叠加姚暹渠使得涑水河流域中游的河湖系统变迁异常复杂。改道变化后的涑姚两条河有时合流入伍姓湖，有时分而流入伍姓湖[①]，研究这一过程对于流域环境影响研究，具有非常重要的意义。

现将目前掌握的记载涑姚入伍姓湖分合情况的文献，制成表 3-2。

表 3-2　涑姚两河分合的文献记载

资料编号	资料情况	资料来源
1	涑水，源出绛县横岭山，伏流而出，西经闻喜、夏县、安邑至猗氏、临晋。涑水经猗氏者在县南六里，经临晋者县东南二十里。《临晋县志》云，其故道自卿头镇西南合姚暹渠入五姓湖。明弘治十六年御史曾大有以姚渠首中太狭，涑水闯入盐池为害，疏请浚河八十里，自猗氏崔家湾开引，稍西经智广、水头、观底、胥村、城子埒、薄落头诸村入五姓湖，达孟明桥入黄河	乾隆《蒲州府志》卷二《山川》。《光绪永济县志》卷三《山川》亦有记载

① 对于涑姚两河分合情况，《山西历史地图集》政区图幅中，凡是标绘有涑姚两河同时存在的情况，都是两河并列分别入伍姓湖的。这一绘法是完全按照今天涑姚两河入伍姓湖的流经路线编制成图的。显然对于此问题未详细研究和标绘交代清楚。今涑水河流域状况，可参见《山西省自然地图集》和《山西河流》等书籍和本书第二章第三节。

续表

资料编号	资料情况	资料来源
2	涑水渠，旧在蒲州东三十里。唐贞观十七年刺史薛万彻所开于虞乡县北十五里，穿渠自闻喜引涑水下至临晋。考桑钦《水经》涑水出河东闻喜县黍葭谷，《水经注》谓之华谷，其故道自安邑县入郡之猗氏，经鸣条冈、李汉村折而南，又折而东南经张河、孙坞诸村，又折而西南历楚侯、王鑑诸村，又西南经太侯、上庄及解州之南扶诸村，自此又西南经临晋之卿头诸村，与姚暹渠分南北流并入五姓湖，由永济县达于黄河。元时司解盐者虑涑水时溢浸败盐池，乃自安邑北相镇之西北开新道引使北行，经三里、高头、原头、水难、香落诸村至崔家湾，复折而南至临晋，于是涑水始与姚暹渠合矣。明弘治十六年巡盐御史曾大有复自崔湾浚新道八十里，益引而西经祁任、智光诸村至蒲州由孟明桥入河	乾隆《蒲州府志》卷二《山川》
3	考之史，……，今周宋时所置渠已失其利，唯万彻所开涑水及姚暹二渠存至今，然时失疏治即为患，且涑水始与渠分自，其后合流，而患尤易致，其冲毁堤堰以败盐池及灾民者亦屡见矣	乾隆《蒲州府志》卷二《山川》编者按
4	……自北相镇之西北开新道，西行经三里、高头、里原、水头、香落等村西，河家庄南，地名崔家湾者，折而南经祁村及临晋之南村、卿头等村，合姚暹渠入五姓湖	郭为观《涑水故道考》，乾隆《蒲州府志》卷二《山川》
5	涑水，源出绛县横岭关，乾河伏流盘束地中而复出，西流经城南门外，西南历夏县、安邑、猗氏、临晋，合姚暹渠入五姓湖，附汾达河	民国《闻喜县志》卷四《沟洫》
6	涑水出县南陈村峪，至清凌山与洮水合，西流入闻喜，迳夏县、安邑、猗氏、临晋，至虞乡与姚暹渠合流，会五姓湖	光绪《绛县志》卷十《山川门》
7	涑水源出绛县横岭山乾洞，伏流盘束地中而复出，西流经闻喜入夏县境，距县西三十里，世称司马公曰涑水先生，以此自夏至安邑合姚暹渠入五姓湖，历猗氏、临晋过蒲州孟明桥入黄河。一名涤水，为邑八景之一	康熙《夏县志》卷一《地理・山川》
8	涑水河，在县西三十里，源出绛县横岭山乾洞，伏流地中复出，西经闻喜入县境，至安邑合姚暹渠入五姓湖，历猗氏、临晋过蒲州孟明桥入黄河	乾隆《解州夏县志》卷二《山川》
9	又考涑水，自唐都督薛万彻导自夏县，隋姚暹引至虞乡，厥后涑姚二渠合流	乾隆《临晋县志》卷一《水利篇》
10	晋南入河之川，涑为大。涑水源出绛县南横岭山，经夏县、安邑、猗氏，而西经临晋入五姓湖。临晋，故解县地。《水经注》所谓西经解县故城南，又西经瑕城者也。五姓湖即《水经》张扬池也。此涑水故道也。厥后自安邑北相镇之西，开新道至崔家湾，折而南经猗氏，达临晋之南村、卿头村，合姚暹渠入五姓湖。此涑水初改之道也。明弘治中，又自崔家湾引而西经猗氏之祈任、智光等村，历临晋至蒲州孟明桥入河，则为涑水新道。要之水道，皆经临晋，若涑水之委为五姓湖	民国《临晋县志》卷二《山川考》

由表3-2中可知，主要有七种文献资料，共十处记载涑姚两河的分合情况。主要观点可梳理如下：

第一，资料7、8，涑水河至安邑合姚暹渠入五姓湖，没有具体年代。

第二，资料2，指出元代之前“……又西南经临晋之卿头诸村，与姚暹渠分南北流并入五姓湖，由永济县达于黄河”。元代，人工改道后，“涑水始与姚暹渠合矣”。资料3，撰修县志者按：“涑水始与渠分自，其后合流”，也是元代的情况。

第三，资料 9，两条河流自隋唐重新疏浚后，“涑姚二渠合流”。

第四，资料 1，引《临晋县志》认为，明弘治之前“其故道自卿头镇西南合姚暹渠入五姓湖”。资料 10 认为，涑水河自安邑北相镇改道后，在临晋卿头村附近，“合姚暹渠入五姓湖”，与资料 4 观点相同。

第五，资料 5、6，认为涑水河合姚暹渠入五姓湖，没有具体年代。

归纳以上诸观点可知，元代涑水河的人工改道，使得河道在卿头附近合姚暹渠入五姓湖，是没有疑问的。即图 3-10 中的 D 道。争论的焦点，就是隋唐时期姚暹和薛万彻分别疏浚姚暹渠和涑水河后两河的分合情况，以及分合的地点所在。前一节已讨论过，姚暹渠在 605—617 年渠成后，涑水河曾出现由曾家营入姚 B 道，643 年薛万彻疏浚涑水河道后形成由卿头改西流 C 道，B、C 两河道与姚暹渠的分合情况，图 3-8、3-9 中已有很好的展示，也符合表 3-2 中的文献记载。

因此，涑姚两河分合流情况可概括为：①姚暹渠开凿后，643 年的姚涑两河南北并列流入五姓湖。②元代，涑水河的一次人工改道，将涑水河稍西引，在卿头附近利用了姚暹渠的河道，一起汇入五姓湖。③明弘治年间涑水河改道，将涑水河彻底远离姚暹渠，再不存在合流情况。

第二节　姚暹河的地理复原

一、姚暹渠的历史概况

姚暹渠为涑水河流域第二大河，涑水最大的一级支流，全长 96 千米，均系人工河流。现在的河流基本状况为：发源于夏县庙前镇桑村、尉家凹。出王峪口向北流，汇入柳沟、寺沟、史家峪、刁家河、赤峪河等，于五里桥折而下。经夏县入中留水库，有白沙河汇入，在禹王与青龙河汇合，经裴介入苦池滩，经过安邑、运城、永济入伍姓湖，与涑水河合流入黄河。[①]

据《宋史·地理志》记载：姚暹渠，原名永丰渠，是南北朝后魏正始二年（505）都水校尉元清所建，引中条山下平坑水西入黄河以运盐。行舟代役，不劳民力，

① 王铭、孙元巩、仝立功：《山西山河志》，太原：山西科学技术出版社，1994 年，第 303 页。

故号永丰渠。顾祖禹的《读史方舆纪要》将开渠时间记载为后魏正始四年，当误。这是一条专门用于运盐的人工运河，对涑水河流域的水文水资源环境影响深远。

本书认为，永丰渠的开凿是一项比较重大的工程，当循前代故迹而成。“陶朱、猗顿之富”的猗顿，约春秋末年战国初就在山西西南部地区，从事畜牧业，以小本起家，日渐富有。同时，他还兼营盐业。猗氏县名的得来也与猗顿有关。[①]据石凌虚研究，猗顿兼营盐业时，起初主要靠牲畜驮运。后来，猗顿受当时日渐发展的航运和初步兴起的运渠工程的启发，“欲以舟运”，开凿了一条运渠。运渠从盐池附近起，西向而行，穿五姓湖至蒲坂，最后于孟明桥（位于今涑水入河处）入黄河。但因泥沙淤积河道，无力继续疏浚，一直未能成功。[②]所以说，猗顿运渠的尝试，为后来永丰渠的开凿打下良好的基础。

永丰渠开凿后，兴废不常，到“周、齐间废”。隋代大业年间（605—617），又由都水监姚暹主持重新疏浚永丰渠，从夏县境内起，经过安邑、解县，入五姓湖。除行船运盐之利外，附近居民还可以开渠引水灌田。民赖其利，为了纪念姚暹的疏浚之功，将此渠定名为姚暹渠。唐代开元年间，天水姜师度曾奉诏疏凿“无咸河”以溉盐田，“划室庐、溃丘墓甚多”。[③]姚暹渠“及唐末至五代乱离，迄今湮没，水甚浅涸，舟楫不行”，运盐比较困难。宋仁宗时期，又重新疏浚。[④]自解州安邑至蒲州白家场，通舟运盐，公私为便，仍名姚暹渠。究竟姚暹渠何时才失去舟楫之利？文献没有确切记载。石凌虚研究认为，“但据《金史·食货志》：金宣宗贞祐年间（1213—1216）解盐（河东盐池）‘有司陆至河，复以舟达京兆、凤翔’的记载。可知至迟在贞祐以前就失去了舟楫之利”[⑤]。明清时代，姚暹渠亦经常疏浚，仍可以行舟运盐。柴继光根据明嘉靖元年（1522）《浚姚暹渠记》中的“欲动十三县之民大治之，使可舟楫”，推断当时姚暹渠是可以行舟运盐的，再根据乾隆年间的“水程”记录，认为姚暹渠运盐是停止的，在其后的清代盐书上也没有航运记载。[⑥]

---

① 《元和郡县图志》卷12《河东道一》记载：猗氏县，本汉旧县，即猗顿之所居也，第327页。

② 石凌虚：《山西航运史》，北京：人民交通出版社，1998年，第18页。

③ 雍正《山西通志》卷20《山川》。杜来浚研究认为姜师度于开元六年以蒲刺在安邑疏决水道并设置盐屯，七年以大司农在朝邑引洛堰河以溉田，八年任同刺仍继续其事并获得成功，年末迁将作大匠，而奉命检校海内盐铁之课则在开元九年末，到十年八月救停。见杜来浚：《唐姜师度在安邑设置盐屯和检校海内盐铁之课时间考》，《盐业史研究》2004年第2期，第14—17页。

④ 《宋史·地理志》，北京：中华书局，1977年，第2366页。

⑤ 石凌虚：《山西运渠史初探》，李乾太、啸虎主编：《山西水利史论集》，太原：山西人民出版社，1990年，第322—335页。

⑥ 柴继光：《运城盐池研究（续编）》，太原：山西人民出版社，2004年，第211—213页。

二、姚暹渠的相关问题

成化《山西通志》记载："姚暹水，源出夏县东巫咸谷，流经安邑、解州、临晋，入五姓湖。姚暹所浚，故名。下引渠溉田，又名姚暹渠。"据此可知，姚暹水的源头为夏县巫咸谷。因下游居民有引渠水灌田，又被称为"姚暹渠"。天顺《大明一统志》指出："姚暹水，在解州北一十五里。"[①]

姚暹渠的上游，其实称为白沙河。据光绪《山西通志·山川考》记载：白沙河，一名巫咸河，出夏县东五里巫咸谷。一名尧稍水。巫咸水入池则盐不生，故土人或名"无盐河"。白沙河中间具体流向如何？从光绪《山西通志》引《安邑县志》"苦池滩，在县东一十三里，夏县东山巫咸谷诸水皆西汇于此，以达姚暹渠"的记载可知：白沙河水从夏县巫咸谷流出，中间需要流汇诸水，再汇入苦池滩，经过苦池滩才到达姚暹渠。不过，这是清代白沙河的情况。白沙河的河道在历史时期曾有变化，可进行地理复原研究。另外，历代疏浚的姚暹渠究竟是指哪一段河道，也很值得探讨。本书分以下几点来说明。

1. 永丰渠开凿之前的河道

永丰渠开凿之前，姚暹渠的上游河段白沙河河道存在，这是确定无疑的。本书认为《水经注》记载的盐水，亦即白沙河水。《水经注》云："城（盐监县故城）南有盐池，上承盐水，水出东南薄山，西北流迳巫咸山北。有巫咸祠，其水又迳安邑故城南，又西流，注于盐池。"杨守敬对盐水按：《一统志》，盐水源出夏县南中条山，一名白沙河，又名姚暹渠，又名巫咸河。另杨守敬对巫咸山按：《隋志》，夏县有巫咸山。《寰宇记》，一名覆奥山。《县志》，一名瑶台山，亦中条山之支阜。其左有巫谷，即白沙河水所出。孤峰峭拔，苍翠摩空。巫咸父子祠并在山麓。杨守敬指出了巫咸山又称瑶台山，巫咸水出巫咸谷。不过本书认为与《水经注》记载的有些不合。盐水是发源于薄山的，薄山即中条山，可见盐水为中条山流出的一条河流。从源头流出后，西北流才到巫咸山，这当中应有一段距离才对。再经过巫咸山北流出，又经安邑县故城南，才西流入盐池。其中安邑县故城，据考证，在今夏县西北18里禹王城。[②]嘉庆重修《大清一统志·解州·山川》记载："巫咸山，在夏县东五里。……《县志》，一名瑶

① 天顺《大明一统志》卷20《山川》。

② 谢鸿喜：《〈水经注〉山西资料辑释》，太原：山西人民出版社，1990年，第101页。

台山，亦中条山之支阜，其左有巫咸谷，即白沙河水所经。”可见，巫咸谷位于巫咸山之东，盐水从源头薄山流出后，西北流才能经此谷。显然盐水非后来大家所注的源出巫咸谷，其源头还要延伸。

另外，至北魏时期盐水（白沙河）与盐池均不通涑水，盐水是入盐池的，这一点需要明确指明（图 2-3）。不过，《山西省历史地图集》“政区图组”之“战国——韩赵魏”图幅及“自然图组”之“先秦时期水系”图幅中，却将《水经注》所载此盐水标绘为洮水。这是负责这几组图幅的谢鸿喜所绘。[①]

盐水平时对盐池的生产影响不大，当时盐池的基本情况为“紫色澄渟，潭而不流，水出石盐，自然印成，朝取夕复，终无减损”。只有在暴水时，水溢入盐池过大才有所影响。《水经注》载：“惟水暴雨澍，甘潦奔泆。则盐池用耗，故公私共竭水径，防其淫滥，故谓之盐水，亦为竭水也。”可见北魏时期盐水并非后来的“水入盐池则盐不成”。当时为什么没有障之不复入池，或许是没有工程控制能力，也与当时的制盐技术和对食盐的需求量有一定的关系。清代董祐诚对此是这样认为的：今盐水自夏县南，迳安邑、解州之北。至虞乡北入五姓湖。水入盐池则盐不成，故障之不复入池。《水经注》云注于盐池，盖古今悬殊也。[②]

2. 永丰渠的开凿路线

姚暹渠的前身永丰渠，是南北朝后魏正始二年都水校尉元清所疏凿，引中条山下平坑水西入黄河以运盐。文献记载，引中条山平坑水加大河流的水量用来行船运盐的。平坑水，应该为盐池南面的一条水量比较大的中条山峪水无疑。此水是不是就是后来文献记载的王峪水？此处存疑。还有一疑问，郦道元是北魏时代的人，其生卒年代为公元 466—527 年（或 472—527 年），而永丰渠的开凿时间为正始二年，作为同时代的一件大事，郦道元注《水经》时为什么只记载白沙河（盐水）前代的情况，对当代永丰渠只字不提，这是很令人匪夷所思的。

当时的做法应该是将巫咸河（盐水）的水引而远离盐池，以保证盐池的生产。就是将上游巫咸河及其支流的水引到苦池滩，避开盐池，再从苦池滩起，开凿永丰渠，利用地形地势顺高程而下，形成一条人工河道，将水归入五姓湖。

隋代，姚暹重新疏浚永丰渠，也基本上沿这条路线。主要疏浚“安邑杨家庄西至临晋五姓湖”并兼筑堤堰，使水顺利归入黄河。[③]

① 具体论述观点，可见谢鸿喜：《论沙渠河改道》，《中国历史地理论丛》1991 年第 3 期，第 67—74 页。

② （北魏）郦道元注，（民国）杨守敬、熊会贞疏，段熙仲点校，陈桥驿复校：《水经注疏》，南京：江苏古籍出版社，1989 年，第 584 页。

③ 雍正《山西通志》卷 32《水利》。

唐代，开元年间天水姜师度奉诏疏凿无咸河，用以溉盐田，“划室庐、溃丘墓甚多”。从破坏沿途庐舍、墓舍可以看到，姜师度对白沙河有疏浚改道的迹象，但具体疏浚河道地段今已不得知。

宋代，天圣四年（1026）王博文重新疏浚的姚暹渠，主要是“解州安邑县至白家场永丰渠”[①]这一河段。可能主要为安邑杨家庄到解州白家场。

明代朱实昌为御史，也曾对姚暹渠进行过修治，留有嘉靖元年（1522）《浚姚暹渠记》。乾隆《蒲州府志》卷二《山川》载录有姚暹渠“修渠记”：

姚暹一渠，所以受山谷之水，由苦盐池入五姓湖，以达黄河。自唐以来湮没至今，予使加浚焉。渠在盐池北十里，古开之，以泄东南山泽之聚流，因坚其堤以障之。渠受东南之水，其脉有四，其经流由于平陆之横岭，岭北水聚成涧，至夏县之王官峪口而北出，东流过抱珠山，又东过史家峪与雕崖沟、八涧诸水合于小吕村，又东三里许有巫咸河自南来会，转而北流，河之东有白沙堰。又北三里许为朱吕村，有朱吕桥。李绰堰、姚暹渠与分界于此，自此以北遂名姚暹渠。凡渠之起自夏县，历安邑、解州至蒲州府之虞乡县，入五姓湖，绵亘一百五十余里。

从朱实昌的《修渠记》中，可看出姚暹渠上游河段和受水情况。此处认为姚暹渠发源于平陆横岭，在夏县王峪口北出山，中间接纳史家峪、雕崖沟、八涧诸水，再汇入巫咸河水，到朱吕桥处，才始称姚暹渠，上游称为李绰堰。这与《水经注》中盐水的路线不同，这应该是永丰渠的开凿路线、姚暹重新疏浚后的河道。

夏县不同时期的县志对姚暹渠、白沙河和李绰堰的情况有记载，可理顺三者之间的关系。

白沙河，一名巫咸河，发源中条山，出巫咸谷，经邑南关外西流三十余里，南转会入姚暹渠。

李卓堰，旧名永丰渠，在县西。发源平陆县，至夏县王谷口而出，北流合夏县史家谷、雕崖沟等入涧水至卓义桥会为一，西转三里许，名为姚暹渠。下流南转会巫咸河，至蒲州孟明桥与涑水会入黄河。隋

① 《宋史·河渠志》记载：仁宗天圣四年闰五月，陕西转运使王博文等言：“准敕相度开治解州安邑县至白家场永丰渠。行舟运盐，经久不至劳民。”第2366页。

大业间都水监姚暹重开，故名。夏月暴雨，河水涨满，堤溃渠决，水入盐池，则盐花不生。隆庆五年巡盐御史部公永春檄取蒲解并所属十县夫役，修筑高原，坚固有功。盐池时有损坏，本县岁加修补。（康熙《夏县志》卷一《地理・山川》）

姚暹渠，在县西南，即李卓堰之下流也。旧名永丰渠，源出平陆县，至县境王峪口，北流合史家峪、雕家沟等水，至五里桥，名李卓堰。西转三里，始名姚暹渠，又折而南，会巫咸河入安邑苦池滩，以达五姓湖。统计姚渠长一百二十里，在县境者，自五里桥起，至安邑苦桥止，计长二十六里。（乾隆《解州夏县志》卷二《山川・渠堰附》）

对于姚暹渠在夏县的位置，光绪《夏县志》记载为：在县南。康熙《夏县志》记载的王峪口水即李卓堰（即李绰堰），发源于平陆县，接纳史家谷、雕崖沟等水后，到卓义桥，形成一条河流，再西转三里许，才始名姚暹渠。乾隆《解州夏县志》则直接认为姚暹渠，即李卓堰之下流也。从王峪口到五里桥这段，是被称为李卓堰的。与康熙《夏县志》中记载差不多，康熙《夏县志》中指出，到卓义桥，被称为李卓堰，五里桥和卓义桥，其实为一桥。[①]姚暹渠的起点，是李卓堰到五里桥后，再“西转三里”，才定名的。再“又折而南”，汇入巫咸河水，经过安邑苦池滩，西流以达五姓湖，再入黄河。而且在夏县境内，姚暹渠应为“自五里桥起，至安邑苦桥止”。此河段“计长二十六里”。因此，后魏正始二年都水校尉元清开凿的永丰渠，所引中条山下“平坑水”西入黄河以运盐。平坑水，就是王峪口水，亦即李卓堰水。不过，都水校尉元清疏凿永丰渠是对白沙河支流进行工程措施的，主要将中条山诸峪水进行重新条分理析，一避盐池之患，二是充分利用中条山峪水，加大白沙河水流量以行舟运盐，对白沙河本身没有措施，这是白沙河的河性特征所决定的。

隋代姚暹重新疏浚河道，如依上述分析，只从河段名称考察，当起始于夏县五里桥再“西转三里”以下河段。具体由何处开始？我们知道李绰堰从五里桥，再“西转三里”流出后，汇入巫咸河水，再往下必须经过苦池滩，才西流汇入五姓湖。巫咸河的河道特征为“河槽阔十数丈，至下流仅数尺”[②]。一有水

① 康熙《夏县志》卷1《建置・桥梁》记载：卓义桥，在县南五里，旧名五里桥。嘉靖八年邑民齐忠义募石创修，邑人知府马骙撰记。改今名后，复因山水冲圮，齐忠义复募石重修，大学生马峦撰记，隆庆四年复坏，知县陈世宝命忠义等募石复修，举人司马晰撰记。

② 康熙《夏县志》卷1《山川》撰修者论，第89—91页。

便直接汇入苦池滩。苦池滩，嘉庆重修《大清一统志·解州·山川》指出“在安邑县东十三里，即巫咸诸水所汇也”，显然不可能淤积。所以，光绪《山西通志》谨案认为“姚暹凿渠通舟，当起苦池，故溯渠源者，方志互异”[①]是有一定道理的。因此，本书认为隋代姚暹疏凿的姚暹渠，即从苦池滩开始往下游疏凿，主要集中在“安邑杨家庄到解州白家场”这一段。这样，猗顿运渠（未成功）、永丰渠、姚暹渠的河道长度，主要起自苦池滩，止于五姓湖。这就可以解释《水经注》中盐水入盐池不入涑水的原因。同样巫咸河是姚暹渠的受水之源之一，所以巫咸河也有被兼称为姚暹渠的。

3. 姚暹河上游的河道变迁

姚暹渠上游河道曾有小的变迁，据杨万有等研究，在王峪口至五里桥河段，因是在中条山前洪积扇群上建筑的，由南向北，高出地面10—21米，全是人工屡加左堤和逐年淤泥沙、砾石堆积而成，堤基很不坚固。难以承受诸多股洪水冲击，小者破右堤顺渠而下，大者再破左堤，势如破竹，顷刻间，溃堤成沟，深达十数米，迫使人们不得不放弃原河道，另开新河渠。历史上这一河段虽无大的改道，但在庙前至小吕段，最少有5—6次小改道。清嘉庆二十四年（1819），张郭店段溃堤，长50米，深17米，绕过决口向右移10多米，开新河道，长1500米，形成二堰槽，现旧址尚存可考。清光绪三十年（1904）至民国四年（1915）十年中，小吕段决口两次，河道向右移300多米，形成三道沟，现旧貌亦存。[②]新中国成立后，经过政府的根治姚暹渠，才形成今天的姚暹渠河道。

三、姚暹渠的受水之源

白沙河的汇入河流主要有横洛渠和李绰堰。横洛渠在夏县北十里，李绰堰在夏县东十里，“皆中条山谷诸水所导流也，汇流而南入苦池滩”。

1. 横洛渠

成化《山西通志》记载：横洛渠，源出夏县北十里，源出中条山谷口，流经夏县故城，入安邑苦池滩。光绪《山西通志·山川考》进一步明确其流经路

① 光绪《山西通志·山川考》记载：“姚暹凿渠通舟，当起苦池，故溯渠源者，方志互异。运城、夏县二志，并谓源出王峪，而所记百二十里之渠身，则始五里桥，是仍以巫咸谷为上源也。”第3250页。

② 杨万有、崔培杰、许文志：《姚暹渠上游述略》，《运城盐湖及市区防洪排水要略》，第200—214页，内部资料。

线，“发源县东北周村、方山诸谷，西流至县西北尉郭镇，汇县北赵村、北津诸河，至禹王城西南入白沙河”。而横洛渠又汇聚众水，主要有青龙河和伯庙河。

青龙河，在县北三十里，势曲如龙，汇入横洛渠。①

伯庙河，光绪《山西通志·山川考》云：发源于方山，经郭道村南，至苗村入横洛渠。

青龙河作为横洛渠的支流，仍有河流汇入，主要有龙王河和另一条无名称的河流。龙王河，光绪《山西通志·山川考》云：在县北大洋村东发源，绕南至周村滩入青龙河。另一条河流，雍正《山西通志》在记载高德铁堰时曾涉及，“高德铁堰，在县北五十里，接闻喜境。中条山谷水北注闻喜美阳川大泽中，北溢为小泽，复南溢入县境青龙河，近山。古建石堰督功者高德也，故名”。

2. 李绰堰

雍正《山西通志》认为：“李绰堰，在县南，旧一名永丰渠，源出平陆，至夏县王官谷口出山，北流合史家谷、雕崖沟等水，至卓义桥汇为一，折西三里名姚暹渠，又折南汇巫咸河，入五姓湖。明隆庆五年巡盐部永春修筑坚固。”②光绪《山西通志·山川考》又称之为“王峪水”。

3. 苦池滩

苦池滩，在县（安邑）东十三里，夏县东山巫咸谷诸水皆西汇于此，以达姚暹渠。③雍正《山西通志》还记载：苦水河，即苦池滩之水道也。

4. 玉钩泉

雍正《山西通志》记载：玉钩泉，在玉钩山下，一名玉女泉，水光澄澈，祷雨多应，南入姚暹渠，后涸。光绪《山西通志·山川考》引《安邑县志》记载进一步指出：玉钩泉，县东北十五里。

5. 泓龙潭

成化《山西通志》记载：泓龙潭，在蒲州东三十里中条山，北流五里，入姚暹渠，上有泓龙神祠。雍正《山西通志》记载进一步指出，在县（永济）东四十里孙李村龙祥观后。

6. 伍姓湖

此湖泊的变迁，下文有专章节论述。

---

① 雍正《山西通志》卷27《山川》。

② 雍正《山西通志》卷27《山川》。

③ 乾隆《解州安邑县志》卷2《山川》，第271页。

7. 湾湾河

湾湾河，又名新河，为姚暹渠的支流，亦系人工河流。我们无法得知其具体开凿年代。雍正《山西通志》仅记载：新河，在青龙峪，西起石楼峪麓，自东迤西泄石楼东来诸水俾趋小潮桥，以入黄河。光绪《虞乡县志》记载得比较具体，清楚地指出："新河在县东十里，司盐者虑石鹿、王官二谷水东泛浸盐池开之，使入鸭子池者，自石鹿至麻村桥，共长一千五百四十九丈，用夫一千九百三十名。"[①]这说明新河的开凿，同样是为了保护国家的经济命脉盐池，将中条山石鹿、王官等峪水引入归流鸭子池。石鹿至麻村桥这一河段长"一千五百四十九丈"。民国八年（1919）为了"预防水患，开垦鹹荒"，又重新疏凿新河，"以石卫村为起点，至五姓湖东偏处三十八里有奇，其高深横宽俱有碑记可考"。[②]湾湾河接纳石鹿、王官二谷水之后，东南西北方向流，随斜湾最终流入鸭子池。鸭子池水大时再溢入姚暹渠，从大小王朔、东西平壕、孙常等村北入五姓湖。[③]所以新河又可以作为鸭子池、姚暹渠和五姓湖的受水之源。

湾湾河的受水之源有：

石鹿泉，出石鹿谷，水势迅猛，涨发时溢，而东流为盐池害，司盐者开新河引之西入鸭子池。今河道淤塞，桥徒存焉。

王官谷，南十里，水由故市镇西北渠入鸭子池，可灌谷口、故市等村地。[④]

洗马泉，在王官谷洗马村南，古洗马川也。西贻溪、东石鹿，今号二峪，口下为洗马村，西北为潜龙冈，唐裴元居洗马，因号洗马裴水，归新河。

新河上的桥梁设施，据光绪《虞乡县志》[⑤]记载主要有五座桥：

故市桥，在故市镇西关门外，跨王官谷，北注之水循大郎涧入新河。

石卫桥，旧在石卫村南，跨石鹿峪水，即大郎之上流，自此引入新河。今圮。

张坊桥，在张坊村西，上接石鹿，下输新河。

胥村桥，在西胥村，村南是即大郎涧尽处，新河自此北折而西入于鸭子池。

麻村桥，在麻村村南。

另外，姚暹渠在盐池之北，常为盐池之患，因此在盐池与姚暹渠之间有众多的湖沼，调节姚暹渠水溢之患。主要有：

---

① 光绪《虞乡县志》卷1《地舆·山川》。

② 周振声：《重修新河碑记》，（民国）《虞乡县新志》卷10《丛考》，第495—496页。

③ 光绪《虞乡县志》卷1《地舆·山川》。

④ 雍正《山西通志》卷32《水利》。

⑤ 光绪《虞乡县志》卷2《建置·桥梁》。

长乐滩。光绪《山西通志·山川考》记载：在盐池北七里峨嵋坡阴，周二十余里，北受姚暹渠水，西南能破诸堰。有长乐堰以防之，滩中生鱼，远望烟波明灭。

东膏腴滩。光绪《山西通志·山川考》记载：在长乐滩西北数里，西为西膏腴滩，又西北十五里为西辛庄村滩，东起贾村西接临晋诸滩，亦时北受姚暹渠水，南入女盐池城北滩。

洗马滩。光绪《山西通志·山川考》记载：在西辛庄北二十五里，东北为南扶滩，西北为卫诸滩，卫诸西北十里为三娄滩，东二十里为罗义滩，又北十五里有小张坞滩，胥半花鹻地。

第三节　涑水河其他支流及湖沼

河湖泉池的存在是不以人的意志为转移的，历史文献未留下记载并不等于不存在。又因不同时期文献记载的体例问题，不可能完全记载不同时期的河湖，换句话说，早期文献能留下河湖资料就已经相当不错了。如按照时间断面来统计河湖状况，就必定会存在一定的局限性。以往学者常常根据不同历史时期文献记载对河湖泉池状况进行整理，通过前后期的对比来说明区域水资源环境状况，显然存在一定的问题。《山西省历史地图集》中涑水河河湖状况的标绘也存在类似问题。因此，“横剖面”式的简单复原对比，很难清晰反映出不同时期的河湖状况。本书采取另外一种方式，采取“纵剖面”式的复原方法，即以水入河次序，从源头起按照水流方向往下游逐一进行叙述，很大程度上可避免或弥补文献记载的不足。

此处主要按照《水经》和《水经注》所记述的涑水河流域河湖泉池进行逐一复原；其他河湖，根据其他文献资料予以补充；重要河湖，本书将另专文探讨。涑水从绛县源头陈村峪流出后，直接进入闻喜县境内，主要有洮水、景水、沙渠水等几条支流河汇入涑水河。

1. 洮水

洮水名称早就见于史籍记载。《左传·昭公元年》载：“子产曰，台骀能业其官，宣汾、洮。”对于洮水，杨伯峻说：“在山西闻喜县东南，与陈村峪水合，陈村峪水即涑水。”[①]《汉书·地理志》没有记载。《后汉书·郡国志》载为：闻喜，有洮水。《水经注》记载：“洮水，水源东山清野山，世人以为清襄山也，其水东迳大岭下，西流出，谓之晗口。又西合涑水。”洮水，据《水经注》记载当为流入涑水的第一条支流。不过《山西省历史地图集》中标绘的洮水，前后期有变化，值得关注。本书整理的表 1-4“政区图组”之“战国——韩赵魏”图幅及“自然图组”之“先秦时期水系”图幅中，洮水是直接流入盐池的，不是涑水支流或上流。另外“政区图组”中再未出现洮水；“自然图组”之“魏晋南北朝时期水系”中，洮水是作为涑水最上游的一支流出现，其东南—西北向流入涑水；“自然图组”之“《水经注》载山西水系”当中，洮水又成为涑水上流，“自然图组”之“魏晋南北朝时期水系”涑水之源头不见标绘。显然，《山西省历史地图集》“政区图组”之“战国——韩赵魏”图幅及“自然图组”之“先秦时期水系”图幅中，将《水经注》所载盐水标绘为洮水。前文已指出，此为谢鸿喜的观点。之后，多数文献都将洮水作为涑水支流。

嘉庆重修《大清一统志·绛州·山川》载：“洮水，在闻喜县东南，源出绛县横岭山烟庄谷，出谷即入县界，与陈村峪水合。”《山西历史地名词典》记载：今名洮水河，俗称冷口峪河。发源绛县南 13 千米横岭关北侧，西北流经冷口乡，北流入涑水河，长 20 千米。

2. 董池陂

即古董泽。春秋时两处提及此湖泽，一为《左传》载：春秋文公六年，蒐于董泽，即斯泽也。一为《左传》载：宣公十二年，厨武子曰：“董泽之蒲，可胜既乎”。杜预注：“河东闻喜县东北，有董池陂。”《后汉书·郡国志》闻喜邑有董泽陂，古董泽。《水经注》记载：“涑水，西迳董泽陂南，即古池，东西四里，南北三里。”《元和郡县志》闻喜县，“董泽，一名董池陂，在县东北十四里”。

天顺《大明一统志》记载为“董泽，在闻喜县东北四十里”。成化《山西通志》记载：董泽，在闻喜县东北三十五里，一名董氏陂，又名豢龙池，即舜封董氏豢龙之所，其地出泉，名董泉，民以溉田，流入涑水。池俱建庙，俗呼娘娘庙，以正位塑一古妇人，东偏坐一男子，呼董相公，金天眷中知县贾逵改正之，而移母像于后，宋相赵鼎先世家此地。

雍正《山西通志》卷二十八《山川》云：“董泊，在县东四十里，舜时董父豢龙之所，一名豢龙池。周数百步，莳荷滋稻，浸溉十余里。……裴晋公湖园、

① 杨伯峻编著：《春秋左传注》（修订本），北京：中华书局，1990 年，第 1217—1219 页。

赵忠简公董泽书院，皆在泊左。”嘉庆重修《大清一统志·绛州·山川》记载：董泽，在闻喜县东北四十里。光绪《山西通志·山川考》记载：董泊，在县东四十里，其他记载略同。董泽在闻喜县东北具体里数，各时期记载不同，本书认为只要方位大致相同即可，记载里数的不同可能是董泽时有盈缩。《山西历史地名词典》记载：董泽，一名董池陂、董陂、董泽湖，在闻喜县东北 19 里。周长 20 千米，以稻香藕肥、风光旖旎而闻名晋南。近年湖水锐减多成碱滩。据此今董池陂较《水经注》时代为大，郦道元记载的董泽“东西四里，南北三里”，如按规则湖形计算，则湖周长为 14 里，为涑水河上游比较大的湖泊。当地居民“莳荷滋稻，浸溉十余里”。另乾隆《闻喜县志》记载闻喜县盛产莲藕，指出：“莲藕，邑东南皆有，董泽尤佳，邑人取以供馔，盛夏花开烂缦，霞采四映，白鹭迎入，碧筒载酒，风景宛如吴下。康熙年间有一茎四并头之异，题咏极多。”[①]董泽约在今闻喜县东镇东北的裴村、仓底村、湖村一带，以白水滩为中心的洼地。

3. 温泉

成化《山西通志》记载：“在闻喜县，有二源：一出南湖村，一出官庄村，民引溉田，俱合涑水。”光绪《山西通志·山川考》记载：温泉，一在县东四十里官庄村，一在南湖村，二水相邻，胥冬温，即泊泉也，流入涑水。

4. 甘泉

天顺《大明一统志》记载：在闻喜县东二十里，南入涑水。嘉庆重修《大清一统志·绛州·山川》记载：甘泉，在闻喜县东三十里东镇北，其流为黑龙沟，南入涑水溉田。光绪《山西通志·山川考》记载：甘泉，在县东三十里东镇北黑龙沟，水西南流入涑。隋移县治于甘谷，疑即此。

5. 景水

《水经注》记载：景水，水出景山北谷。《山海经》曰：“景山，南望盐贩之泽，北望少泽。”郭景纯曰：盐贩之泽即解县盐池也。按《经》不言有水，今有水焉，西北流注于涑水。郦道元按指出景水前后期的变迁情况，认为汉代时无景水，到了北魏时期有景水，而且为涑水一支流，西北流注于涑水。本书按：《山海经》中的“少泽”当为“董池陂”。“少泽”是相对“盐贩之泽”而言的，则“盐贩之泽”当为大泽，即今盐池。《山西省历史地图集》“自然图组”之“历史古湖泊”图幅中，认为“大泽”非盐池，而在闻喜县境内另标绘一“大泽”[②]，

---

① 乾隆《闻喜县志》卷 2《物产》，第 21 页。

② 山西省地图集编撰委员会：《山西省历史地图集》，北京：中国地图出版社，2000 年，第 118 页。

不知其所依据。

嘉庆重修《大清一统志·绛州·山川》载“景水，在闻喜县东南”。光绪《山西通志·山川考》案指出：“汤山，在县南六十里，为中条之分支，志以为即景山也。《水经注》云：‘涑水又与景水合，水出景山北谷，西北流，注于涑也。’今此水自源流二十余里至县东南二十五里之河底村，与沙渠水合。”此处记载的景水，为沙渠水一支流，为涑水二级支流。《山西地名词典》记载：景水，今名小涧河，又名田家沟河。发源闻喜县东南20千米唐王山北麓田家沟，西北流入沙渠河，长10千米。可谢鸿喜指出今景水与《水经注》众水入涑水次序不合。[①]本书按：有可能河道有变迁，文献没有记载，或其他。因此，光绪《山西通志·山川考》又进一步指出：“所谓景水出景山者，在县东，今无水可证实也。”

6. 沙渠水

《山西历史地名词典》记载：今名沙渠河。发源闻喜县东25千米石岬村，西北流汇入涑水河，全长32.5千米。

《水经注》记载：“涑水，又西与沙渠水合，（沙渠）水出东南近川，西北流注于涑水。”《新唐书·地理志》记载：“闻喜县东南三十五里，有沙渠。仪凤二年，诏引中条山水于南陂下，西流经十六里，溉涑阴田。”乾隆《闻喜县志》卷一《山川·水利》记载：“寺头渠，在北村东北，按唐《地理志》东南二十五里有沙渠，即此。”

嘉庆重修《大清一统志·绛州·山川》亦记载：沙渠水，在闻喜县东南白石村，俗名吕庄河。并征引《县志》认为：“寺头渠，在县东南寺头村，东北溉本村田，即古沙渠。”光绪《山西通志·山川考》：沙渠水，在县东南五十里白石村，西北流会南山诸水，至吕庄入涑水，土人名吕庄河。光绪《山西通志》案：沙渠水所合南山之水，出汤山北谷。汤山，在县南六十里，为中条之分支，志以为即景山也。《水经注》云：“涑水又与景水合，水出景山北谷，西北流，注于涑也。”今此水自源流二十余里至县东南二十五里之河底村，与沙渠水合。又十余里，至吕庄入涑，土人习称为洮，而《水经注》则谓洮水至周阳入涑。所谓景水出景山者，在县东，今无水可证实也。据此，光绪《山西通志》指出沙渠水流会南山诸水，至吕庄附近入涑水，所以又俗名为吕庄河。光绪《山西通志》案则认为：沙渠水，又称吕庄河，又指出当地人也兼称洮水。所会南山诸水，都源于南山上之汤山北谷。清代时，《水经注》记载的景水已无水可证，

① 谢鸿喜：《〈水经注〉山西资料辑释》，太原：山西人民出版社，1990年，第95页。

显然与《水经注》的记载差异很大。

因此，出现的问题是《水经注》与明清以来方志记载入涑河流的先后次序不合。光绪《山西通志·山川考》指出：涑水，西流入闻喜县境，与董泽、甘泉诸水合。又西南沙渠水东来注之，屈迳县南。并征引旧通志：涑水合洮水、景水、沙渠水，西流闻喜县境，会温泉水、吕庄河、甘泉水，过东桥，经城南门外折而南，又折而西，过西桥入夏县界。光绪《山西通志》案：入涑之水，《水经注》先洮水，次董泽，次景水，次沙渠水。《县志》则先董泽，次甘泉，次温泉，又次为吕庄河，则洮水、景水、沙渠水合流者也，与郦注不合。《通志》误以吕庄河别为一水，又次甘泉于最后，因郦注所无，而以意序次之也。特其征引旧文，较县志为备，故采其说。

本书认为沙渠水的变迁，这才是引起后来涑水上游入涑河流的先后次序不同的真正原因。明清记载的沙渠水，可能为人工改道后的河道，与《水经注》时代记载的河道有变化。因为据《新唐书·地理志》记载，唐代曾开寺头渠引水溉田，认为即古沙渠。谢鸿喜的《〈水经注〉山西资料辑校》中指出，沙渠河极有可能是汉代以前，为防上游河水南逼盐池而开凿的引河改道水渠。这不仅是因为名称“渠”者，且地理条件亦可旁证。此论有待进一步考证。[①]另有专文则对此问题进一步探讨，认为洮水历史时期有变迁，《左传》所记载的洮水河流，即闻喜县河底镇南顺流西南，入大泽湖，大泽湖溢水切穿界牌岭，又南至东、西河头村，又南过禹王城，又南入盐池，又西入晋兴泽，又西入张阳泽（即五姓湖），又西入黄河。[②]

7. 盐池

盐池，即河东盐池，亦称解盐池、苦池、盐贩之泽，今称盐湖，位于今运城市南境。《山西省自然地图集》记载，运城盐池位于省境南部的运城市境内，是一个内陆盆地。它南依中条山，北望峨嵋岭，东临夏县，西连运城市的解州，东西长 20—30 千米，南北宽 3—5 千米，面积约 130 平方千米。运城盐池因在黄河之东，古称河东盐池，又因其西接解州，故又叫解池。盐池所在地，四周高，中间低，最高处海拔 324.5 米，最低处为 318 米，池水深约 4—5 米，水色银白，故有“银湖”之称。目前湖水已趋干涸，仅在雨季才有不深的积水。[③]有

---

① 谢鸿喜：《〈水经注〉山西资料辑释》，太原：山西人民出版社，1990 年，第 98 页。

② 谢鸿喜：《沙渠河改道及洮水大泽考》，《中国历史地理论丛》1991 年第 3 期，第 195—201 页。

③ 山西省地图集编撰委员会：《山西省自然地图集》，北京：中国地图出版社，1984 年，第 60 页。

关盐池的变迁及盐池护堰堤防工程，本书第四章有详细论述。

8. 盐水（姚暹渠）

上文已有详细讨论，此处略。

9. 女盐池

女盐池，位于盐池之西，俗称西池。即今运城市盐湖区之硝池。《水经注》记载：（盐池）池西又有一池，谓之女盐泽，东西二十五里，南北二十里，在猗氏故城南。对于女盐泽，杨守敬、熊会贞按：《新唐书》，解县有女盐泽。《元和志》，女盐泽在解州西北三里。《方舆纪要》，在解州西北十五里，亦曰硝池。本书按：《方舆纪要》所记载的硝池，非女盐泽，当为六小池之“硝池”，名同而异。成化《山西通志》记载：“盐池，又名硝池，在解州北一里，唐开元中有女盐，味苦淡不可食，以禁杂。”嘉庆重修《大清一统志·解州·山川》记载得较为详细，指出：“女盐池，在州西北半里许。《水经注》，盐池西又有一池，谓之女盐泽，东西二十五里，南北二十里，在猗氏故城南。《元和志》，女盐池在解县西北三里，盐味小苦，不及县东大池，俗言此池亢旱，盐即凝结，如逢霖雨，盐则不生。《州志》，在大池西北七里，据地高阜，唐开元中，尝置女盐监，时或生盐，其味谈苦，又生硝，亦曰硝池。北受姚暹渠溃决之水，南受中条山谷之水。水涨多侵民田，东趋禁墙为盐池害，故筑硝池堰以防之。”《山西历史地名词典》记载，女盐泽，一名女盐池，今名硝池。在运城市盐湖区解州镇西北隅。东西长 8 千米，南北宽 4 千米。本书按：诸志记载的女盐池在州西北的里数不同，当为女盐池时有盈缩。

女盐池的受水之源，据嘉庆重修《大清一统志·解州·山川》记载主要有以下 5 条：

胡存涧，在州西南二十八里，源出中条山阴。

桃花涧，（胡存涧）又东五里为桃花涧，源出中条山顶。

小水涧，（桃花涧）又东二里为小水涧，源出白龙谷。

荻子谷水，（小水涧）又东一里为荻子谷水。上述四水，皆北入女盐池。

大水涧，在州南，源出五龙谷，石崖瀑流，北至城南，分为二支，一会小水涧，入女盐池，一入通济渠。

10. 硝池（六小池）

据《山西历史地名词典》记载，硝池，在运城市盐湖区西南 19 千米西辛庄南，为六块低洼地之总称，今涝时积水产硝，旱时水退成滩。《读史方舆纪要》

记载的六小池，在解州西北十五里，亦曰硝池。成化《山西通志》记载：硝池，在解州西北十五里，其名有六：一曰苦地，其水苦，故名。二曰金井池。三曰圆池。四曰南北池，其水俱淡。五曰灰凹池。六曰苏老池，其水皆碱。此处很清楚记载六小池中有南北池为淡水湖，其他湖沼为咸水湖。《山西省历史地图集》“自然图组”之“历史古湖泊”图幅中，将六小池全部标绘为咸水湖[①]，当误。

嘉庆重修《大清一统志·解州·山川》载：六小池，在解州西北十五里，女盐池西北四里。一曰苏老，二曰贾瓦，三曰金井，四曰熨entity斗，五曰永小，六曰夹凹，多淤莱，水溢女盐池为害。明隆庆中，以正课不登并括六盐池利，寻罢。康熙中，以大池水患，暂开小池浇晒，水退封禁。乾隆二十三年，因大池被淹，又覆准开晒。本书按：明清方志记载的六小池，名称不统一，不是何故。

11. 熨斗陂

熨斗陂，此湖沼为人工湖，因陂形似熨斗而得名。宋《太平寰宇记》记载：熨斗陂，在（解）县西二十里。后魏正始三年，穿以停船，今废。[②]对于在解县的位置，唐《元和郡县志》卷十二《河东道一》“解县”条下有熨斗陂，记载为“在县东北二十五里”。嘉庆重修《大清一统志·解州·山川》记载：熨斗陂，在解州城西北二十二里。并且该志发现诸志记载的位置不合，所以按：“《元和志》、《寰宇记》，东西不同。今六小池中有熨enti池，在州城西北为是。”

本书按：嘉庆重修《大清一统志》按，是以清代六小池有熨斗池之名称，来反证前代情况的。殊不知成化《山西通志》记载的六小池，就没有熨斗池名称，又如何来证明？本书认为《大清一统志》按有问题。《太平寰宇记》已清楚记载：“熨斗陂，今废。”显然，宋代以后熨斗陂逐渐湮废了，不再见于典籍记载。不过，可从《太平寰宇记》的记载，做出一点推测。我们都知道后魏正始二年，涑水河流域发生了一件大事，就是都水校尉元清疏凿永丰渠，“引中条山下平坑水西入黄河以运盐。行舟代役，不劳民力”。永丰渠的位置位于今盐池之北，用来运盐。因此，熨斗陂“后魏正始三年，穿以停船”。当为元清疏凿永丰渠的系列工程之一，也应为用于运盐船只停船之用。所以熨斗陂的开凿当靠近永丰渠，是在盐池北岸附近。而非有研究认为的“其旧址在今运城市盐湖区东南盐池南岸附近”[③]。我们知道，盐池之西为女盐池，硝池（六小池）又在女

① 山西省地图集编撰委员会：《山西省历史地图集》，北京：中国地图出版社，2000年，第118页。

② （宋）乐史：《太平寰宇记》卷46《河东道七·解州》，台北：文海出版社，1971年，第375页。

③ 康玉庆：《汾涑流域古湖泊的沧桑变迁》，《太原大学学报》2002年第2期，第35—39页。

盐池之西北。嘉庆重修《大清一统志》记载：六小池，位于解州西北十五里，女盐池西北四里。与唐宋记载的里数显然不合，另外这里湖沼丛生，再开凿湖沼用以停船运盐，也不合常理。因此，《元和郡县志》的记载比较合理。熨斗陂当位于解县东北为是，即今盐池北岸附近，靠近永丰渠，用以运盐也较为方便。

12. 浊水

浊水，即浊泽，又名涿泽，约在今运城市盐湖区解州镇西面。早在春秋时期，就因战争而彪炳史册。《史记·魏世家惠王元年》有“韩赵合伐魏，战于浊泽”的记载。又《赵世家·成侯六年》记载“伐魏，败浊泽”。唐《括地志辑校》卷二《蒲州·解县》记载：浊水，源出解县东北平地。嘉庆重修《大清一统志·解州·山川》则进一步指出：浊水，在解州西二十五里，一名涿泽。

13. 文波泉

文波泉，在（猗氏）县东北仁寿寺右，一泓澄澈，自城东绕县南入涑水。时溢，县多科第，故名。[①]乾隆年间已被记载为“今久阙”[②]。

14. 鸭子池

鸭子池，在今伍姓湖东。《水经注》记载：涑水又西南属于陂。陂分为二……东陂世谓之晋兴泽，东西二十五里，南北八里。雍正《山西通志·山川考》记载：“鸭子池，在（虞乡）县西北八里，即《水经注》所谓东陂之晋兴泽也，王官诸谷、新水河经流注此。池在五姓湖东、姚暹渠南，孟盟桥淤，则湖水泛滥东注于池，而姚暹亦有倒灌之患矣。”本书按：《水经》仅言涑水入张阳池，当为汉代的情况。而到了北魏时代郦道元作注时，指出：“涑水又西南属于陂。陂分为二，城南面两陂，左右泽渚。东陂世谓之晋兴泽。西陂即张泽也。西北去蒲坂一十五里，东西二十里，南北四五里，冬夏积水，亦时有盈耗也。”说明张阳池已经有变迁，湖泊时有盈缩，一分为二了。鸭子池是不是就是北魏时期的晋兴泽，今已很难确指。

另据光绪《虞乡县志》记载：“鸭子池，为王官诸谷、新河经流所注之处，水满时北陂姚渠，西自大小王朔、东西平壕、孙常等村北入五姓湖。”[③]可见鸭子池为蓄水池性质的湖泊，可以调节中条山峪水。

---

① 《古今图书集成·方舆汇编·山川典》卷215《目录·涑水部·汇考》。

② 乾隆《蒲州府志》卷2《山川》。

③ 光绪《虞乡县志》卷1《地舆·水利》。

鸭子池的受水之源，除新河外，据雍正《山西通志》记载还有：

石佛寺谷南三里中条山麓山水，北流绕城东惠泽桥下，经申、刘二营入鸭子池。此水为砖井泉水，又名百梯泉水。据光绪《虞乡县志》记载："源出玉柱峰东，由石佛寺东出谷。古名条谷，今名寺谷。"①

寺西小流，即由栢梯、杨赵二村入鸭子池，可灌城东西诸村地。《民国虞乡县新志》记载为百梯、阳朝二村。

风伯峪水，由新渠过申、刘二营入鸭子池，可灌峪下村地。

二峪口水，由张坊村、胥村、麻村等桥入鸭子池，可灌峪下村地。

张家窑水，城西南灌窑左右，由坦赵、杨赵二村入鸭子池。

瀑布泉，出王官谷天柱峰旁，东西二瀑，号称双泉，西者尤胜。初冬脉微，涓涓一线，盛冬冰崖百尺如白虹倒挂。至春夏飞湍直下，望之若练，忽为惊风所掣，则中断不下如布斜卷，雨后尤佳。暑月数十步外，寒冽逼人，泉水所注，石皆成窍，珠玉喷跳，称为雪花盆。东者崖叠二级，丰本岐末，瀑来似缓而势弥峻，响弥宏，泉亦差甘洌，崖上苍苔匝生，岁久成石，玲珑似羊脾状，能升涧水上至绝崖，复如大雨注下，昼夜不息。二瀑经休休亭前合流出谷。②民国《虞乡县新志》补充记载："就近居民如东西两涧、半道、楼上、北园、古市、及吴阎、南窑各村，引以灌田。引水之法，以时刻记，名一分水。自司空表圣定法，村人以时用，永为程序，迄今王官之水，以分计者，共百十有四分焉。每岁夏秋之交，山水涨发，由古市镇西北流入鸭子池。"

石鹿、青龙二峪水，石鹿泉，出石鹿谷，水势迅猛，涨发时溢，而东流为盐池害，司盐者开新河引之西入鸭子池。今河道淤塞，桥徒存焉。③石鹿、青龙二峪水，可灌石卫、杜乐等村地。今以新渠壅淤，不及鸭子池，多滥入解州之硝池，其余散归泓水滩。④其中"杜乐"，民国《虞乡县新志》记载为"土乐"。

王官谷山水，在姚暹渠南三十里，由故市镇西北，渠入鸭子池，可灌谷口、故市等村地。⑤

鸭子池受水之源的桥梁设施，据光绪《虞乡县志》⑥记载主要有：

---

① 光绪《虞乡县志》卷1《地舆·山川》。

② 光绪《虞乡县志》卷1《地舆·山川》。

③ 光绪《虞乡县志》卷1《地舆·山川》。

④ 光绪《虞乡县志》卷1《地舆·水利》。

⑤ 光绪《虞乡县志》卷1《地舆·水利》。

⑥ 光绪《虞乡县志》卷2《建置·桥梁·养济漏泽附》。

惠泽桥，在城东门外，东通解运，为石佛寺峪水东流所经，北趋鸭子池，西注张扬。

柳道桥，在城西门外柳道北口，西达蒲陕，为石佛寺峪水所直过，又东北会惠泽桥水入鸭子池。前任知县妥允建，有记。

会龙桥，在城北门外，上承柳道桥，下会惠泽桥水，北折入于鸭子池。知县事周大儒建，有记。

无影桥，旧在南百梯村下，跨黄花峪寺峪水，亦时入之。相传以为晴日亭午行人失照，故名。今圮。

五里桥，在城东五里贻溪坊，西引风伯峪水入鸭子池。旧桥圮，前任知县王学渟重建。

15. 伍姓湖

伍姓湖，亦名五姓滩，古代名五姓湖，今名伍姓湖，在今永济市西北三里处。《水经·涑水》记载：涑水又南过解县东，又西南注于张阳池。《水经注》则记载：涑水又西南属于陂。陂分为二，东陂世谓之晋兴泽，……西陂即张泽也。西北去蒲坂一十五里，东西二十里，南北四五里，冬夏积水，亦时有盈耗也。成化《山西通志》云：五姓滩，在临晋县南三十五里五姓村，即涑水、姚暹渠流经所终之地，一名五姓湖，西流至蒲州，入黄河。《山西历史地名词典》记载：东西长约 10 千米，南北宽 8 千米。丰水时湖面可达 40 平方千米，今已干涸。今五姓湖又汇水成湖。伍姓湖在历史时期多有变迁，下文将详细讨论。

16. 鸳浆

鸳浆，泉名，亦称盎浆、浆泉，在今中条山之方山上。《水经注》记载：“（盎浆水）水自山北流五里而伏，云潜通泽渚，所未详也。”清代董祐诚曰：在今虞乡县南十二里方山顶。《注》云，潜通泽渚，盖即五姓湖矣。[①]雍正《山西通志》记载：“鸯浆泉，在方山巅，久湮塞，相传深不可测，有神物宅其下，与湖潜通”，这说明鸳浆泉可能也是伍姓湖的受水之源。光绪《山西通志·山川考》还记载：“涌泉在五姓湖中，湖久枯，常有泉涌出，上与鸳浆通。……明隆庆间，淫雨，或言方山白龙为祟，御史郜永春沉铁牌礫黑犬以压之，寻以铁瓮塞其口，是夜大雷雨拆山间巅塔，龙移湫去。”这说明伍姓湖除接纳诸汇水源外，其自身亦为涌泉湖沼。

① （北魏）郦道元注，（民国）杨守敬、熊会贞疏，段熙仲点校，陈桥驿复校：《水经注疏》，南京：江苏古籍出版社，1989 年，第 593 页。

本书通过对涑水河及其支流，包括受水之源的整理，最终形成表 3-3。至此，涑水河的水系发育状况已基本理顺清楚。

表 3-3　涑水河的受水之源统计

州县	河流	湖泊
闻喜	洮水、景水、沙渠水	董池陂、温泉、甘泉
解州	盐水（姚暹渠）	盐池、女盐池、硝池（六小池）、熨斗陂、浊水
猗氏		文波泉
虞乡	湾湾河	鸭子池、鸳浆、伍姓湖

第四节　伍姓湖的变迁

伍姓湖，亦名五姓滩，古代称五姓湖，中华人民共和国成立后称伍姓湖，在今永济市西北三里处。涑水河流域的三条主要河流涑水河、姚暹渠、湾湾河，从源头流出后中途接纳众流，都须经过此湖汇聚，再流入黄河。伍姓湖在涑水河流域河湖系统中的地位相当重要，历史时期多有变迁。[①]

对于伍姓湖的得名，乾隆《蒲州府志》引用《平阳府旧志》指出："湖旁村昔有五姓居之，故以名湖，亦曰五姓滩。"五姓湖、五姓滩、五姓村，究竟源出哪五姓？文献没有记载。有研究认为：晚出的县志自然不能详其所指，五姓是指巴、樊、瞫、相、郑五姓是毫无疑问的。[②]

一、伍姓湖的历史概况

伍姓湖，是地质构造运动的产物，为古代山西著名的大湖荡。据陆地卫星影像提取的信息，历史时期早期，张扬、晋兴两湖范围约在今东至虞乡，西至

① 2013 年贾海洋曾发表《湖兴湖废：明清以来河东"五姓湖"的开发与环境演变》一文，该文对于"湖兴湖废"的地理复原没有很好的呈现，尽管论文中有王长命绘制的"北魏以降涑水河河道变迁示意图"、"五姓湖水系图"，但缺乏时间说明和具体的河湖地理定位。见贾海洋、张俊峰：《湖兴湖废：明清以来河东"五姓湖"的开发与环境演变》，《中国农史》2013 年第 5 期，第 79—88 页。

② 杨铭：《巴子五姓晋南结盟考》，《民族研究》1997 年第 5 期，第 102—106 页。

孟明桥东，北达栲栳，南抵中条山脚之间，面积亦在200平方千米上下。①

五姓湖最古老的名称，据王长命研究应为“长泽”②，见于《山海经·北山经第三》所载：“咸山，条菅水出焉，而西南流注于长泽。”到汉代，五姓湖的名称又演变为“张阳池”，见于《水经·涑水》记载：涑水又南过解县东，又西南注于张阳池。《魏书·地形志》也记载：河东郡北解县有张杨池。

北魏时期的五姓湖，称为“张泽”和“晋兴泽”。北魏《水经注》则记载：涑水又西南属于陂。陂分为二，东陂世谓之晋兴泽，……西陂即张泽也。西北去蒲坂一十五里，东西二十里，南北四五里，冬夏积水，亦时有盈耗也。北魏郦道元作注时，已指出张阳池一分为二，东陂为晋兴泽，西陂为张泽。而且指出两湖沼的范围，晋兴泽是“东西二十五里，南北八里”；张泽则是“东西二十里，南北四五里”。得知北魏时代，两湖沼的湖域范围都比较大。不过，两湖沼按规则形状估算，晋兴泽要比张泽大。

此后，唐代以降的地理典籍对五姓湖均有记载。对于张泽何时定名为五姓湖，最近有研究认为出现于明代③，其依据是：据今人考证，五姓湖名称最早可能出现于明代，明以前的地理专书如《山海经》《水经注》《元和郡县图志》《太平寰宇记》《元丰九域志》《舆地广纪》等均未见记载，现有据可查的是明末清初顾祖禹《读史方舆纪要》的有关解释：“五姓湖，县（临晋县）南三十五里，亦曰五姓滩。滩旁为五姓村，湖因以名，即涑水、姚暹渠经流所钟之地。”④可见，“五姓湖”名称的出现相当晚近。本书认为五姓湖名称的出现，不是“相当晚近”的明代，至少元代就已出现，主要依据为元代王恽的《五老歌》。

元代著名的文学家、翰林学士王恽（1227—1304），于至元十年（1273）游览五姓湖后，曾挥笔写下了《五老歌》颂诗一首，其原诗为⑤：

晓披五老峰上云，晚钓五姓湖中鲤。

① 山西省农业遥感研究所：《近代湖泊范围示意图》，1983年。转引自：乾林、国甲：《河东盐池与五姓湖的兴废》，《晋阳学刊》1990年第5期，第50—54页。

② 王长命认为长泽与《水经注》时代出现的张泽，音同字异。同样，与长泽对应的有长阳城，与张泽相对应的有张阳城。遂提出：“长泽、长阳城与张泽、张阳城，其实为一，皆得名长坂，即蒲坂。”见王长命：《〈水经·涑水注〉张泽得名蒲坂考》，《历史地理》第25辑，上海：上海人民出版社，2011年，第463页。

③ 贾海洋、张俊峰：《湖兴湖废：明清以来河东“五姓湖”的开发与环境演变》，《中国农史》2013年第5期，第79—88页。

④ （清）顾祖禹：《读史方舆纪要》卷41《山西三》，北京：中华书局，2005年，1896页。

⑤ 姚奠中：《咏晋诗选》，太原：山西人民出版社，1981年，第129—130页。

忽逢渔夫三五人，问是五姓谁家子？
自云无姓亦无名，接辈相传常钓此。
月落天皆驾小舟，从来不见风波起。
得鱼心自安，无鱼心亦喜。
公昔提兵在蓟门，单于系颈呼韩死。
颇闻飞语转流传，彤弓几付东流水。
东流水，真可笑，何如相将日垂钓？
白云冉冉生，玄鹤双双叫。
极地与穷天，居然不尽其中妙。

该诗歌一开篇就给出了元代五姓湖的名称，相信随着诗文、碑刻等史料的发掘，张泽之名何时演变为“五姓湖”，也会逐渐明晰。不过唐宋元时期的五姓湖，因文献记载较少难以复原出其基本状况及变迁情况。但据元代王恽的《五老歌》和明代的五姓湖判断，唐宋元时期亦为湖面宽广。明清民国时期，有不少文献记载五姓湖的情况，可大略窥视其变化过程。

明清时期勃兴的方志对五姓湖有较详细的记述。但究竟是北魏时代的哪一湖泊，或者说北魏时代的两湖沼在历史时期是如何演变的，很值得探讨。

成化《山西通志》记载：“五姓滩，在临晋县南三十五里五姓村，即涑水、姚暹渠，流经所终之地。一名五姓湖，西流至蒲州，入黄河。”此处未交代具体是北魏时期的哪个湖。其后的方志，有将五姓湖对应北魏时期的张泽，鸭子池对应北魏时期的晋兴泽；有认为张泽已经堙废，晋兴泽演变为五姓湖；有认为两湖共同演变为后来的五姓湖。

第一种观点是比较通行的观点，主要证据有，雍正《山西通志》认为，明清时代的五姓湖为原先张阳池，东面的鸭子池为晋兴泽。[①]并且进一步指出“东起鸭子池，西连湖尾，又西接孟盟桥，东西六十里，胥水乡也。晋兴泽、张泽虽不可细折，而水势差可仿佛”。乾隆十九年（1754）胡天游在《蒲州府复涑姚二渠记》中认为“而张泽者，即善长书涑所属陂，今以为湖，变其名五姓湖。”[②]

① 雍正《山西通志》卷27《山川》解州虞乡记载：鸭子池“在县西北八里，即《水经注》所谓东陂之晋兴泽也，王官诸谷、新水河经流注此”。五姓湖“在县西北二十五里，即古张杨池，涑水姚暹渠经流之所也，村有五姓因名”。

② （清）胡天游：《蒲州府复涑姚二渠记》，《河东水利石刻》，第172—176页。

乾隆二十年（1755）的《蒲州府志》记载，“鸭子池在五姓湖东，水经注所称东陂之晋兴泽也，王官谷诸水流经注此。〈通志〉云东起鸭子池，西接蒲州孟明桥，六十里皆水乡也”[①]。乾隆三十八（1773）年临晋县知县王正茂认为“五姓湖即古张泽。……涑水又西南属于陂，东陂世谓之曰晋兴泽，即鸭子池。西陂即张泽”[②]。明清时期，五姓湖的湖域面积远较鸭子池为大，这与《水经注》记载的两湖域范围正好相反，是五姓湖的古今变迁所为，还是传统观点有问题？就此，王子山撰的《山川考》中，对两湖泊在明清时期的位置提出与传统相左的观点，指出：“临晋〈旧志〉误以鸭子池为晋兴泽，遂以五姓湖专为张泽，〈府志〉因之。不知鸭子池去盐道山甚远，且东西不过四五里，南北又近，与郦注全不相符。惟秋水涨发，鸭子池西接晋兴泽，又西北接张泽，故《通志》有东起鸭子池，西接孟明桥六十里皆水乡之说。志者不细考水经注，遂因张泽久涸，惟鸭子池、晋兴泽时有蓄水，遂以为东西二陂，殊非实录。”[③]王子山认为五姓湖为晋兴泽，而张泽已淤塞不复存在了，这是第二种观点的证据。第三种观点，嘉庆重修的《大清一统志・蒲州府・山川》记载：五姓湖，在永济县东南三十里，分属临晋县、虞乡县界，即故张阳池东西二陂也。此处认为，五姓湖为“东西二陂也”。

尽管出现三种观点，但都有后人的臆断。显然，我们今天也很难辨析北魏时代的晋兴泽和张泽，究竟是不是明清时代的五姓湖和鸭子池。若要解决此问题，需借助自然科学的钻孔探测，进行湖相沉积分析，些许能有结果。

二、伍姓湖的受水之源

伍姓湖，除了为涑水和姚暹渠的退水归宿外，还有不少水源流入此湖。据光绪《虞乡县志》[④]记载主要有：

涌泉，在五姓湖中，湖水久涸，常有泉涌出，上与鸳浆泉通。

鸳浆泉，潜通五姓湖。上文已有论述。

二龙泉，在方山西孤获谷，源出二龙寺，入五姓湖。

---

① 乾隆《蒲州府志》卷2《山川・五姓湖》。

② 光绪《临晋县志》卷1《山川篇》。

③ 王子山：《山川考》，光绪《虞乡县志》卷1《地舆・山川》按引。

④ 光绪《虞乡县志》卷1《地舆・山川》。

洪泉，在方山东涧上洪流崖下，经金沙岭出直谷，（民国《虞乡县新志》补充：灌其下村地），入五姓湖。

苍龙泉，在五老山西涧，出苍龙谷。（民国《虞乡县新志》补充：灌山下地，北注五姓湖。）

黄家谷，在苍龙谷东道，通永乐。（民国《虞乡县新志》补充：灌黄家窑左右，由罗村、侯孟村北，注西五姓湖。）雍正《山西通志》记载：黄家窑水，灌窑左右，由新街村，北注五姓湖。

青渠，雍正《山西通志》记载：青渠，在（永济县）东北四十里，南通五姓湖。

鸭子池，雍正《山西通志》记载：鸭子池，（虞乡县）北九里，姚暹渠南，中条山北，水涨凫雁群集，故名。水满即由大小王朔、东西平壕、孙常等村桥下入五姓湖。池为王官诸谷新水河经流所注之处。

直峪、苍龙以西至清水、孤获诸谷山水，各灌其下诸村，北注五姓湖。

张家窑水，在城西南，灌窑左右，由坦朝、阳朝二村入鸭子池。民国《虞乡县新志》记载为“入五姓湖”。

三、明清以来伍姓湖的丰枯变化

明清以来，方志对涑水河流域的五姓湖有较为详细的记述。遗存的文献，能反映五姓湖本身有丰枯盈缩的周期性变化。

成化《山西通志》记载：“五姓滩，在临晋县南三十五里五姓村，即涑水、姚暹渠，流经所终之地。一名五姓湖，西流至蒲州，入黄河。”五姓湖又被称为五姓滩，可能说明湖面缩小了。乾隆《蒲州府志》卷二《山川》记载：“五姓湖，在永济县东三十五里，临晋县西南四十里，虞乡县西北二十五里，三县界会处也。”若以临晋县为参照对象，清乾隆年间对比明成化年间，五姓湖又缩小了五里。

嘉庆重修《大清一统志·蒲州府·山川》载：“五姓湖，在永济县东南三十里，分属临晋县、虞乡县界，即故张阳池东西二陂也。”若以永济县为参照对象，清嘉庆年间对比乾隆年间，五姓湖又扩张了五里。显然五姓湖本身有个丰枯期盈缩周期变化。

明代，五姓湖是一个“烟波浩渺，天水一色”的大湖。周回数十里，可以泛舟、捕鱼等。湖畔景致优美，湖旁有别墅，不少文人雅士曾居住在五姓湖。

雍正《山西通志》就记载：明朱峻嵘博学有盛名，不慕荣利，筑居五姓湖，轻舟蜡屐与名士登临吟啸，自号芦花散人，有《佩兰集》行于世。[①]

明代，宋仪望有《秋泛使君湖诗序》[②]，记述了明代五姓湖的一些情况。现将诗抄录如下：

> 余自春按河东踰夏涉秋乃巡行支郡，过临晋闻有称五姓湖者，湖上有寺，多深林古木。余乃迂途往观之，因喟然太息曰：嗟乎！晋地土厚水深，掘地数十尺乃得泉。泉多咸卤，意殊苦之。惟是湖周回数十里，潆洄衍溢，不异吴之横塘，越之鉴湖。乃徒以土人捕鱼为利，湖以故遂冒名五姓，吁亦可异也。昔子厚（柳宗元）谪桂阳，以愚名溪自谓溪，且见辱然。赖其文，卒流闻至今，独怪其作《晋问》未尝一述兹湖。俾与愚溪并闻于时，岂地之显晦固有数耶。余既坐湖上，遂操舟泛游，移时徜徉，赋诗扣舷而歌之，盖宛然江南佳境也。已感李白郎官之游，遂更其名曰使君湖焉。嗟乎！兹地自虞夏以来，皆为畿内近壤。当时君臣兢兢相戒，惟以平水土，教稼穑为务，至于宴好游佚，盖邈乎未之闻也。夏后氏既衰，太康始游于畋盘，戏无度，于时群臣咸怨，《五子之歌》，读之使人凄惋流涕。未几，遂有后羿之事。乃知自古君臣懔懔危惧，若坠深渊而不敢以一日自逸其躬，良有以哉，良有以哉。自虞夏至于今且数千年，以予所见，兹土习俗咸尽力于商贾稼穑，绝无所谓亭馆台榭之观，殆有先王之遗风焉。然至于嗜利务积，贪鄙无厌则又非虞夏旧俗矣。余不暇远引，即如湖水本以利民，往往争水灌田，聚杀谰词株染，动以百十数，彼其始徒以利心相隙，险衷相倾，遂至亲戚为仇，乡党成敌，若是者岂独小人为然哉？由是言之，则是湖虽幸见赏于余，恐终不免辱于土人，后人且益诮余愚也。诗凡三首并刻于湖上寺中。

宋仪望，生卒年代不详，嘉靖四十年（1561）前后在世。嘉靖二十六年（1547）登进士，万历中官至大理卿。有《华阳馆文集》，在《四库全书存目丛书》集116流传于世。

---

① 雍正《山西通志》卷27《山川》。

② （清）黄宗羲编：《明文海》卷269《序·诗集》，北京：中华书局影印，1987年，第2804—2805页。

从对宋仪望身世的简单介绍中，可知这首诗序记的是嘉万年间的五姓湖。诗序中指出当时五姓湖“周回数十里，溁洄衍溢”。可以与“吴之横塘，越之鉴湖”相媲美，而且当地有在湖中专以捕鱼为业的。另外还可以泛舟湖上，“余既坐湖上，遂操舟泛游移，时徜徉赋诗扣舷而歌之，盖宛然江南佳境也”。宋仪望徜游湖中，“已感李白郎官之游”，与唐代大诗人李白如有神交，遂将五姓湖更名为使君湖。显然，宋仪望眼中有如此赞美之词，五姓湖肯定是水域宽广。从诗序的最后一句可以看出，宋仪望就此美景赋诗三首刻于湖上寺中，这样五姓湖中有亭台楼榭等建筑物存在。

另外，王崇古有《戊寅中秋同诸友泛五姓湖，宿延祚寺》[①]，诗文如下：

湖芳尚忆昔年游，水色山光接素秋。
归去幸逢金石友，重来同泛木兰舟。
白莲一望能超悟，绿酒频斟顿解忧。
禅榻高悬消永夜，清风明月共悠悠。

王崇古（1515—1588），字学甫，明蒲州人。嘉靖二十年（1541）进士。出任刑部主事，后升任安庆、汝宁知府。不久，晋升为常镇兵备副使。后又任陕西按察使、河南布政使、右佥都御史、兵部侍郎、兵部尚书、总督陕西、延、宁、甘肃、宣、大、山西七镇军务。查《中国历史纪年表》可知，王崇古在世的两个戊寅年分别为正德十三年（1518）和万历六年（1578）。显然，该诗歌成于万历六年，描述的是王崇古退职回家后，与朋友们重游五姓湖的场景。这表明16世纪万历年间五姓湖水域仍然较大，此处提到的延祚寺，可能就是湖边或湖中建筑。

不过，明代五姓湖并不是常年湖面宽广，鱼类资源丰富，能泛舟游赏的大湖。其本身也有丰枯周期性变化。光绪《续修临晋县志》记载：崇祯十三年春不雨，至六月赤地如焚，五姓湖水涸。秋无禾，木皮草根剥掘殆尽，人相食，街巷无感独行者。[②]显然，因天气长期干旱，才导致五姓湖水涸。1946年，也曾因连续干旱导致五姓湖水干涸。

清代中期，乔光烈的《开浚涑水姚暹渠议》指出：五姓湖，乾隆十八年浚

① 雍正《山西通志》卷224《艺文·诗》。

② 光绪《续修临晋县志》续下《祥异》，第569—571页。

修之前，曾“堙闭者久”。[①]而从前，湖水常盈，湖内“本多鱼，民资为业”。乾隆十年、十八年浚涑姚渠时提到的五姓湖，经过疏浚后，又恢复以往生气，湖面和水量仍然很大。后有周景柱的《五姓湖记》[②]和牛运震的《游五姓湖》[③]两篇文章，从中可看出五姓湖的变迁。两文都指出五姓湖湖面宽广，“湖当临晋、虞乡间，纵广环廻可数十里”“周环六七十里”。乔光烈有《五姓湖》诗一首，记载“湖光千顷渺烟波，……渔笛声声向晚过”[④]，也指出了疏浚后五姓湖的盛况。

可惜好景不长，后由于涑姚两河淤塞，水久不下流，导致湖面迅速缩小，甚至干涸。民国《临晋县志》记载的五姓湖，指出：“五姓湖，以涑水输入汇而成湖。自涑渠淤塞，湖水久涸。”不过“湖于光绪三十四年复发见，至宣统二年湖受涑渠、姚渠及硝池滩诸水，遂深至丈许，行旅转输，均以舟济，鱼类繁衍，操渔业者，往来如织。〈旧志〉称五姓渔舟，列于八景，惜暂而不久。民国四年湖水复竭，业渔者顿失网罟之利”[⑤]。显然，五姓湖受涑姚两河影响较大，水大则湖满，水小则湖涸。五姓湖有水时，湖中鱼类资源丰富，有鲫鱼生长。光绪《虞乡县志》载云：“鲫鱼，常时无，有五姓湖水，宿出焉。”[⑥]另外，虞乡八景中“五姓渔舟”的描写也是景致优美，县志云：“五姓渔舟，在县西北二十里，荷蓼交荟，凫鹭同游，带笭箵而泛波光，渔舟唱晚，数点峰青，如游西湖景上”[⑦]。

中华人民共和国成立后，伍姓湖同样经历了“丰—枯—丰”的变化过程，当前在永济市政府的主导下有望恢复昔日盛况。中华人民共和国成立初期，在党和政府的领导下，伍姓湖周边村庄的人民群众疏通了伍姓湖来水之源，整修了姚暹渠，使上下游水流无阻，湖中复注有水，汪泽一片。后人们又在湖旁大植杨柳和各种树木，使伍姓湖获得新生。1953 年国家在这里建立了伍姓湖渔场[⑧]，湖中放养鲤鱼、草鱼、红尾鲤鱼等十几个品种。其中红尾鲤鱼尤为出名，最大的每条可达五公斤左右，所产鲤鱼除了满足当地群众需要外，大部分行销到西安，太原、石家庄、内蒙古等省市。

---

① 光绪《解州志》卷 16《艺文》，第 595—596 页。

② 乾隆《蒲州府志》卷 18《艺文》。

③ 乾隆《临晋县志》卷 8《艺文》。

④ （清）乔光烈：《五姓湖》，《咏晋诗选》，北京：中国社会科学出版社，1980 年，第 131 页。

⑤ （民国）《临晋县志》卷 2《山川考》，第 439 页。

⑥ 光绪《虞乡县志》卷 1《地舆・物产》，第 36 页。

⑦ 光绪《虞乡县志》卷 1《地舆・八景》，第 37 页。

⑧ 另有据省水利厅水资办提供的资料表明，1962 年这里曾建起渔场，年产鲜鱼达到 20 余万公斤。

伍姓湖的消失是在1963年。到1963年，因湖水含盐量大，使沿湖四周耕地土壤碱化严重，再加上当时因受极“左”路线的干扰，在“以粮为纲，全面砍光”口号下，围湖造田，把湖水排入黄河，虽然使沿湖耕地盐碱有所减少，但却造成了湖水干涸，历史名湖几乎毁于一旦。随后，建立国营伍姓湖农场（农场位于永济市东部，距永济大约7千米，农场东至郭家庄，南至姚暹渠以北，西为东伍姓湖村，北部边界距古城约2千米，占地约28.0平方千米）、虞乡农场和东村农场，进行大规模开垦，开垦后的滩地面积4万亩，可耕地1.5万—2万亩。60年代，上游涑水河、姚暹渠兴建多座水库，70年代周边地区大面积开采地下水，加之气候干旱少雨，致伍姓湖长期干涸无水，变成荒滩。目前，湖区内仍有滩地2000多公顷①，其中可耕种土地1000公顷左右。

党的十一届三中全会后，永济市委市政府为尽快恢复伍姓湖盛景，曾组织沿湖一带的乡村群众，打井积水，疏河注水，开挖鱼池，养鱼养鸭，种藕栽稻，仅郭李乡就在沿湖南面开挖鱼池400多亩。20世纪后期，尊村引黄泵站建成运行，实施大面积灌溉，伍姓湖内复又蓄水，并利用其有限的湖水发展起水产渔业。2011年，永济市专门成立了伍姓湖湿地开发工作组，全面恢复其湿地生态系统功能，重点实施总投资6亿元的污水截污枢纽、污水处理、人工湿地、生态护坡和自然湿地改造五大工程。“十二五”期间，伍姓湖已初步再现昔日美景。

目前，伍姓湖是山西省最大的淡水湖，水面面积近30平方千米。伍姓湖其实没有明晰的湖界，水多则湖面大，水少则湖面小。平常年份伍姓湖湖水面积一般在10—20平方千米，水深1—3米。1956年，湖水畅旺，水面面积曾一度达到40平方千米，水深4米。1959年湖水位最高，湖水容积达4555.6万立方米。2011年笔者曾前往伍姓湖考察，从运城市区乘坐公交沿运永线公路一路向西，在西干樊村下车，徒步向北到农场监狱旁的村庄，遇到一位从河南来农场打工数十年的老汉，酷暑之夏在他家吃西瓜，了解伍姓湖的历史，后独自向西穿行于伍姓湖湖畔。南中条、北峨嵋，尽落眼底。姚暹渠和远处的涑水河，清晰可辨。远远能看到伍姓湖的水面，自以为一定能走到湖边，而实际上是没有十分明晰的湖界，酷暑之天穿行在玉米地和沼泽地里近3小时，还是离水面很远，只好作罢。

---

① 1公顷=15亩。

第四章　盐池的变迁与堤堰防洪工程

湖泊，是历史水文地理的重要研究对象，前辈学者已对中国历史上著名的湖泊水体如洞庭湖、太湖等进行过研究。中国幅员辽阔，湖泊水体众多，今后仍需加强祖国各地不同性质和特征的湖泊研究。本书研究区内的盐池是晋西南涑水河流域内最大的湖泊，又是古代社会国家的经济命脉，流域内几乎所有的人类活动都与盐池有关。人类对整个流域地理环境的改造，是为保障盐业的正常生产而围绕盐池展开活动，前一章论述到的涑水河、姚暹渠的人工改道，包括本章的盐池堤堰防洪工程。人类为获取盐业资源，将盐池从涑水河河网水系系统中分离，逐步改造成独立闭合的湖泊系统。盐池的变迁及护池堤堰防洪工程，是人类活动改变河川径流分配的措施。涑水河流域水系的变迁是伴随着盐池的开发而进行的。

运城盐池，古称解池、河东盐池，今称盐湖，位于山西省运城市区南端，是一表露于地面的天然内陆盐湖。盐池东西长 35 千米，南北宽 5 千米，总面积约 130 平方千米，池面海拔 320 米，水深 0.2 米—2.0 米，为三百万年前喜马拉雅造山运动的地质遗迹。运城盐池蕴含有丰富的资源，据 1958 年国家轻工业部勘探，盐池地表、地下都储藏着大量的盐类矿体：硫酸钠储量为 5915 万吨，氯化钠储量为 1472 万吨，硫酸镁 987 万吨，并含有相当数量的溴、钙、碘、钾、硼、锂、铯、锶、镓等 10 多种稀有元素。[①]

第一节　盐池的演变

运城盐池与涑水河一样，都是新构造运动的产物，运城盐池的形成及演变

① 运城地区地方志编纂委员会：《运城地区志》，北京：海潮出版社，1999 年，第 437 页。

与其所在的盆地有着极为密切的关系。李有利和杨景春根据钻孔资料揭示了运城盐湖的形成规律[①]，盐湖的历史可以追溯到上新世，当时运城盆地已开始下陷，汇水形成湖泊，开始了运城古湖的历史。自上新世到中更新世，运城盆地中广泛发育湖相地层。在位于盆地南部靠近盐湖的虞乡钻孔中，上新统到上更新统均为一套湖相沉积。在董家庄钻孔中，下更新统主要为一套湖相沉积；中更新统下段主要为河流相沉积，中、上段以湖相地层为主。在切过运城盆地的横剖面图上可见，盆地北部的河流相地层向南变为湖相地层。现在盐湖区的几个深度在300米以上的钻孔都为一套连续的湖相沉积。这些沉积特征表明，自上新世以来，运城盆地一直有湖泊发育，虽然湖水有涨有落，湖面有大有小，但是并没有导致湖泊的完全消亡。早更新世湖泊面积较大，运城盆地的湖泊与侯马盆地的湖泊相连。中更新世早期，运城盆地的湖泊发生萎缩，在中更新世中期湖泊又发生扩张，在中更新世中晚期，湖泊的面积曾经相当大，运城古湖与侯马古湖通过隘口礼元一带的垭口沟通。中更新世晚期以来，运城古湖的面貌有了较大的变化，这一时期发生强烈构造运动，峨嵋台地垒抬升，造成沟通运城盆地和侯马盆地的汾河河道废弃，运城古湖退出汾河流域，古湖迅速发生萎缩，退缩于中条山山前地带。鸣条岗地的进一步隆起，使涑水河西迁，不能注入运城湖，减少了运城湖的湖水和沉积物的来源。由于沉积作用补偿不了构造的下沉作用，形成了一个封闭的汇水盆地。晚更新世气候变干，盐湖地区沉积了一套含盐地层。从隋唐以来，人类修建姚暹渠等水利工程，引盐湖东北地表水绕过盐湖北岸隆起向西注入黄河，减少了盐湖地表水的来源，加剧了湖水的浓缩和沉淀。直到今日，盐湖依然存在，只是面积在不断缩小，湖水位不断降低。总之，运城盐湖有很长的发育历史，是早更新世运城古湖的延续，是在特殊的构造和气候条件下上新世古湖的残余部分。

张灵生、李克让、张建国等通过地层分析[②]，从中更新世中期开始，闭流盆地内经历了两次大的含盐沉积旋回，各类盐类依其溶解度不同，按一定顺序沉积，依次是碳酸盐→硫酸盐→氯化物→下一个沉积旋回；每一旋回开始，都是

---

① 谢又予、李炳元：《从沉积相的分析探讨汾渭盆地新构造运动特征》，《地理集刊》10号，北京：科学出版社，1980年，第52—70页。李有利、杨景春：《运城盐湖沉积环境演化》，《地理研究》1994年第1期，第70—75页。

② 张灵生：《盐湖的开发与防洪》，李克让：《运城盐湖的形成与演变的历史探讨》，张建国等：《山西运城湖盆的形成与演变》，运城市水务局、运城市排水管理处编：《运城盐湖及市区防洪排水要略》，2009年，第3—28、93—109页。

沉积淤泥质亚黏土，过渡为晶质芒硝→含白钠镁矾晶芒硝→白钠镁矾→石盐。随着湖水的淡化又沉积含钙芒硝的淤泥质亚黏土。运城盐池液相矿体（卤水）的形成，主要是因为盐池地势低是区域浅层水的排泄中心，区域内蒸发量远远大于降水量，湖水的不断蒸发浓缩，逐渐形成了表层卤水资源。据水文地质资料提供，区域浅层水补给边界，东北以礼元→横岭关一带分水岭为界；西部以虞乡→麻村→三娄寺一线地下分水岭为界；南部以中条山为界；北部以峨嵋岭南侧断裂线为界，构成了一个面积约3550平方千米的补给径流区。

历史时期，战国时成书的《山海经》称盐池为“盐贩之泽”。《汉书·地理志》“安邑县”条下“盐池在西南，有铁官”。到了北魏郦道元《水经注》则云：“涑水又迳安邑城南，又西流注于盐池。今盐池东西七十里，南北十七里。”其后唐、宋、元、明、清各朝典籍对此均有记载。盐池即今运城市盐湖区之盐湖。历史时期盐池的具体演变过程，清嘉庆重修《大清一统志·解州·山川》有较详细记载：

> 盐池，在州东三里，安邑县西五里。《左传·成公六年》：“晋诸大夫曰，郇瑕氏之地，沃饶而近盐。”杜预注，猗氏县盐池是。《说文》：盐，盐池也。《汉书·地理志》安邑县，盐池在西南。《水经注》盐池，长五十一里，周一百一十四里，紫色澄渟，浑而不流，水出石盐，自然印成，朝取夕复，终无减损。惟水暴雨澍，甘潦轶则盐池用耗，故公私共堨水径，防其淫滥，故谓之盐水，亦为堨水也。山海经谓之盐贩之泽。《唐书·地理志》，解州有盐池，安邑县有盐池。大历十二年，生乳盐，赐名宝应庆灵池。《宋史·食货志》解州解县安邑两池，垦地为畦，引池水沃之，谓之种盐，水耗则盐成。安邑池每岁种盐千席，解池减二十席。《盐池图考》，今池东西长五十五里，周一百四十四里，深可数仞。宋分为东西两池，各置盐场二。明初并为东西二场，成化二十一年，增置中场，安邑南者为东池，安邑西南村者为中池，解州东三里者为西池，环池旧筑拦马墙，成化间又于墙外筑墙二千五百余堵。又盐主水以生，缘客水而败，南北二隅无患，东西则皆筑禁堰以防之。按明吕柟论，盐池之成，以大河北自蒲州折而东向转曲之间，渐渍汇此与衍今陕西花马池，亦近黄河折流之处，理或然也。故唐博士崔敖曰，盐池乃黄河阴潜之功，浸淫中条融为巨津，盖有所见矣。州志云，筑东禁以及黑龙，筑西禁以及硝池，治其标也。浚姚暹以导

苦池，浚涑水而归五姓，治其本也。严防障于东西近堰，而于姚暹涑水源流归宿之处，循故道而加浚焉，则客水不侵，主水无恙矣。

盐池是涑水河流域内面积最大的湖泊，最初并非是一个典型的闭流湖泊，而是历史时期人们为了产盐需要，采取一系列措施人为地将盐池四周影响产盐的河流和湖泊，全部隔离在盐池之外。据郦道元《水经注》记载的盐池，最初是有盐水流入盐池的，可证明这一点。本书在姚暹渠的地理复原研究中已有讨论。有意思的是，文献中出现记载盐池大小范围面积互异的情况（表 4-1）。

表 4-1　历代盐池的幅员变化

朝代	长	宽	周长	文献出处
汉代	51 里	7 里	116 里	许慎《说文解字》
魏晋	东西 64 里	南北 17 里		《文选·魏都赋》张载《注》
	70 里	7 里		《郡国志·注》引杨佺期《洛阳记》
北魏	东西 70 里	南北 17 里		《水经注》卷六《涑水》
唐代	东西 40 里	南北 7 里		《元和郡县图志》卷六《河南道二》
宋代			120 里	《梦溪笔谈》卷三《辩证》
明代	55 里	7 里	144 里	成化《山西通志》卷二《山川》
	55 里		144 里	《盐池图考》杨守敬按
	50 里	7 里	114 里	万历六年《盐池图》，《河东盐法备览》卷一《盐池门》
	50 余里	7 里		万历二十四年吴楷《南岸采盐图说》，《河东盐法备览》卷十二《艺文门》
清代	横 50 里	纵约 8 里		乾隆《解州安邑县志》卷二《山川》
	50 余里	阔 7 里	120 里	《河东盐法备览》卷一《盐池门》
民国				
20 世纪 80 年代	20—30 千米	3—5 千米		《山西省自然地图集》

对此，文献记载盐池大小范围互异现象，清末杨守敬同意段玉裁“岁代有变”的观点。最近，王长命的博士论文对径流汇入状态下北魏安邑盐池和径流消失状态下盐池的幅员进行了复原，指出：“郦道元提供盐池大小的数字，主要是集水面积，并不包括庵厦、盐田生产体系、水道等附属建筑。后世统计盐池幅员大小，已经是水域面积与湖岸面积之和了。”[①]

① 王长命：《北魏以降河东盐池时空演变研究》，复旦大学博士学位论文，2011 年，第 18—42 页。

第二节　盐池的堤堰防洪工程

运城盐池，地势低洼，池底海拔高程为318米，池南中条山海拔1200—1300米，池北运城市海拔360米，池东小鸭子池和汤里滩，海拔327.76—341.16米，池西北门滩、硝池滩，海拔331.96—333.36米，从地形上看盐池处于运城盆地的最低处，为整个涑水河流域众水的容泄区。在这种“四周高、中间低”的地理形势下，人类为了保证盐业的稳定生产必然要对盐池进行环境改造。明清时期的典籍中多次有洪水溃入盐池的记载，使盐业生产经常瘫痪并且淤积大量泥沙。数千年来人们为了捞取盐业资源，在盐池周围采取了一系列人工措施，有力地保证了盐业资源的正常开采利用。

河东盐池与水关系极为密切。河东盐池自盛唐之后生产食盐采用的是“垦畦浇晒法”，这种生产方式需要水但又怕水。河东盐池之水有主水和客水之别。主水，就是盐池内的咸水，是制盐的原料。客水是盐池外面的洪水。古人在认识盐池主、客水两者关系时，有“解盐籍主水以生，缘客水而败。主水乃池泉之渟滀，斥卤之膏液。客水乃山流之泛涨，渠渎之冲浸。世知是盐成于风日，不假煎沥，不知堤防少亏，决注已甚。洁者污，醇者漓，凝者纾矣，故治水即治盐也”[①]的说法。显然，对盐池的防护，最重要的任务就是治理客水，就是要千方百计的防止盐池外面的洪水侵入盐池，以免影响盐业生产。清代人对此指出：“防患之道，大约不外乎导水流而使之外泄，又障水决而防其内入。”[②]从中可以看出疏导和堤堵是两项重要的防护措施。

一、疏导外部客水的工程措施

疏导外部的客水，最重要的措施有两项，一是将涑水河进行多次人工挑浚改道使其远离盐池，一是开凿和不断疏导姚暹渠。涑水河6次比较重大改道的过程前一章已开展工作，人工改变地表径流的目的就在于将该流域流量最大的

① （明）汤沐：《渠堰志》，《河东盐政汇纂》卷3《诸堰》。又见乾隆《解州安邑县运城志》卷12《艺文》。

② 《河东盐法备览》卷4《渠堰门》。

河流远离盐池，防止涑河洪水侵入盐池，这一人工改造的过程经过了数千年的不断尝试和实践。

盐池原本是非闭流湖泊，其水源主要来自南部的中条山诸涧水和北部的峨嵋台地洪水。此河的流路，前文已绘制示意图（图 2-3）。所以说在永丰渠、姚暹渠未建成之前，今日的 700 平方千米闭流区可能都在湖区范围，是一个烟波浩渺的巨大湖泊。[①]姚暹渠介于涑水河与盐池之间，其开凿的目的与涑水河一样，是为疏导外部客水才出现的。北魏正始二年，都水校尉元清主持开凿的永丰渠，东起夏县王峪口，汇白沙河后入安邑城北，接苦池水，西入五姓湖，最后与涑水河汇合注入黄河，全长 65 千米，它对排泄中条山北麓的洪水，即避免盐池“客水漫入，味淡而苦”发挥着重要作用。北周北齐时期，渠道湮废。隋大业年间（605—617），都水监姚暹在永丰渠基础上重新浚修，加高土堰，以泄山洪、阻客水，保护盐池。这便是至今仍为盐池防洪体系主干的“姚暹渠”。

在传统社会，姚暹渠的功能主要有三点：“一泄客水入黄河，不至浸灭盐池；二沿路民堰皆有水眼，可以灌田；三倘水大能浮舟，可复昔时行舟运盐之旧。”[②]姚暹渠将导洪、护池、灌溉与航运多项功能融为一体，这在古代水利工程中不多见，这恐怕也是渠名能遗留至今的原因。姚暹渠自修建运行后，防洪与经济效益非常明显，“公私果利”[③]，此后的历代统治者与盐商对其浚修非常重视（表 4-2），“姚暹渠虽非巨渎，然其利害与蒲解者，所系实大”[④]。清代该渠的岁修已成制度，规定南堰商修，北堰民修。由于该渠的不断清淤加固，大大减缓了洪水对盐池的威胁。

表 4-2　历代浚治姚暹渠的主要活动

朝代	年代	事项
北魏	正始二年（505）	都水校尉元清开凿
隋代	大业间	都水监姚暹重开，民赖其利
唐代	贞观年间（627—649）	并州刺史薛万彻重加疏浚
	开元中	天水姜师度奉诏凿巫咸河，以灌盐田
宋代	天圣四年（1026）	王博文奉诏开治解州安邑县至白家场永丰渠

① 李乾太等：《论盐池与伍姓湖的兴废及其关系》，《运城盐湖及市区防洪排水要略》，第 110—117 页，内部资料。

② 民国《解县志》卷 1《沟洫略》。

③ （宋）李焘：《续资治通鉴长编》卷 104，闰五月己酉，北京：中华书局，1985 年，第 2408 页。

④ （清）乔光烈：《开涑水姚暹渠议》，光绪《解州志》卷 16《艺文》。

续表

朝代	年代	事项
明代	嘉靖元年（1522）	御史朱实昌浚修姚暹渠，有《浚姚暹渠记》
	隆庆年间（1567—1572）	御史郜永春曾对姚暹渠进行改道、浚修
清代	顺治十二年（1655）	侍御朱公绂、守道薛陈伟、运长冀如锡、中司徐化龙等重修
	乾隆十年（1745）	渠身淤淀，商捐浚治
	乾隆十九年（1754）	渠又壅滞，知州韩榈力请捐治
	乾隆二十六年（1761）	渠水涨发，商捐银四万余两浚治，即令商人分办。北堰原系傍堰地主，修筑民力难支，甚属单薄。知州言如泗请动公项，增培与南堰并峙

注：根据相关方志整理

二、堤堵客水入池工程措施一：堤堰防护工程

在防止流域主要大河洪水侵入盐池所采取的人工改变河道流向的同时，历代统治者又在盐池周围采取了另一项工程措施，即修筑了大量的堤堵护池堤堰，防止各路客水进入盐池。正所谓“池之大患，全在客水，故环池远近，各因地势筑堰以防之”①。

运城最早的护池堤堰究竟始于何时，无从考究。传说远在尧舜时代河东已开始采集天然结晶盐。北魏之前，河东盐池因无工程控制，经常遭受来自中条山洪水的侵袭。魏晋之后的南北朝，由于当时当地社会与经济发展的需要，出现了盐池防洪工程。张荷将它与蒲州筑石堤护城一起，看作是山西历史上早期的防洪工程。②北魏郦道元《水经注》记载河东盐池，“今池水东西七十里，南北十七里，紫色澄渟，潭而不流。水出石盐，自然印成，朝取夕复，终无减损，惟山水暴至，雨澍潢潦奔轶，则盐池用耗。故公私共堨水径，防其淫滥，谓之盐水，亦谓之为堨水”。这里提到了就是河东盐池早期的防洪工程，当时为保护盐池的安全，必须在盐池周围作堰，截断洪水进入盐池的来路。

唐宋以来继续修筑护盐堤堰工程。唐代建中二年（781）张濯撰的《宝应灵庆池神庙记》中载有“乃征畚锸，集役徒，修堤防，导溪涧”③，可见当时曾在

① 康熙《重修河东运司志》卷1《图考》。

② 张荷：《晋水春秋——山西水利史述略》，北京：中国水利水电出版社，2009年，第7页。

③（唐）张濯：《宝应灵庆池神庙记》，碑文见光绪《山西通志》卷91《金石记四》。又可见《全唐文》卷446。

盐池四周进行过筑堤修堰活动。北宋元祐年间，解令兼盐池事李绰督修了李绰堰。元符（1098—1100）、崇宁（1102—1106）年间，观察使王仲先在盐池东、南、西 3 面修筑了白沙堰、七郎堰等 11 条堤堰。

明清时期，运城盐池的护池堤堰又进一步发展。明成化十年（1474），巡盐御史王臣征调大批民工费时一年修筑禁垣一周，共二千五百余堵，计长一万七千四百二十二丈。墙外修八尺宽的马道，再外挖深、宽各一丈的隍堑，堑外有堰。另外，东禁堰、西禁堰也大约建于这一时期。

顺治十三年（1656）的彩绘扇面《河东盐池总图》，图中有护池堤堰 18 条，东有白沙堰、李绰大堰、李绰小堰、雷鸣堰、白家堰、东禁堰、黑龙堰 7 条；南有桑园堰、常平堰、龙王堰、短堰、贺家堰、赵家湾堰、长堤堰 7 条；西有硝池堰、七郎堰、卓刀堰、长乐堰 4 条。

康熙十一年（1672）的《重修河东运司志》卷一《渠堰》，记载盐池的护池堤堰 28 条，池东有白沙堰、李绰堰、黑龙堰、壁水堰、东禁堰，且“李绰堰，南自王官谷起，由东转折而北，至苦池滩止，共五堰。现存其三，而四堰、五堰皆废”，共 7 条；池南有大李村堰、小李村堰、西姚东堰、西姚南堰、西姚西堰、蚕房堰、常平堰、龙王堰、金盆堰、桑园堰、渠村堰、赵家湾堰，共 12 条；池西有硝池堰、黄牛堰、底张堰、七郎堰、永安堰、卓刀堰、长安堰、五龙谷堰、西禁堰，共 9 条。

康熙二十九年（1690）的《河东盐政汇纂》卷三《诸堰》则记载：“护池之堰五十。远近稀密不一，其程高低阔狭不一，其制斜正曲直不一，其形道里尺丈不一，其数率皆因势建设，以防堨水之败盐。而其最要者，则唯二十有二。”池东有白沙堰、李绰堰、雷鸣堰、黑龙堰、申家堰、逼水月堰、东禁堰，共 7 条。池南有贺家湾、桑园堰、龙王堰、短堰、常平堰、赵家湾堰，共 6 条；池西有西禁堰、卓刀堰、七郎堰、黄平堰、硝池堰、长乐堰、五龙堰、青龙堰、虾蟆堰，共 9 条。

乾隆二十八年（1763）的《解州安邑县运城志》卷首《盐池全境图》，绘有护池堤堰 22 条，池东有李绰堰、雷鸣堰、月堰、黑龙堰、申家堰、小堰、壁水堰、东禁堰 8 条；池南有李村堰、常平堰、龙王堰、短堰、贺家湾堰 5 条；池西有五龙堰、底张堰、青龙堰、硝池堰、永安堰、七郎堰、卓刀堰、黄牛堰、长乐堰 9 条。该书卷二《盐池》同样记载有 22 条堤堰，与《河东盐政汇纂》卷三《诸堰》所记载的“最要者”一样（表 4-3）。

表 4-3　盐池周边的骨干堤堰

方位	堤堰	数量
东面	李绰堰在夏县南，起王峪口，由东转折而北至苦池滩止。所以排东南条山诸谷暴涨之水并白沙堰溃决之水，俾由苦池入渠	7
	黑龙堰在安邑县东南，自东郭北抵任村	
	雷鸣堰在安邑东郭镇东南，东西横亘	
	白沙堰，在夏县南关外，上接瑶台，下抵苦池，计长二十八里零	
	申家堰在任村东	
	逼水月堰在禁堰东，黑龙堰西	
	东禁堰在东禁墙下，长一千六百二十丈，阔二丈五尺，与逼水月堰相邻	
西面	五龙堰在解州南门外，起五龙峪左，北抵崇宁宫右	9
	硝池堰在解州西门外，为池西扼塞	
	黄平堰在硝池堰下游，土名黄堰，与永安堰相表里	
	卓刀堰在解州北滩，南起州城东北，北抵高坡	
	长乐堰在解州东北，防硝池泛滥，涌入北滩，为盐池患	
	青龙堰、虾蟆堰在底张堰西	
	西禁堰为垣西宿卫	
南面	赵家湾堰在解州东北	6
	贺家湾堰在解州扆郑庄	
	短堰在解州董家庄西	
	龙王堰在解州蚕房村西	
	常平堰在解州常平村西	
	桑园堰在解州曲村西	

资料来源：乾隆《解州安邑县运城志》卷二《盐池》

乾隆二十八年的《解州安邑县志》卷二《山川・渠堰附》，记载了盐池的护池堤堰20条。分别是：黑龙堰、壁水堰、东禁堰、雷鸣堰、常家月堰、虾蟆堰、小李村堰、大李村堰、西姚村东南堰、新堰、沈家堰、申家堰、白家堰、匙尾堰、备水月堰、河北小月堰、河南小月堰、小堰、七里堰、涑水堤。

雍正五年（1727）的《勒修河东盐法志》卷二《渠堰》，对盐池护池堤堰的记载为："护池各堰，……其名二十有二：曰白沙堰、曰李绰堰、曰雷鸣堰、曰黑龙堰、曰申家堰、曰逼水月堰、曰东禁堰，此在池东者也；曰贺家湾堰、曰桑园堰、曰龙王堰、曰短堰、曰常平堰、曰赵家湾堰，此在池南者也；曰西禁堰、曰卓刀堰、曰七郎堰、曰黄平堰、曰硝池堰、曰长乐堰、曰五龙堰、曰青龙堰、曰虾蟆堰，此在池西者也；池北之保障，则有姚暹渠。"该卷中还记述了当时由十三州县民工分修、独修的环池 49 条堤堰工程尺丈数目（表 4-4），这是对盐池护池堤堰记载最为详尽的一份宝贵资料，很有参考价值。

表 4-4　解、蒲等十三州县分修、独修的堤堰

序号	堰名	长度（丈）	序号	堰名	长度（丈）	序号	堰名	长度（丈）
1	五龙堰	820	18	白家堰	60	35	苦池滩河北小月堰	720
2	卓刀堰	580	19	新堰	75	36	杨家庄堰	181
3	赵家湾堰	750	20	张村朱里堰	200	37	汤里堰	110
4	七郎堰	435	21	西姚西南堰	90	38	李绰堰	2700
5	黄平堰	336	22	西姚东南堰	85	39	杨公堰	720
6	长乐堰	396	23	西姚东北常家月堰	100	40	白沙堰	3600
7	硝池堰	924	24	虾蟆堰	4	41	横洛渠堰	3600
8	凤尾堰	210	25	小李村西南堰	170	42	莲花堰	540
9	涑水河堰	850	26	小李村东南堰	52	43	莲花二堰	360
10	桑园堰	600	27	匙尾堰(安邑)	74	44	中花堰	180
11	常平堰	380	28	蚩尤村堰	30	45	匙尾堰（夏县）	360
12	龙王堰	333	29	备水月堰	51	46	轩辕堰	360
13	短堰	150	30	东禁堰	1500	47	轩辕二堰	360
14	贺家湾堰	350	31	申家堰	80	48	苦池滩堰	900
15	黑龙堰	1260	32	沈家堰	75	49	通稷堰	3600
16	雷鸣堰	12	33	苦池滩备水月堰	40			
17	小月堰	1260	34	苦池滩河南小月堰	540			

资料来源：《勒修河东盐法志》卷二《渠堰》，《河东盐政汇纂》卷三《诸堰》

乾隆五十四年（1789）的《河东盐法备览》卷四《渠堰门》，对盐池护池堤堰的记载为："河东护池各堰，雍正十三年奏明，大小环列二十二处，迨时移势改，续有增豁。今所载东、西、南三面，共堰一十七处。随地异宜，因势利导，皆岁修之要工。"该卷中还附有旧制近池各堰名目丈尺，共计 33 条堤堰。其中在夏县者 9 条，在安邑县 18 条，在解州者 6 条。但这些堤堰全部包括在《勒修河东盐法志》所列十三州县分修、独修的 49 条堤堰内。

光绪七年（1881）的《增修河东盐法备览》卷首《盐池图》，所绘盐池护池堤堰更为简略，池东有李绰堰、李绰小堰、雷鸣堰、白家堰、东禁堰，池南有赵家湾堰、贺家堰、短堰、龙王堰、常平堰、桑园堰，池西有五龙堰、五龙小堰、七郎堰、卓刀堰，共计15条，而且全为已知的老堰。该书卷二《渠堰门》则记载，池东有白沙、李绰、雷鸣、白家、黑龙、东禁，共六堰，另加迎水燕尾堰。池西有五龙、硝池、七郎、卓刀、长乐五堰，五龙内又有小堰。

官方行为的在盐池周围修筑的护池堤堰，至少唐宋时期就开始修筑，以后各朝代陆续增筑。根据前引文献统计，堤堰数目有六七种之多。环绕运城盐池一周的护池堤堰，有没有一个具体的数目？因彩绘扇面《河东盐池总图》中绘录有72堰名称，故形成河东盐池“七十二堰”之说。潘曼成和张钦桂曾查阅多种资料，经核对和考证，在《勒修河东盐法志》所载的49堰基础上，只找出李绰小堰、长堤堰、五龙小堰、七里堰、月堰、小堰、永安堰、底张堰、青龙堰、西禁堰、白沙小堰（即白沙二堰）等11条堰，共计60条堤堰。他们认为盐池“七十二堰”之说，仅是号称，并非确数。[①]

在众多的堤堰中，有22条护池堤堰最为重要，前引《河东盐政汇纂》《解州安邑县运城志》《勒修河东盐法志》等文献中都有记载（表4-3），是护卫运城盐池堤堰中的骨干，今天这些堤堰仍有踪迹可考。这22条护池堤堰中，各堰又有主次内外之别。“李绰为东南之半壁，五龙乃西鄙之长城。”[②]李绰堰和五龙堰在中条山下，一个在盐池东南、一个在盐池西南，守卫着盐池，防止中条山洪水侵入。另外，在姚暹渠南面，盐池北边，堰称姚暹渠堰，防止池北客水侵入盐池，既护渠又护盐池。

护池堤堰的修筑，对防止客水侵入盐池起到了很大的作用。为了保障这些堤堰的功效，盐务官员要经常带领民夫对重要的堤堰进行维修，而一旦被破坏，后果则不堪设想。如宋元符二年（1099）闰九月十一日，右司郎中徐彦孚言：“去年盐池被水，盖因涑水河、姚暹渠、樊家堰、小池等处人户盗决南岸，使水入池。缘涑水河、姚暹渠两处堤岸并更有小樊家堰，自来止委逐县尉管认巡视，缘盐池周围阔远，今欲乞更添兵士一百人，小使臣一员，令分视堤岸。”[③]后官府采取了增加巡视士兵的方案，从而保证了盐池产盐的安全。乾隆二十二年（1757）七八月间，秋雨大作，洪水泛滥成灾，盐池西边底张村村民任曰用、曹文山等为了村庄的安全偷挖开硝池堰泄洪，七郎、卓刀等堰冲决，并冲开盐池西禁墙五十余丈，淹没黑河，使盐花不能再生。次年盐政西宁查勘盐场，积水

① 潘曼成、张钦桂：《河东盐池“七十二堰”》，《运城盐湖及市区防洪排水要略》，第169—177页。

② 《河东盐政汇纂》卷3《诸堰》。

③ （清）徐松辑：《宋会要辑稿：食货二四之三二》，北京：中华书局，1957年，第5210页。

仍有三或五尺，造成盐池盐业生产十多年后才恢复到正常产盐年份的水平。后来，任、曹等被官府处决，当地村民称之为好汉而立碑纪念他们，至今在硝池堰下还矗立有“好汉碑”[①]。

三、堤堵客水入池工程措施二：护宝长堤和禁墙

禁墙，又称禁垣，是指环绕盐池一周修筑的防护建筑物。禁墙和墙内的护宝长堤，是盐池防护系统中的最后一道屏障，历代统治者都非常重视禁墙的修筑。早在唐代，在盐池南岸修筑了“壕篱”，宋代在此基础上扩充修建为“拦马短墙”，有效地保护盐池。

禁墙内的护宝长堤。唐德宗贞元十三年（797），河东两池榷盐使协同当地官府组织人马临池建造“护宝长堤”[②]，用素土版筑而成，位于盐池南岸，全长45里。并且，历年调用民夫进行修护，使之在相当长的时期内成为池南抵御中条山诸峪水、山水侵池的重要防汛设施。此外，李三谋还充分肯定司马舆在解池周围开挖壕沟的意义。此事发生在唐宣宗时期，盐官司空舆主持在解池周围开挖壕沟[③]，具有双重意义，其作用防止民间偷盗食盐之外（属于盐禁范畴），也有蓄纳客水，保护盐池的作用。它是贴近盐场的最后防线。[④]

至宋代设“拦马短墙”。今天在盐池禁墙内南部，还有一条宋代修建的横亘东西的护宝长堤，是盐池南岸防堵客水的最后一道堤堰，在历史上也曾发挥过重要的防水作用。环绕盐池一周的禁墙，也同样起着防堵客水的作用。据现在测量，护宝长堤长24.5千米，高4米，顶宽3米，由于长堤距池南各村较远，又位于禁墙之内，且为池内土地耕耘者之交通要道，故相对而言，保存较为完整。唯有东、西两端较差，长堤东段盐化五厂于1972年基建时，被挖去一段，长约400余米，长堤西段因修解杨公路和耕作影响也被损坏1000余米。[⑤]护宝长堤为池南禁墙内第二道防线。

明成化十年巡盐御史王臣认为东、西二场设二门出入，不利巡查，于是塞

---

① 《好汉碑》，见张学会主编：《河东水利碑刻》，第53页。

② （清）蒋兆奎《河东盐法备览》卷4《渠堰门》。

③ （宋）欧阳修、宋祁等：《新唐书》卷54《食货四》。

④ 李三谋、贾文忠：《隋唐时期的解盐生产及其管理方式》，《盐业史研究》2006年第4期，第13—21页。

⑤ 米海惠、潘曼成：《盐池南岸古防洪设施调查》，《运城盐湖及市区防洪排水要略》，第193—199页，内部资料。

东、西二门。另于盐池北开辟中门，以作盐池总出入之门。又于拦马墙之外，“筑禁垣一周，共垣二千五百余堵，计长一万七千四百二十二丈，高低酌地势，南北垣高丈有三尺，基厚如之。渐杀而上，上厚八尺有奇。东西垣高一丈，基厚八尺，上厚六尺有奇”“禁垣之外有马道，以便往来。马道之外有隍堑，以蓄野水，深阔皆丈。垣内外又置铺舍，以居逻卒”。成化二十一年（1485）巡盐御史吴珍请示朝廷，重新开辟东、西二门，与中门共称禁门。中禁门与运城相对，称为祐宝门；东禁门距安邑五里，称为育宝门；西禁门距解州十里，称为成宝门。

正德十二年（1517）巡盐御史熊兰大修禁垣，齐其高厚。征调民夫三万余人，费时半年，将禁墙加固增厚至一丈五尺，加高至二丈余，隍堑也挖深加阔为一丈五尺。嘉靖十五年（1536）淫雨水涨，倾毁禁垣五百八十余丈，巡盐御史沈铎重修完好。万历四十年（1612）巡盐御史杨师召各州县集议，将禁垣渠堰丈量分工，立石表界刊册永遂。

清顺治五年（1648）按州县大小分工，用四千民工专任修垣，其分如下[①]：

盐池北中禁门东起（顺时针绕）

闻喜县工程 1190 丈至安邑县工止

安邑县工程 1619 丈至夏县工止

夏县工程 485 丈至蒲州工止

蒲州工程 201.2 丈至荣河工止

荣河县工程 27.5 丈至河津县工止

河津县工程 9.3 丈至万泉县工止

万泉县工程 116 丈至猗氏县工止

猗氏县工程 292 丈至闻喜县工止

闻喜县工程 251 丈至夏县工止

夏县工程 246.7 丈至安邑县工止

安邑县工程 2574 丈至太平县工止

以下盐池南面

太平县工程 27.3 丈至平陆县工止

平陆县工程 189.7 丈至芮城县工止

芮城县工程 747 丈至解州县工止

① 《河东盐政汇纂》卷 4《禁垣》。

解州工程414丈至临晋县工止
临晋县工程1780.5丈至蒲州工止
蒲州工程1924丈至荣河县工止
以下盐池西面
荣河县工程48丈至平陆县工止
平陆县工程34.3丈至芮城县工止
芮城县工程216.5丈至临晋县工止
临晋县工程1663丈至河津县工止
以下盐池北面
河津县工程80丈至解州工止
解州工程814丈至猗氏县工止
猗氏县工程1713丈至万泉县工止
万泉县工程758丈至中禁门西止

据今测绘盐池禁墙周长为58.073千米，墙内面积为92平方千米，合13万8000亩。禁墙东西长24千米，南北最大5千米，最小3千米，平均4千米。[①]禁墙的作用，柴继光总结了三点：①防止了盗盐走私，保护了税收，扩大了财税收入；②对防止客水犯池，保护盐池正常生产，起到了积极作用；③有利于统治者对盐工的控制。[②]本书认为作为盐池防洪的最后一道屏障，可能第二点才是修筑禁墙所起到的最主要作用。如北宋元符元年（1099）当时盐池没有禁墙，水坏盐池堤堰，使得行销潞盐的西安、洛阳、开封等地改食河北长芦盐。禁墙筑成后，有效地抵御了洪水的威胁。

四、设置蓄滞洪滩区

蓄滞洪滩区也是运城盐池防治客水的有效措施之一，指的是利用盐池周围自然地势低洼处，建立护池滩地，遇大雨连绵，洪水骤发时，将水引入滩池，用来减轻洪水对盐池的威胁。《河东盐法志》中记载：“滩地而以护池，名则地，为盐池设也；重盐池不得不重滩地。”[③]

① 姚昆中：《盐池的禁墙与渠堰》，《运城盐湖及市区防洪排水要略》，第157—162页，内部资料。
② 柴继光：《禁墙之兴衰——运城盐池研究之六》，《运城学院学报》1985年第2期，第53—57页。
③ 《河东盐法志》卷2《护池滩地》。

在盐池周围分布有诸多护池滩区，东部有小鸭子池、汤里滩；西部有硝池滩、北门滩。这四个滩地蓄水面积达30.92平方千米。明嘉靖三十五年（1556）、万历七年（1579）先后批准运使方启参，临监房寰查奏议，将湖东、西两侧四大滩池收归国有。[①]

清代，盐池周围有护池滩地“共一万两千三百四十亩八分六釐八毫”[②]，主要有：盐池西部的城（解州）北滩、城东滩、东膏腴滩、西膏腴滩、西辛庄滩、洗马滩、卫诸滩、三娄滩、罗义滩、小张坞滩；盐池东部有东郭村滩、张良村滩、苦池滩、任村滩、汤里滩；盐池北部有长乐滩。“长乐滩，在盐池北七里许，周围二十余里，北受姚暹渠水，西南直冲诸堰，为盐池患，设有长乐堰以障之。”[③]“城北滩，在解州城北，受女盐池之水，地势西高东下，水溢为盐池患，故东筑七郎堰以障之。”[④]蓄滞洪滩地与堤堰结合共同防护盐池。

王志谦认为的历史上“经微”护池滩地有：东郭滩（即汤里滩），后介村滩（即东禁滩）、蚩尤滩（即小鸭子池），张良至苦池滩（即苦池水库库区），城北滩（即解州北门滩），女池（即硝池），长东滩、东西膏腴滩、西辛庄滩、洗马滩、南扶滩、御诸滩、三娄滩、罗义滩、小张坞滩、卓头滩、沙窝滩、前介村滩（又名东留滩）、下段村滩、小李村滩、李庄滩、北路村滩、猗氏县的祁任村滩、临晋县的南村滩、夏县的付村滩等，均属滩地。[⑤]这一范围远超局限在盐池周围的蓄滞洪滩区的传统观点。

在盐池周围，主要的蓄滞洪滩区：池东的小鸭子池、汤里滩；池西的硝池、北门滩；姚暹渠北的杨包、张坞、长乐、苦池等7处滩区。其中，小鸭子池、汤里滩是从盐池分离出来的蓄洪滩区，硝池、北门滩是古代大湖“女盐池”的残留遗迹，为盐池闭流区的蓄洪滩区。姚暹渠北的7个滩区为汛期涑水河、姚暹渠的分洪调洪区，是盐池的非常性工程。五姓湖同样具有滞洪、缓洪作用。滩地的作用主要是保护盐池，“滩以护池，重盐不重籽粒”[⑥]。滩地平时没水时，可以租给附近的村民耕种，因为收成没有保证，租金往往较低。这些滩地都是自然形成的低洼地。

总之，古人在管理河东盐池时，经过数千年的不断尝试和实践，最终形成

① 李希堂、李竹林：《初论解池的防洪设施》，《运城盐湖及市区防洪排水要略》，第185—192页，内部资料。
② 康熙《重修河东运司志》卷1《盐池》。
③ 《河东盐法备览》卷4《渠堰门》。
④ 《河东盐法备览》卷4《渠堰门》。
⑤ 王志谦：《河东盐池的防洪工程与洪水调度》，《运城盐湖及市区防洪排水要略》，第262—271页，内部资料。
⑥ 《河东盐法备览》卷4《渠堰门》。

了盐池“池外有堤、堤外有堰，堰外有滩、滩外有堰、堰外又有滩”的多层次的拦洪与排水相结合的防洪工程体系。在多种工程措施中，疏导是治理盐池客水为患的最根本的措施。《读史方舆纪要》引《盐池图说》云：“故筑东禁以及黑龙，筑西禁以及硝池，治其标者也。浚姚暹以导苦池，浚涑水并归五姓湖，治其本者也。缓于南北而急于东西，先于根本而后于标末，则客水不浸，而主水无恙矣。”[①]护池堤堰、池南的护宝长堤与池北的姚暹渠堤，环绕池湖周围，构成盐池防洪的最后一道屏障与防线。

新中国成立后，人民政府为了发展盐业生产，在盐池及涑水河流域进行了三期治理工程。第一期1957年至1960年，在姚暹渠流域兴建了苦池、中留两座中型水库和六座小型水库，三处调洪区，一座泄洪控制闸。在涑水河上兴建了吕庄、上马两座中型水库和一座小型水库。第二期1963年在盐池东西兴建了两排水站，排汤里滩、北门滩和硝池的水入姚暹渠后注入黄河。同时，加固了黑龙堰和硝池堰。第三期1968年至1977年在涑水河上兴建了九座小型水库，其中控制能力较大的有五座。这样，采用堵、蓄、排结合的原则，基本上控制了涑水河流域的洪水，初步形成了盐池防洪体系。[②]

第三节　人为改造盐池的环境基础

运城盐池堤堰防洪体系的形成，是人类逐步适应和不断调控涑水河流域自然与人文环境的产物。

一、与盐池制盐技术有关

运城盐池，由非闭流湖泊转变为闭流湖泊，以及隋唐以来类型多样的护盐堤堵工程措施的建设，是与盐池的产盐方式密切相关。运城盐池的制盐技术，是随着时代的变迁有一个不断变化过程。对此，总体上的研究有柴继光、张正

① （清）顾祖禹撰，贺次君、施和金点校：《读史方舆纪要》卷39《山西一・封域・山川险要》，北京：中华书局，2005年，第1796页。

② 安孝廉：《盐池防洪体系的形成与管理》，《运城盐湖及市区防洪排水要略》，第163—168页，内部资料。

明、张朋等[①]，李三谋、丁宏、张国旺等[②]则对隋唐、元、明清时期的盐池制盐技术进行了探讨。根据已有的研究，河东盐池制盐技术大致经历了天然晾晒法时期、向人工晒盐过渡期、人工晒盐法时期，产盐方式的变化对盐池周边防洪设施的要求也不尽相同。

（1）天然晾晒法阶段。指从远古运城盐池有捞采盐业资源开始到魏晋南北朝后期，主要靠“天日成盐，无需人力”。

运城盐池是一个古老的食盐产地，远在上古的尧、舜时代，先民就已经取食解池之盐了。[③]但在此后漫长的数千年中（北魏之前），人们对盐池食盐的获取，一直是“自然捞采”，因不用人力加工，卤水中的硫酸钠和硫酸镁等不宜食用的杂质未能剔除，使其在食盐中保留着一种苦涩的味道。这就是河东池盐称之“苦盐”的由来。

此阶段盐池周围可能出现些护池防洪设施，但对产盐影响不大。换句话说，此阶段盐池周围的地理环境基本上处于天然状态，盐池处于有径流汇入阶段，盐水和谢鸿喜研究认为的沙渠水等河流流入盐池，也不会影响到人类对盐池食盐的开采量。[④]

（2）向人工晒盐过渡期。指从天然晾晒法的魏晋南北朝后期至唐代出现“垦畦浇晒法”之前，张朋概括为“垦畦浇晒法的孕育”。此阶段河东盐池的主要生产形式仍然是“天然结晶，集工捞采”[⑤]，但在盐池的西池出现了“垦畦沃水种之”的制盐新技术的雏形。

现存有关运城盐池制盐技术最早的文献记载是北魏郦道元的《水经注》，该书记载河东盐池“水出石盐，自然印成，朝取夕复，终无减损”。这表明魏晋南北朝后期运城盐池的制盐方法仍是依靠自然结晶，集工捞采，无须人工晒制。

---

① 柴继光：《潞盐生产方式的演进——运城盐池研究之七》，《运城学院学报》1985年第3期，第56—61页；柴继光：《运城盐池研究》，太原：山西人民出版社，1991年；张正明：《古代河东盐池天日晒盐法的形成及发展》，《盐业史研究》第1辑，1986年，第117—122页；张朋：《垦畦浇晒法与河东盐池——生产技术视角下的河东盐业相关研究》，《山西大学学报（哲学社会科学版）》2009年第1期，第98—103页。

② 李三谋、贾文忠：《隋唐时期的解盐生产及其管理方式》，《盐业史研究》2006年第4期，第13—21页；李三谋：《清代解盐制造系统及其技术探略》，《四川理工学院学报（社会科学版）》2006年第3期，第7—9页；张国旺：《蒙元时期解盐研究》，《盐业史研究》2006年第1期，第16—23页；丁宏：《STS视阈下的唐代河东“垦畦浇晒”制盐技术》，山西大学硕士学位论文，2008年。

③ 卫斯：《河东盐池开发时代考》，《中国社会经济史研究》1983年第4期，第129—131页。

④ 对于沙渠水流入盐池一说，参见谢鸿喜：《论沙渠河改道》，《运城盐湖及市区防洪排水要略》，第67—74页，内部资料。

⑤ 孙培霞：《运城盐湖卤水组成变迁史》，《盐湖研究》2000年第3期，第73—75页。

尽管“自然印成”，但需官府组织大量劳力“人工捞取”，尤其是生盐过程中一旦遭遇雨涝，则损失严重。“惟山水暴至，雨澍潢潦奔泆，则盐池用耗。故公私共堨水径，防其淫滥，谓之盐水，亦谓之为堨水。”[①]这是天然晾晒法阶段运城盐池生产技术和生产情况的情况。同时，人们已开始人工晒制食盐（称治畦浇晒或垦畦浇晒）的尝试，《水经注》记载：“池西又一池，谓之女盐泽，东西二十五里，南北二十里，在猗氏故城南。……土人乡俗，引水沃麻，分灌川野，畦水耗竭，土自成盐，即所谓咸鹾也。而味苦，号曰盐田。盐盬之名，始资是矣。”[②]此段是引东汉学者服虔的话，文献中提及的“女盐泽”指的是运城盐池中的西池，产量小，天然条件较差，因此成盐味苦。张朋充分肯定这一人工晒制食盐技术变化的意义，“为了降低盐中苦味，在东汉时期，人们已经开始进行提高食盐成分的尝试。当时，河东盐池已经有了晒盐的畦地，在畦地旁开沟，将含盐分较高的卤水引入特制的畦地，配入淡水，待水分蒸发，结晶成盐，完成晒制。尽管程序和工艺都很简单，成效也不稳定，未能在河东推广，但对于河东盐池的生产技术来说，却具有历史意义的进步”[③]。

此阶段仍然以天然晾晒为主，但在盐池之西的女盐泽开始尝试畦种配淡水产盐。人类对食盐的需求量增加，盐池周围开始出现用于防洪的人工措施，如《水经注》中提到的“公私堤堰”和永丰渠。北魏正始二年都水校尉元清开凿的永丰渠，其目的就是疏引东南诸水西入黄河，使盐池免遭浸淹。

（3）人工晒盐法阶段，即“垦畦浇晒法”阶段。运城盐池天然晒盐的方式一直沿用到唐代，这当中人们试图改变产量完全倚赖天气旱涝的努力始终在进行。“土俗裂水沃麻，分灌川野，畦水耗竭，土自成盐”的最初尝试，终于在盛唐开元年间发展为比较成熟的“垦畦浇晒法”。“该法即垦地为畦，将卤水灌入畦内，再配以淡水，利用日光、风力蒸发成盐，改变了过去单纯依靠天然漫生的原始生产方法。”[④]这是一个重大的技术进步，既有利于提高质量，又使产量保持稳定，标志着运城盐池进入了人工制盐的历史阶段。

“治畦浇晒”法经过了长期的试行和不断的演进，到盛唐时期，已经基本成

---

① （北魏）郦道元著、（清）王先谦校：《合校水经注》，北京：中华书局，2009年，第109页。

② （北魏）郦道元著、（清）王先谦校：《合校水经注》，北京：中华书局，2009年，第110页。

③ 张朋：《垦畦浇晒法与河东盐池——生产技术视角下的河东盐业相关研究》，《山西大学学报（哲学社会科学版）》2009年第1期，第98—103页。柴继光、李三谋、丁宏等对这一制盐技术的进步，同样给予了充分的肯定。

④ 张朋：《垦畦浇晒法与河东盐池——生产技术视角下的河东盐业相关研究》，《山西大学学报（哲学社会科学版）》2009年第1期，第98—103页。

熟。运城盐池的人工制盐基本上纳入了正常的轨道——晒制内容开始成了盐场劳动的重要程序。李三谋利用柳宗元《晋问》、崔敖《盐池灵庆碑》和张守节《史记正义》中对“垦畦浇晒”的表述，指出该工艺在盛唐时期已成型定格，其重大意义在于：第一，垦地为畦，置畦种盐，人工晒制的工艺活动有了一定的规格、制式；第二，在晒卤过程中，人们已经开始懂得了用淡水掺兑卤水，即所谓“咸淡得均”；第三，在制盐活动中，盐民已经懂得了用人工调配的方式，以控制卤水的厚度（1尺[①]深），从而加快产盐过程（在食盐析出季节，每一成盐的周期为5—6天）；第四，解盐的质量有了显著的提高，颗大、粒白。[②]丁宏则根据唐代张守节《史记正义》的记载，将“垦畦浇晒”制盐技术的生产过程主要可以分为三步，即治畦、引水养卤和晒制成盐，并有详细的分析。[③]

唐开元年间一直到宋代，主要是以垦畦浇晒法产盐，这种方法的产生是运城制盐业的巨大进步，标志着运城盐池进入人工制盐的阶段。对此，丁宏从垦畦浇晒法产生的条件、如何实施、意义等方面进行分析，并认为“‘垦畦营种’法的制盐技术在制盐史上具有里程碑式的意义。其发明可以同蒸汽机在机械史上的发明相媲美”[④]。

“垦畦浇晒”法在盛唐时期的成熟，是人类对运城盐池的利用由被动转变为主动生产食盐的新阶段。这一制盐技术的进步，也使得人类对盐池生产环境的要求提高，为防止客水浸入盐池采取了疏导和堵御两种措施。本章第二节已有详细论述，隋大业年间都水监姚暹主持重开的姚暹渠，唐开元年间姜师度奉诏疏凿对的“无咸河”等疏导行为，唐贞元十三年（797）修造的护宝长堤等堵御工程措施。

运城盐池的晒盐技术，到宋、明、清时代又有所提高。宋代盐池生产主要是“垦地为畦，引池水沃之，谓之种盐，水耗则盐成。……岁二月一日垦畦，四月始种，八月乃止”[⑤]。池盐生产者称为畦夫。天圣（1023—1032）以来，有畦户三百八十，每户出夫二人，到盐池参加生产。至道二年（996）产盐37 355席（每席116斤半）。宋元符四年（1101），“凡开二千四百余畦，百官皆贺”[⑥]。可知，宋代运城盐池生产相当繁荣。张正明指出：“这一局面的形成，与盐池

① 今1尺≈0.33米。
② 李三谋、贾文忠：《隋唐时期的解盐生产及其管理方式》，《盐业史研究》2006年第4期，第13—21页。
③ 丁宏：《STS视阈下的唐代河东“垦畦浇晒”制盐技术》，山西大学硕士学位论文，2008年。
④ 丁宏：《唐代河东制盐技术考》，《科技情报开发与经济》2008年第3期，第158—160页。
⑤ 《宋史》卷181《食货下三》，北京：中华书局，1977年，第4413页。
⑥ 《宋史》卷181《食货下三》，北京：中华书局，1977年，第4424页。

周围筑起大量坝堰有很大关系。”[①]宋崇宁间（1102—1107），曾修筑七郎堰等 11 条护池堤堰。宋人沈括《梦溪笔谈》中记载解州盐池，“其北有尧梢水，亦谓之巫咸河。……唯巫咸水入，则盐不复结，故人谓之‘无咸河’，为盐泽之患，筑大堤以防之，甚于备寇盗”[②]。

元至明代前期，生产方式基本以捞采与畦地相结合并以捞采为主的制盐法，“元代河东解盐池的生产技术总体说来是施行捞盐法”[③]。明清时期，技术日趋进步，明代中后期，已经以浇晒为主，捞采为辅。清代基本全面实施人工种盐，因为清代乾隆年间，池中产盐之母——黑河被淹，卤源几乎断绝，为了维系盐池生产，盐商随后发明了“滹沱取卤法”和“卤井取卤法”。清代人工种盐的程序大概是“解池的畦地种盐，是移动滩水，调配卤水，进行吹晒之工艺活动，它要与壕沟、水门、路径等引水设施组合成一个系统工程来进行”[④]。

唐宋至明清时期，运城盐池的制盐技术都属于“垦畦浇晒”，但后代又在前代的基础上不断技术革新，形成了清后期技术含量很高的“滹沱取卤法”和“卤井取卤法”。运城盐池制盐技术的不断提高，对盐池防洪的要求和标准也越高，遂形成了自唐宋以来在盐池周围不断修筑和完善的护池堤堰防洪工程。在盐池产盐浇晒期间，不能让客水流入畦内，以免破坏成盐机理。长期以来，当地流传着“解盐以主水生，以客水败”的说法。所以，本章第二节探讨的盐池堤堰防洪工程，包括疏导外部的客水、堤堵客水入池工程以及蓄滞洪滩区的设置等，都是当时人们为保证盐业生产，在盐池周围修建了大量的人工防洪设施。人类采取了诸种手段防止各路客水进入盐池，是“治盐即治水”思想的重要体现。可以说，盐池周围护池堤堰防洪工程体系，是与运城盐池制盐技术不断革新相适应的产物。

二、与盐池南中条山脉相伴生

中条山位于山西省西南部，地理位置约在东经 110°20′—112°40′，北纬 34°40′—35°58′，山脉主体呈东北—西南走向，长约 160 千米，宽 10—15 千米。平均海拔 1200—1300 米，相对高度 800—1500 米。横跨阳城、沁水、翼城、

---

① 张正明：《古代河东盐池天日晒盐法的形成及发展》，《盐业史研究》1986 年第 1 辑，第 117—122 页。

② （宋）沈括撰，胡道静校注：《新校正梦溪笔谈》卷 3《辨证一・解州盐池》，北京：中华书局，1957 年，第 40 页。

③ 张国旺：《蒙元时期解盐研究》，《盐业史研究》2006 年第 1 期，第 16—23 页。

④ 李三谋、李震：《清代河东盐池的生产方式》，《盐业史研究》2007 年第 4 期，第 11—17 页。

垣曲、平陆、芮城、永济、运城、夏县、闻喜、绛县等十一县市，嘉庆重修《大清一统志》称：“西有华岳，东接太行，此山居中，且狭而长，故名中条。”中条山北坡陡峻，坡度为30°—50°。运城盆地位于中条山北麓，中条山高出盆地1500米以上，盆地与山体之间发育着山前洪积倾斜平原，由山前洪积扇连接组成裙状地形。“在大冲沟出口处洪积扇更为明显，由山前向盐湖5°—10°坡度倾斜，扇宽约1000—2500米，扇与扇连接处，地势低凹，故东西坡状起伏。标高330—400米。”[①]盐湖、硝池、伍姓湖等湖泊就位于山前洪积倾斜平原区的前缘，钻孔资料揭示，运城盐湖有很长的发育历史，是早更新世运城古湖的延续[②]，湖区以南是不可能发育有东西流向河流。因此，发育于中条山北麓的河流、峪水以及支沟洪水，均可能对盐池产生影响。

盐池“池形若腰盆，东西长，南北短。南枕条山，雨水易迫，然非泉渊所出。”[③]中条山麓多涧沟，盐池南岸就有大小沟道35条。光绪《山西通志》有“盐池图”（图4-1），标绘出了盐池周边的山川形势。

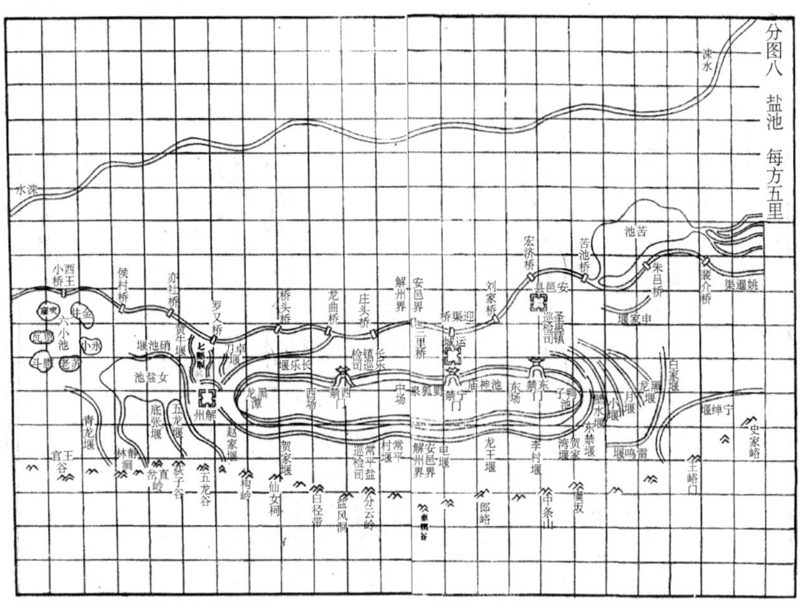

图4-1　盐池图

① 运城市地方志编纂委员会编：《运城市志》，北京：生活·读书·新知 三联书店，1984年，第28页。

② 谢又予、李炳元：《从第四纪沉积相的分析探讨汾渭盆地新构造运动特征》，《地理集刊》10号，北京：科学出版社，1976，第54—70页。李有利、杨景春：《山西运城盐湖沉积环境及其演化》，《地理研究》1994年第1期，第70—74页。

③ （明）汤沐：《渠堰志》，乾隆《解州安邑县运城志》卷12《艺文》。

在图 4-1 中，运城盐池的南面绘有东西绵延狭长的中条山脉，有山体标志符号 28 个，东西计有 23 方，按照每方五里，共计 115 里。在这些山体中，部分标有文字，自东而西有史家峪、王峪口、虞坂、中条山、郎峪、车辋谷、分云岭、盐风洞、白径岭、仙女洞、横岭、五龙谷、狄子谷、直岔岭、王官峪等。在这些山岭以及形成的峪水中，盐池东南以史家峪、王峪口为防护重点，故筑有李绰堰、白沙堰以及雷鸣堰、黑龙堰、月堰、小堰、壁水堰、东禁堰等；盐池西南以五龙口、静林涧、王官谷为防护重点，故筑有赵家堰、五龙堰、底张堰、青龙堰等。《读史方舆纪要》引《盐池图说》："故筑东禁以及黑龙，筑西禁以及硝池，治其标者也。"[①]在盐池南部东、西两大堤堰群的中间，还筑有贺家湾堰、李村堰、龙王堰、短堰、常平村堰、常平堰、贺家堰等，这样便构成了盐池南部堤堰防洪系统，"池之南逼近条山，雨过水下，沛然莫御，非惟近山诸村之患，而盐池之害更不可胜言者，故各于诸村要害之地设堰防之"[②]。结合盐池南部的地理环境，很容易理解盐池南部的堤堰防护工程以及这些工程中的轻重缓急、主次之分。这是人类活动因地理环境所开展的适应性措施的真实写照。

三、与中条山植被变迁相关联

森林是陆地生态系统的主体，是由若干动植物群落组成的生态系统，它们不仅维护着自然界的生态平衡，也是人类赖以生存的自然资源和环境要素。盐池南边是东西向横亘高耸的中条山脉，中条山上植被对盐池起着生态屏障作用，植被的好坏肯定会影响到盐池。关于中条山植被的变迁，不少学者的研究成果中有所涉及。[③]如翟旺、米文精对历史时期中条山森林分布状况及该山区森林衰减采取列举林木文献记载点进行描述。[④]丁卫香同样采取林木文献记载点来试图恢复清代中条山区的森林分布状况以及清代前中后期森林的变化。[⑤]以上学者目

① （清）顾祖禹撰，贺次君、施和金点校：《读史方舆纪要》卷 39《山西一·封域·山川险要》，北京：中华书局，2005 年，第 1796 页。

② 《河东盐法备览》卷 4《渠堰门》。

③ 景广学：《历史时期山西地区森林植被之概观》，《山西大学学报》1983 年第 3 期，第 93—96 页。温贵常：《山西林业史料》，北京：中国林业出版社，1988 年；翟旺、米文精：《山西森林与生态史》，北京：中国林业出版社，2009 年；丁卫香：《清代山西森林分布的变迁》，陕西师范大学硕士学位论文，2009 年。

④ 翟旺、米文精：《山西森林与生态史》，北京：中国林业出版社，2009 年，第 134—135、164—166、230—232 页。

⑤ 丁卫香：《清代山西森林分布的变迁》，陕西师范大学硕士学位论文，2009 年，第 9—16 页。

前的研究成果，很难清晰地给出中条山森林植被的变迁过程，这是古代森林植被研究领域在中、微观尺度研究的薄弱环节。

另外，梁四宝、乔守伦曾从历史时期植被—水文变迁角度探讨了涑水河流水的水文变迁[①]，认为在涑水河流域的平川地区，历史时期早期水文条件很优越，商周之际，林草和水文条件仍然良好，到了战国及秦汉以后，因农业生产导致植被破坏殆尽，开始了流域水文劣变过程，举例说北魏时期盐池出现“遏水径”和修筑永丰渠。山区的农业发展要比平川地区晚得多，边山低阜土层较厚的地区首先被开采出来，深山多为石质山地，可耕地少，但铜铁矿点多，开采和冶金对涑水河上源及各支流发源地区的破坏很严重，直接影响到河流本身。梁四定、乔守伦在文章中指出从汉魏迄唐宋的一千多年中，涑水河流域的采冶业一直没有停止过，但由于采矿点的变动不大，还是能有一些林木残存下来，发挥着微弱的生态作用。不过，这些残存植被到明清以后也所剩无几了，大部分土层较厚的山区在宋元时已垦为农田。此观点宏观而言是没多大问题的，但缺少中观、微观更深层面的有力证据。如何阐释清楚人类活动—森林消减—水土流失三者之间的关系，进而导致盐池防洪设置的修筑，这是一个比较棘手的难题，尤其对定量文献资料缺乏的古代社会。此处只能列举一些事实，提供两者之间有一定关联的可能性。

根据对涑水河流域府州县洪涝灾害的统计，东汉建宁四年（171）到宣统三年（1911）的1740年中，涑水河流域共发生水灾97次，平均约17.9年发生一次；从朝代上来看，汉代1次，唐代3次，宋3次，元代2次，明16次，清代72次，明清时期发生的水灾次数总计为88次，占总数的90%，尤以清代为最多。[②]洪涝灾害的发生具有一定的地域性，流域涝灾主要集中分布在中下游干流沿岸，尤其是中游的安邑、解州、临晋、猗氏等州县遭受灾害最为频繁。从“1368—1911年涑水河流域各州县洪涝灾害发生频次表”[③]来看，盐池周边分布州县所发生的洪涝灾害，如夏县（18次）、安邑（37次）、运城（9次）、解州（20次）、猗氏（17次）、临晋（17次），多数情况下会影响到盐池。因此，从唐代开始盐池周围大规模的官方行为规划修筑的堤堰防护工程便出现并逐渐

① 梁四宝、乔守伦：《涑水河流域水文变迁及其对盐池和农业生产的影响》，《山西大学师范学院学报（综合版）》1992年第3、4期，第72—76页；又见梁四宝：《明清北方资源环境变迁与经济发展》，北京：高等教育出版社，2015年。

② 吴朋飞：《山西汾涑流域历史水文地理》，陕西师范大学博士学位论文，2008年，第203页。

③ 吴朋飞：《1368—1911年涑水河流域洪涝灾害研究》，《干旱区资源与环境》2009年第12期，第123—127页。

完善，堤堰出现的时间和数目的变化与盐池周围州县发生洪涝灾害的发生的频率、强度之间存在耦合现象。根据“历史时期涑水河流域水灾统计表”的详细记载，夏县、安邑、解州的洪涝灾害的发生往往与白沙河水涨、中条山山水陡发等密切相关，能间接说明中条山植被的好坏对盐池的影响。

第五章　涑水河流域的水利资源利用

水资源是人类生产和生活所必需利用的自然资源，古往今来处处可见人类利用水利资源的足迹。水利资源的开发利用是历史水文地理学的重要研究内容之一。第二、三、四章探讨的涑水河流域重大河流的人工改道、盐池堤堰防护工程等，是基于整个流域宏观视野下政府行为所主导的大型水利工程措施，本章准备探讨的农田灌溉、井泉利用、城市引水与沿河防洪等是人类活动直接或间接减少河川径流的措施，更贴近沿河民众的用水生活环境，是微观视野下人类活动开发水利资源的具体形式。

第一节　农 田 灌 溉

涑水河流域拥有比较优越的地理环境，流域利用水资源进行农田灌溉的历史非常悠久，人们或开渠利用地表水或利用井泉等地下水资源进行田亩灌溉。本节内容，只涉及地表水资源的利用。运城盆地大规模开发利用地表水始于20世纪50年代至60年代，“2000年前后涑水河流域有中型水库4个，小（一）型水库16个，小（二）型水库11个，万亩自流灌区3个，万亩机电灌站7个，小型机电灌站256个”。①历史时期涑水河流域的地表水资源利用主要为引洪淤灌和直接开渠引河灌溉，规模都不是很大。

一、引洪淤灌

防洪治河、航运交通、农田灌溉与城市综合供水，是传统中国水利的基本

---

① 运城地区水利志编纂委员会：《运城地区水利志》，香港：天马图书有限公司，2001年，第53页。

内容。古代山西水利工程起源早，发展历史悠久，但主要集中在汾河中下游和涑水河流域。[①]引洪淤灌是涑水河流域灌溉水利的最早形式之一，迄今已有两千多年的历史。淤灌是利用地表水资源压碱营造田地的重要水利形式。关于淤灌，已有的研究成果多有论述，如汪家伦、张芳编著的《中国农田水利史》[②]、姚汉源就我国古代（主要是宋以后）泥沙利用问题撰写的多篇论文[③]、李令福师的《论淤灌是中国农田水利发展史上的第一个重要阶段》[④]、黄富成的《略论战国秦汉时期我国北方农田水利开发——淤灌与环境的关系》[⑤]等。李令福师指出："淤灌在中国水利发展史上意义特别重大，它是战国秦汉时期中国大型溉田工程的主体，构成中国传统农田水利的第一个重要发展阶段。"[⑥]

李令福师研究认为从《河渠书》与《沟洫志》所载内容来看，中国水利发展的第一阶段以防洪治河为主体，第二阶段则以航运交通为主，到了战国秦汉时代，大型农田水利建设方在北方兴起，构成了中国水利发展第三阶段的主体。中国北方最早兴修的漳水渠、郑国渠、河东渠、龙首渠诸多大型引水工程，均不是一般意义上的引水灌溉工程，都具有淤灌压碱造田的放淤性质。这里所说的河东渠，就是发生在晋西南运城地区的小北干流东岸的事，毗邻涑水河入黄的尾闾地带。汉武帝平朔元年至四年（公元前 128—前 125 年）河东郡守番系在汾河下游入黄口和黄河小北干流东岸开渠引汾、引黄以灌溉今河津、万荣、临猗、永济一带的河滩农田，开创了运城地区引汾、引黄灌溉工程的先河。李令福师认为"河东渠引汾水和黄河灌溉，应该主要是为了放淤"。这一工程涉及今涑水河流入黄河附近的永济和临猗两县（市）。

这一引洪淤灌利用地表水的形式，当为涑水河流域民众所利用。因该流域内河流多泥沙，每年秋季峪口多有山洪暴发，民众多引洪水灌田，山洪带来大量含有有机肥的泥沙，这些洪水带来的泥沙和水分，不仅能抵御干旱，还能肥

---

① 张荷编著：《晋水春秋——山西水利史述略》，北京：中国水利水电出版社，2009 年，第 6 页。

② 汪家伦、张芳：《中国农田水利史》，北京：农业出版社，1990 年。

③ 姚汉源：《中国古代的农田淤灌及放淤问题——中国古代泥沙利用之一》，《武汉水利电力学院学报》1964 年第 2 期，第 1—13 页；《中国古代的河滩放淤及其他落淤措施——古代泥沙利用问题之二》，《华北水利水电学院学报》1980 年第 1 期，第 7—18 页；《中国古代放淤和淤灌的技术问题——古代泥沙利用问题之三》，《华北水利水电学院学报》1981 第 1 期，第 5—16 页；《河工史上的固堤放淤》，《水利学报》1984 年第 12 期，第 30—46 页。

④ 李令福：《论淤灌是中国农田水利发展史上的第一个重要阶段》，《中国农史》2006 年第 2 期，第 3—11 页。

⑤ 黄富成：《略论战国秦汉时期我国北方农田水利开发——淤灌与环境的关系》，《华北水利水电学院学报》，2006 年第 2 期，第 106—109 页。

⑥ 李令福：《论淤灌是中国农田水利发展史上的第一个重要阶段》，《中国农史》2006 年第 2 期，第 3—11 页。

沃土壤。

到了宋代，涑水河流域又出现了引河淤灌的记载，熙宁七年（1074）据《宋会要辑稿·食货》辑录的一条史料“河中府、同、解等州淤田”，表明当时河中府、解州曾在涑水河流域下段及黄河口附近利用洪水淤灌。八年（1075）八月，知河中府陆经奏，“官下淤官私民田约二千余顷，下司农覆实”[①]。

另外，《宋史》卷九五《河渠志五》记载熙宁九年（1076）八月程师孟的一段话：“河东多土山高下，旁有川谷，每春夏大雨，众水合流，浊如黄河矾山水，俗谓之天河水，可以淤田。绛州正平县南董村旁有马壁谷水，尝诱民置地开渠，淤瘠田五百余顷。其余州县有天河水及泉源处，亦开渠筑堰。凡九州二十六县，新旧之田，皆为沃壤，嘉祐五年毕功，缵成《水利图经》二卷，迨今十七年矣。闻南董村田亩旧直三两千，收谷五七斗。自灌淤后，其直三倍，所收至三两石。今臣权领都水淤田，窃见累岁淤京东、西碱卤之地，尽成膏腴，为利极大。尚虑河东犹有荒瘠之田，可引天河淤溉者。”于是遣都水监丞耿琬淤河东路田。[②]这表明早在嘉祐五年（1060）就在山西南部汾河下游、涑水河及黄河沿岸，由官方督办，开展了大规模的引洪淤灌的活动，涉及整个河东路的“九州二十六县”，使“万八千顷”[③]荒瘠、盐碱地淤灌成肥沃良田。南董村土地淤灌之后，粮食亩产量有显著提高。程师孟考虑到当时河东仍有荒瘠田地，上言建议继续利用淤灌，此后都水丞耿琬利用在河东地区放洪淤灌。

宋代的几条史料表明，在熙宁年间前后山西南部汾河下游、涑水河及黄河沿岸曾有一次引河淤灌的高潮，淤灌的田亩达到二千顷以上，粮食亩产量有显著提高。此淤灌传统直到明清时期的涑水河流域仍在使用，姚汉源在《中国古代的农田淤灌及放淤问题》中说明涑水河流域“因淤灌而壅水漫田，水量较大，没有适当排水措施，淹没低下村庄。同时因上游引水过多，河下游缺水”问题时曾引用雍正七年（1729）康基田《河渠纪闻》卷十八中的一段史料，“侍郎韩光基疏陈涑水开渠筑坝蓄泄杜弊事宜。……查涑水……自猗及临沿河居民均资灌溉。缘涑水浑浊，每当冻河开河之际，田亩一经灌溉，肥饶倍常，故愚民混行私决堤堰，横筑土坝，拥水漫田，以致余流南注，淹及石桥等洼下村庄。且

① （元）脱脱等：《宋史》卷95《河渠志五·河北诸水》，第2373页。

② （元）脱脱等：《宋史》卷95《河渠志五·河北诸水》，第2373页。

③ 此淤灌田亩数据据《宋史》卷426《循吏·程师孟传》，另外《宋史》卷331亦有《程师孟传》，内容与本卷重复，惟卷331少“劝民”二字。

上河村庄筑坝截流，下河村庄竟不得涓滴之惠。”[①]这时期的放洪淤灌主要目的在于增加农业收成，而不仅仅是淤灌初级阶段的具有淤灌压碱造田的放淤性质。

二、引河灌溉

直接开渠引河灌溉是涑水河流域灌溉水利的主要形式。涑水河、姚暹渠及其支流是直接开渠引河灌溉的主要水源。“绛、夏、襄陵、闻喜诸邑之水，所灌田各不下数十万亩。”姚娜的《清代前期（1644—1796）涑水河流域农业垦殖与生态环境》曾安排专章“涑水河流域的水利开发”分引水灌溉和井灌的发展两部分进行过研究[②]，但存在明显的问题，即将涑水河流经州县的水利利用情况当作流域的情况，而流域存在明显的边界。本书则注意区分是流域的还是流域州县的水利发展状况，以复原涑水河流域引河灌溉水利开发的实际。

1. 绛县引河灌溉

涑水河“发源于县东南十五里，自陈村峪，东出伏流地中，至柳庄复出。居民溉田，西流入闻喜界”[③]。在涑水源头区清末仍在记载“开有冷口、葈庄、杨庄三渠，共溉县西南七村田”[④]。其中，“冷口峪水泉发源横岭关，东冷口、西冷口、宋庄三村濒水设渠。东冷口月一日起，四日止；西冷口、宋庄五日起，十日止。遵水碑轮溉，周而复始；西葈家庄水泉发源县境，周家庄、赵村庄、崔必庄沟内，西葈家庄、柳庄二村濒水田设渠，水程以十二日为度。西葈家庄使水七日，三月一日起，六日止，七日为渗潭水。柳庄使水三日，八日起，十日止，十一、十二日又西葈家庄使水。遵水碑轮溉，周而复始”[⑤]。姚娜硕士论文里面还提到的浍水、绛水、故郡水，包括利用浊水灌溉的沙峪雨水、续鲁峪雨水，均不属于涑水河流域的引河灌溉。

另外，明代绛县县城曾导引带溪水入城解决居民饮水问题，也有部分余水用于农田灌溉。弘治十三年（1500）《绛县带溪水记》碑载：“带溪水在县城绛

---

① 姚汉源：《中国古代的农田淤灌及放淤问题——中国古代泥沙利用之一》，《武汉水利电力学院学报》1964年第2期，第1—13页。

② 姚娜：《清代前期（1644—1796）涑水河流域农业垦殖与生态环境》，陕西师范大学硕士论文，2011年，第23—34页。

③ 乾隆《绛县志》卷2《山川》。

④ 光绪《山西通志》卷69《水利略四》。

⑤ 乾隆《绛县志》卷2《山川》。

州之东南，陈村峪诸峰间，众流所会四五里出村西，周围萦绕若环。”知县康恕莅任，带领民众挖土开渠，将水引入绛县城内。“饮者千余室，无不盆盈瓦溢，家给人足。”沿渠可浇陈村、乔村、渠头、城关部分农田。渠道已废，今难觅踪迹。

2. 闻喜引河灌溉

涑水河自源头区流出后，便从绛县进入闻喜县境，利用渠道引河灌溉是闻喜县利用地表水资源的主要水利形式。光绪《山西通志》记载闻喜县“县东北涑水渠五道，溉十三村田三十六顷四十八亩”“县东南沙渠水溉田四村田三顷五十亩有奇”“县南中条山水渠溉十一村田十六顷七十三亩有奇”[①]。这给出了清末闻喜县引河灌溉的大致情况。

“涑水河渠发源于绛县，至县境东外村设渠，溉东外村、乔寺村、东山底村、西山底村、灌底村、坡底村、柳底村、柳泉村、爱里村、刘家院村、元家院村、蔡谢村、下吕村、侯村地三千六百四十八亩”[②]，由方志中所记载的涑水河在闻喜县所灌溉之村庄数可看出，涑水河河水在闻喜县所灌溉村庄多于绛县，利用程度要明显优于绛县。

闻喜县位于涑水河上游，利用地表水资源灌溉的历史非常悠久，唐代仪凤二年（677）就有“诏引中条山水于南坡下，西流经十六里，溉涑阴田”[③]的记载。利用涑水河地表水资源直接开渠引河灌溉的历史同样悠久。在闻喜县侯村乡元家庄宋氏祠堂院内有立于明嘉靖四十二年（1563）的《涑水渠图说碑》[④]，清楚地记载闻喜涑水五堰的灌溉情况，其碑文如下：

> 涑水起绛县烟庄峪，至县境六十里外东外村堵渠，其堰有五，开于宋熙宁年间者三，开于明洪武年间者二。第一堰溉东外、乔寺、东山底、西山底四村地十顷。旧名康宁里，知县李如兰改丰泉里。第二堰溉柳泉、爱里、东观底、东刘家院四村地十八顷有奇。渠口在绛县磨裹村堵截。明正德间知县王林以上流专利，渠屡坏，考景云宫古碑，定分数，严界限，至今名王公渠。第三堰溉乔寺地五顷一十亩。旧名

① 光绪《山西通志》卷 69《水利略四》。

② 雍正《山西通志》卷 313《水利》。

③ 《新唐书》卷 39《地理志》，北京：中华书局，1975 年，第 1002 页。

④ 张学会主编：《河东水利石刻》，太原：山西人民出版社，2004 年，第 191—193 页。

义宁里，改青中里。第四堰溉西刘家院、元家院、大蔡谢、小蔡谢、侯村五村地二顷五十亩有奇。旧名晋宁里，改南盐里。第五堰溉东下吕、西下吕二村地四十亩有奇。旧名荣田里，改常宁里。五渠辽远数十里，盗决占恡者多。明嘉靖三十九年，知县罗田置牌地番次，选渠长，申其禁。渠民名为罗公渠。至四十二年，知县李复聘复申严焉，刻石元家院。

另外，嘉庆五年（1800）的《儒公讳居仁纯一奉母周大儒人命施舍渠道四村感德碑》[①]就记载涑水流经绛县横水镇东山底儒居仁所在村庄东外村，“所居之庄，北近乔寺，西邻东西两山底，四村地垠相接，其灌一渠水利，其来久矣”，即一道堰。该年五月大旱，渠道于儒居仁地亩处损坏，危及四村庄田，“四村渠长以故渠艰于修筑，欲为舍旧从新”，居仁慷慨蔼然，他的母亲周孺人同意占地修渠，后来渠修好后，四村渠长“欲出金以为渠道价赀”，居仁与其母亲周孺人都不同意，于是有四村“勒石刻铭，永彰厥德”的感德碑。

涑水河的支流沙渠河，引河灌溉也比较普遍。“沙渠水，在县东南五十里白石村，西北流，会南山诸水至吕庄入涑水，又称吕庄河”[②]，沙渠水所经之地，居民引水以灌溉，渠以沙渠水命名。“沙渠，在县东南二十五里，渠口在寺头村东北，以村旁有广教寺，系唐贞观间勅建，故名唐渠，今名广教寺为沙渠寺，后因设寺头村，人又名渠为寺头渠。沙渠寺、寺头村等地引溉十七日”[③]，“溉四村田，三顷五十亩有奇”[④]。

北河渠。水来自横岭关，沿河居民多引水灌溉，设渠名为北河渠，“沿河开渠轮溉后宫、柏底、茨凹里、南王庄、河底等田，二十二日一轮”[⑤]。

董村渠。“渠口在村东秦王涧下，故有渠，久废。明万历二年知县王象乾修，因名新城王公渠。溉董村、北郭、卫村田，共二顷四十亩有奇，十七日一周，渗渠水二日，三村并山庄轮用。”[⑥]

南阳渠。“渠口在河底村南，溉南阳、苏村、中申等田，十五日一轮”；苏

① 张学会主编：《河东水利石刻》，太原：山西人民出版社，2004年，第53—55页。

② 雍正《山西通志》卷28《山川》。

③ 雍正《山西通志》卷3《水利》。

④ 光绪《山西通志》卷69《水利略四》。

⑤ 乾隆《闻喜县志》卷2《山川·水利附》。

⑥ 雍正《山西通志》卷33《水利》。

村渠“渠口在苏村东，溉本村田，十二日一轮；小寺头渠“渠口在苏村南，溉小寺头、阳社、西郭三村田，二十日一轮”；阳社渠“渠口在苏村东，溉阳社、小寺头田，十六日一轮”；坡申渠“渠口在坡申村东，溉村田”；下庄渠“渠口在下庄村东，坡申渠下，溉下庄、冯村二村田，二十一日一周”；南姚村渠“渠口在南姚村北，溉村田”等。[①]这些渠水皆来源于沙渠水，溉本村田。光绪《山西通志》对此总结为：县南中条山水渠溉十一村田，十六顷七十三亩有奇。

东西张村水渠。据万历二十五年（1597）《平阳府解州闻喜美阳乡东西张村水渠记》[②]载，闻喜城南三十里有张村，“旧有渠水灌溉田苗，颇称民利”，到嘉靖间，民用日深，但灌溉渠道出现有盗引行为，万历清丈土田时抗拒纳粮，后在闻喜知县徐明□主持下重新确定水规“其水番则东、西二村共十六番，轮流灌溉，不得搀越，更宜彼此相扶，患难相救，勿利己而害人，勿启争而构讼”，保证了居民的正常灌溉用水。闻喜县的水利开发水平明显高于绛县，涑水河经过闻喜县城，河流灌溉得到了充分的利用，闻喜县的水利开发多为设渠引河水灌溉。[③]民国七年（1918）闻喜县已形成固定自流渠道 11 条，渠长 67.5 千米，灌田面积 12 000 亩。[④]目前涑水河上游有陈村灌区、绛县涑水灌区、闻喜涑水灌区等 3 大灌区。

3. 夏县引河灌溉

涑水河在夏县境内的河道长度为四十里，并且是“岸高河广，不致淤塞”[⑤]，因此沿河居民有开渠引河灌田的传统。

司马渠。涑水河在夏县西三十里，沿涑水河所开渠道为司马渠，“司马渠引涑河之水以灌民田，相传为温公开浚，故名”[⑥]，但在光绪《山西通志》中有“司马渠、泮宫渠废”[⑦]的记载，表明此渠已废弃。另外，民国时期，夏县在涑水河流域有引水灌田的努力。民国八年（1919），夏县水头镇张庄村兰忍让组织涑水河南 8 村民众于秋后运土筑堤，开渠引水灌田，多次被洪水冲垮，秋后修复，

---

① 雍正《山西通志》卷 33《水利》。

② 张学会主编：《河东水利石刻》，太原：山西人民出版社，2004 年，第 193—194 页。

③ 姚娜：《清代前期（1644—1796）涑水河流域农业垦殖与生态环境》，陕西师范大学硕士论文，2011 年，第 23—34 页。

④ 运城地区水利志编纂委员会：《运城地区水利志》，香港：天马图书有限公司，2001 年，第 528 页。

⑤ 乾隆《解州夏县志》卷 2《山川》。

⑥ 《古今图书集成·方舆汇编·职方典》第 311 卷《山川考四》。

⑦ 光绪《山西通志》卷 69《水利略四》。

周而复始，引涑水灌田 10 000 余亩。[①]

夏县除了开渠引涑水河水灌溉田亩外，该县比较重要的地表水灌田主要还是利用中条山峪水，如巫咸河三渠、史家峪渠、吴村渠、龙王河、伯庙河、晁家水等。

巫咸河三渠。光绪《山西通志》记载夏县有浊水资溉者，巫咸河三渠，溉近城田。近城之水，发源于九沟十八汊，至巫咸谷流出。水分为三，一从北山底村流至东关，名为甲水；一从南山底村流至上留村，亦名甲水；一在白沙河北岸曰小河，经小南关胜览楼外折而西流，至西关外名为里正河，皆可灌地十余顷，旱则所灌无多。光绪《山西通志》案：所云即白沙河也，为条山水所汇。夏秋雨涨时溃决为患，分三河以杀水势。不惟弭患，且兴利矣。[②]

史家峪渠。溉夏县二村田，“发源于中条山，由史家峡西流，至史家堡，溉田十余顷，上下轮灌，一月一周”[③]。

吴村渠。姚娜认为：“关于吴村渠，方志中并没有详细的记载，其水流来源不为人所知，只有关于其所溉田亩数以及灌溉天数的记载。”我们在查阅光绪《山西通志》时，发现对此渠的记载还是比较清楚，“南、北吴村，县东南二十里。水利有二，一发源中条山，一发源于柳谷，溉地七顷有奇，二十二日一周”[④]。

龙王河。“在县北大泽村村东，发源于葫芦坡诸谷，峪口有龙王庙，故名。其水绕南而走，至周村滩入青龙河，附近田园引以灌溉，甚便。”[⑤]

伯庙河。“发源于方山，经郭道村村南至苗村入横洛渠，附近居民引以灌田，咸享其利。”[⑥]

横洛渠。“在县东北周村、方山诸谷，每遇暑雨，淹没民田。本县岁加修理，流至县西北尉郭，会县北赵村、北津诸河，至禹王城西南会于白沙河。”[⑦]

晁家水。“出自巫咸谷，引入圣庙泮宫，每逢朔望日，民引以灌田。今泮宫水废，不知何时归于民间。”[⑧]姚娜认为：“与司马渠、横洛渠相似，晁家水至光

① 运城地区水利志编纂委员会：《运城地区水利志》，香港：天马图书有限公司，2001 年，第 528 页。
② 光绪《山西通志》卷 69《水利略四》，第 4854 页。
③ 光绪《山西通志》卷 69《水利略四》
④ 光绪《山西通志》卷 69《水利略四》。
⑤ 光绪《夏县志》卷 1《舆地志・山川》。
⑥ 光绪《夏县志》卷 1《舆地志・山川》。
⑦ 《古今图书集成・方舆汇编・职方典》第 311 卷《山川考四》。
⑧ 光绪《夏县志》卷 1《舆地志・山川》。

绪年间已不为当地人所引用。”

4. 安邑县引河灌溉

涑水河自夏县水头镇继续下流，至安邑县北相镇，为涑水河上游地区。安邑县北相镇以上的涑水河沿河居民应该也有开渠引河灌溉的传统，可惜文献记载很少，规模不大。光绪《山西通志》引旧通志说：涑水春夏干涸，夏水涨发，岸高河深，直泻而西，亦难资灌溉，民间皆未设坝。[①]这应该说的是清中后期的情况。

安邑县的水利设施，多是为保护盐池而修建，居民可资灌溉的很少。姚暹渠，是都水监姚暹循旧迹重新疏凿于隋大业年间，最初此渠的作用有三点：“一泄客水入黄河，不至浸灭盐池；二沿路民堰皆有水眼，可以灌田；三倘水大能浮舟，可复昔时行舟运盐之旧。”[②]但发展至清代，姚暹渠的作用只有保护盐池这一点了，“安邑姚暹渠所以防护盐池，严禁盗决私开，民田无由资利”[③]。可见在传统社会姚暹渠实际用于农田灌溉的作用不大。总体而言，安邑县有引河灌溉的历史，但规模不大。

5. 猗氏县引河灌溉

涑水河自安邑北相镇以下，并进入中游地区。猗氏县居民灌溉的水源主要是涑水河。“涑水河流经猗氏、临晋，沿河居民均资灌溉。盖缘涑水深浊，每当冻河开河之际，田亩一经灌溉，肥饶倍常。”[④]涑水河发源于绛县，流经猗氏、临晋等县，周边居民皆私自决堤，引水灌溉。“愚民混行，私决堤堰，横筑土坝，拥水漫田，以致余流南注，淹及石桥等洼下村庄。且上河村庄筑坝截流，下河村庄竟不能受涓滴之惠”[⑤]，为了解决居民截流灌溉的问题，政府决定“建闸筑堤”，在所建河闸中，位于猗氏县的有两个，“一在邸家营，一在南智光。位于南智光之水闸，水势稍缓，不致冲决，处于洼下之田亩尚可藉以灌溉。而位于邸家营一闸，河高地低，若措施不力，极易漫溢”[⑥]。涑水对于猗氏县居民，利弊并存，既可以给人民带来灌溉之便利，又可能因河水涨发带来灾难。政府官员因此采取了多种防范措施，尽可能减少涑水河涨溢带来的损失。

---

① 光绪《山西通志》卷69《水利略四》，第4853页。

② 民国《解县志》卷1《沟洫略》。

③ 雍正《山西通志》卷33《水利》。

④ 雍正《山西通志》卷32《水利》。

⑤ 雍正《山西通志》卷32《水利》。

⑥ 雍正《山西通志》卷32《水利》。

6. 临晋县引河灌溉

临晋县居民引河灌溉水源主要是涑水河。自雍正八年（1730）之后，涑水河成为临晋县与新建虞乡县的分界线。沿河居民多为直接引河水灌溉，“濒河民田虽资灌溉，皆获自然之利，未设渠道”[①]。但到清末记载临晋县“旧渠，涑水二闸在县南，亦废”。光绪《山西通志》案：“临晋水苇地分入虞乡，后只存三亩。雍正七年，侍郎韩光基疏云，临晋二闸建于水头及城东、城西村庄地方，河低地高，既不能泄水，又不能灌田，诚为虚设。”实际上已无灌溉之功效。

7. 虞乡县引河灌溉

雍正八年新设虞乡县后，“涑水河与虞乡分界，濒河民田虽资灌溉，皆获自然之利，未设渠道”。姚暹渠分入虞乡，则成为该县境内的主要河流。

8. 解州引河灌溉

解州境内没有涑水河、姚暹渠引水灌田的记录，但有居民利用中条山峪水灌田。如静林涧水溉州西南傍山田，光绪《解州志》[②]载：源出中条山顶，北流经静林寺东，寺僧及左右居民傍山半引水溉田。引水之法以时刻计，名一分水。自司空表圣定王官引水法，后世因之。北流经红脸沟，入虞乡洫水滩。

9. 永济县引河灌溉

涑水河与姚暹渠流入永济县之后，汇注于伍姓湖，后再经孟明桥流入黄河。永济县围绕涑水河与姚暹渠开凿了一些渠道，有涑水渠、永济渠、普惠渠、苍陵谷渠、青渠等，但因该县是涑姚两河所终之区，流域上中游居民引水灌溉无规章可循，导致水不下流已久，这些渠道逐渐湮塞，不能起到应该发挥的作用。

总之，整个涑水河流域民众利用地表水资源引河灌溉与涑水河的河道和河性特征相适应，呈现出明显的区域差异。上游地区的绛县、闻喜县水资源丰富，引河灌溉的规模较大，中下游地区的夏县、安邑、猗氏、虞乡、解州、临晋、永济等州县则灌溉规模不大，这一是与盐池的防洪措施有关，二是受制于涑水河上游来水的影响。

① 雍正《山西通志》卷32《水利》。

② 光绪《解州志》卷2《水利附》。

第二节　井泉灌溉

一、凿井取水

在古代中国传统的农耕文明社会，水资源是人们生活中不可或缺的重要资源。山西涑水河流域除了少数部分沿河、泉的村庄可以仰仗优越的地理位置得到水源外，其他大部分村庄就只能依仗水井等地下水资源来解决生产和生活的用水。这是涑水河流域民众利用流域水资源的另一种形式。

山西利用水井的历史很悠久，早在4000年前的山西南部地区（汾河下游及涑水河流域）已有原始水井出现。20世纪80年代，在山西省襄汾县陶寺遗址中出土龙山文化时代的水井2座，早期的水井井口呈圆形，晚期的为方形。[①]1974—1979年，山西夏县东下冯二里头文化遗址中发现土井5座，其中1座井口略呈圆形，其余4座为长方形。[②]这两处遗址中的水井主要是供给氏族部落群体内部生活饮水之用，并无灌溉农田之利。

此后，凿井取水方式当在山西境内包括涑水河流域大量推广，20世纪50年代后期，闻喜县博物馆韩梦如在城关镇姚村发现了1眼汉代的人畜吃水井，在礼元镇湖村发现3眼汉代的农田灌溉井。[③]这表明至少到汉代在该流域水井已开始用于农田灌溉。另外，据考古工作者发现：在运城的十里铺、北古等地出土了大量秦汉时期的陶井冥器，且十分精致，在井口上竖木架，上按滑轮，可谓半机械化，比人工提水省力很多，这说明河东人民在秦汉时期的凿井技术已相当先进，水井且遍布民间。[④]之后，凿井取水包括用于农田灌溉当在该流域有广泛的运用，可惜文献资料记载不多，直到明清时期才有丰富的资料显示涑水河流域凿井取水的证据。

整个山西高原，明清时期井灌非常普遍。明末徐光启《农政全书》中对山西利用井灌颇为称道：“所见高原之处，用井灌畦，或加辘轳，或借桔槔，似为

---

① 高天麟、张岱海、高炜：《龙山文化陶寺类型的年代与分期》，《史前研究》1984年第3期，第22—31页。

② 中国社会科学院考古研究所、中国历史博物馆、山西省考古研究所：《夏县东下冯》，北京：文物出版社，1988年。

③ 山西闻喜县水务局：《闻喜水利志》，第122页。

④ 运城地区水利志编纂委员会：《运城地区水利志》，香港：天马图书有限公司，2001年，第3页。

便矣。乃俛仰尽日，润不终亩。闻三晋最勤，汲井灌田，旱熯之岁，八口之力，昼夜勤动，数亩而止。”[①]他认为山西的井灌是北方诸省中最为发达的。清康熙年间王心敬对山西的井灌也大加推崇，认为“井利甲于诸省”[②]。但受地理环境限制，清代山西的井灌发展并不平衡，主要集中在水文地质条件较好的晋西南平阳、蒲州、绛州、解州等处，“今观平阳一带洪洞、安邑等数十邑，土脉无处无砂，而无处不井，多于豫秦者”[③]。

山西大学中国社会史研究中心胡英泽从2002年起对山西晋南地区的52个村庄做了比较深入的调查，搜集到近百余块水井碑刻，以此为基础完成了硕士学位论文《从水井碑刻看近代山西乡村社会》[④]。后又将调查的区域扩展到西北陕西，河南、河北等华北地区，先后完成《水井与北方乡村社会——基于山西、陕西、河南省部分地区乡村水井的田野考察》《凿池而饮：北方地区的民生用水》《古代北方的水质与民生》等一系列论文，对水井与北方乡村社会、民生用水、水质等进行了研究。[⑤]本书利用其硕士论文附录“所见明清以来晋南地区及其它地区井池碑刻目录”，再结合其他材料将涑水河流域所见井池碑刻进行整理（表5-1），以便于分析。

表5-1　所见明清以来涑水河流域井池碑刻目录

州县名称	碑刻名称	时间	所在村庄
绛县			
闻喜县	东官庄创开新井记	明正德元年（1506）十一月	东官庄
	打井花名碑	明万历三十四年（1606）十月二十五日	岭西东西村
	创建井棚施财姓名列左	清乾隆二十九年（1764）七月	岭西东西村
	无名	清乾隆四十二年（1777）正月	岭西东东村
	西甲穿井记	清乾隆口口年十一月	岭西东西村
	建盖井棚记	不详	岭西东西村

① （明）徐光启：《农政全书》卷19《用井泉之水为器二种》。

② （清）王心敬：《丰川续集》卷8《井利说》。

③ （清）王心敬：《丰川续集》卷18《答高安朱公》（壬寅正月二十九日）。山西井灌的总体状况与区域差异，可参见李辅斌：《清代山西水利事业述论》，《西北大学学报（自然科学版）》1995年第6期，第739—742页。

④ 胡英泽：《从水井碑刻看近代山西乡村社会》，山西大学硕士学位论文，2003年。

⑤ 胡英泽：《水井与北方乡村社会——基于山西、陕西、河南省部分地区乡村水井的田野考察》，《近代史研究》2006年第2期，第55—78页；《凿池而饮：明清时期北方地区的民生用水》，《中国历史地理论丛》2007年第2期，第63—77页；《古代北方的水质与民生》，《中国历史地理论丛》2009年第2期，第53—70页。

续表

州县名称	碑刻名称	时间	所在村庄
闻喜县	岭东官庄村穿井记	清康熙四十七年（1708）	岭东村
	井亭记	清康熙五十年（1711）	岭东村
	中落井	清乾隆十一年（1746）	岭东村
	官庄村东甲重修井石记	清乾隆十六年（1751）	岭东村
	重修东甲井记	清同治十二年（1873）	岭东村
	创建井神碑记	清康熙二十八年（1689）	上宽峪村井厦内
	半坡穿井小叙	清雍正十二年（1734）六月	上宽峪村
	穿井小引	清乾隆三十一年（1766）	上宽峪村舞台
	重修井崖记	清乾隆四十三年（1778）	上宽峪村
	重修井厦记	民国三十年（1941）十一月	上宽峪村
	捐钱花名碑	清乾隆四十七年（1782）	下宽峪村
	观音庙前修路	清乾隆四十九年（1784）	中宽峪村
	西北坡井	清乾隆五十三年（1788）四月	店头村
	新建真武庙重修井厦记	清道光四年（1824）正月	店头村
	重修井记	清乾隆四十年（1775）四月	店头村
	西北坡无名	清乾隆五年（1740）后六月	店头村
	西北坡无名	民国八年（1919）阴历十月	店头村
	西北坡无名	清道光四年（1824）二月	店头村
	东井	民国七年（1918）九月	店头村
	重修井内施财姓名开列于后	清咸丰三年（1853）十月	店头村
	重修享殿暨井舍记	清乾隆三十一年（1766）	店头村
	修井口记	清乾隆四十七年（1782）三月	店头村
	农事碑	清康熙四十九年（1780）	店头村
	无名	清乾隆三年（1738）	店头村
	重修井记	清乾隆二十一年（1756）	店头村
	重修井厦记	民国二十二年（1933）	店头村
	白衣庙无名碑	清乾隆十六年（1751）	店头村
	修井记	清乾隆五年（1740）	店头村
	重建店头村官道井厦记	清同治七年（1868）	店头村
	无名	清嘉庆七年（1802）	郝壁村
	十字井记	清嘉庆二十年（1815）	郝壁村
	凿井记	明万历三十五年（1607）	畖底镇户头村
夏县			
安邑县			

续表

州县名称	碑刻名称	时间	所在村庄
运城	后堡浚井并花名碑记	清道光六年（1826）	盐湖区后堡村
	山西省立第二中学校校园甜水井记	民国七年（1918）	盐湖区大渠村，原河东书院旧址
	北敦张庄穿井碑记	清乾隆三十九年（1774）	盐湖区三路里镇北敦张庄村，碑现存于三路里镇杨家门村委会内
	寺北村整饬村风碑	民国间	运城市大渠乡寺北村
	重修西淡泉亭记	明万历十九年（1591）	从中禁门南行，折而西过西淡泉
	重修野狐泉亭记	清道光二年（1822）	盐湖区池神庙西侧
临晋县			
虞乡县	虞乡八村打甜井碑记	民国八年（1919）	关家庄村真武庙内
解州	满公菩萨重开古井记	元至正十一年（1351）	解州静林寺
	新创莲池记	明天启元年（1621）	解州关帝庙结义园
	重修井塔题记碑	明嘉靖四十四年（1565）三月	解州常平村关帝庙井塔东侧
	重修井塔题记	清嘉庆二十二年（1817）六月	解州常平村关帝庙井塔西侧
猗氏县	重修池坡碑记	年代不详	临猗县好义村
永济县	广孝泉记	北宋 大中祥符五年（1012）	旧在蒲州府
	文涌泉记	清道光年间	蒲州城东南敬敷书院门外
	重修文涌泉记	清光绪元年（1875）	同上

明清时期山西的井灌值得称赞，但区域发展不平衡，且不能过高估计其在传统农业社会农田水利灌溉的功效，这对涑水河流域也是如此。文献记载清代晋西南一带农民，“深知水利之厚，而不惜重费以成井功”[①]。道光年间，山西巡抚吴其浚见晋西南“蒲、解间往往穿井作轮车，驾牛马以汲”[②]。这表明包括涑水河流域在内的晋西南地区井灌技术领先，水车也被广泛使用在井灌中。根据表 5-1 统计，闻喜县有 36 通水井碑，运城盐湖区 2 通，虞乡 1 通，解州 3 通，猗氏 1 通，永济 3 通，尽管是不完全的数据，但清楚表明涑水河流域水井使用的不平衡性。图 5-1 显示的是涑水河流域水井所在的地名点，很明显整个流域水井的分布有 A、B、C 三个集中分布区，A 为流域南部中条山北麓石质山坡区，B 为流域中部盐池周围咸苦区，C 为流域北部台塬区。C 区主要集中在上游的闻喜县，其他州县都是零星分布。结合水井所在的具体地理位置，发现闻

① （清）王心敬：《丰川续集》卷 18《答高安朱公》（壬寅正月二十九日）。

② （清）吴其浚：《植物名实图考》卷 1。

喜县的水井主要分布在岭西东西村、岭东村、上中下宽峪村、店头村、郝壁村、畖底镇户头村，都位于该县北部的塬上，是利用地表水资源比较困难的地区。胡英泽研究将涑水河流域的蒲州府、解州、夏县、临晋、猗氏、闻喜、安邑列为井水咸苦区域。[①]笔者认为井水咸苦区域当以盐池为核心，即盐池南北岸 A、B 区的运城盐湖区、虞乡、解州、猗氏等州县和夏县、临晋、永济等边缘区的水井都是井水咸苦区域的甜水井，是解决地表水资源咸苦不能饮用的，用于灌溉农田的很少。

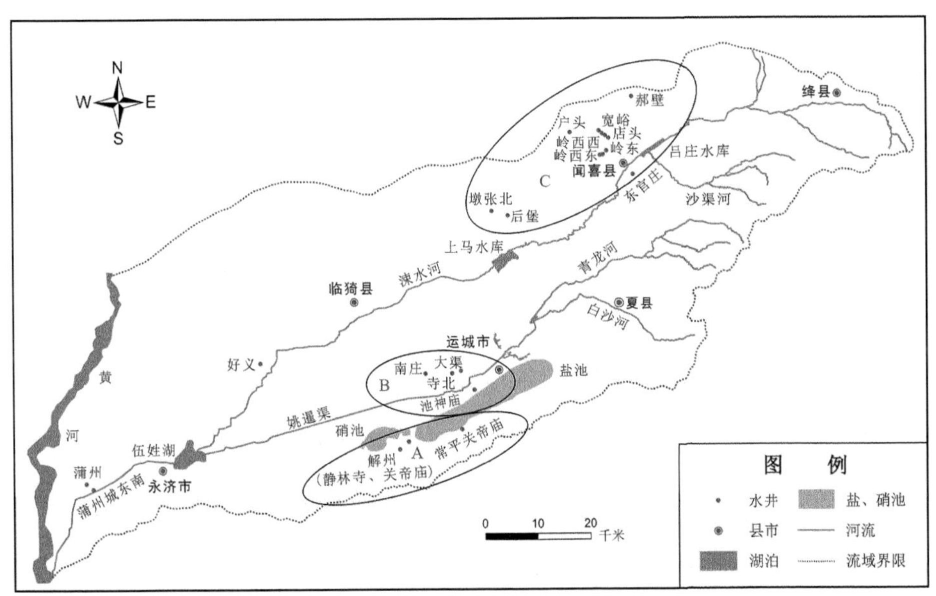

图 5-1　涑水河流域所见水井分布图

总之，涑水河流域水井记载的州县较多，但结合水井的地理位置和流域地表水资源的特点，该流域水井的分布不平衡，用于灌溉农田的更是很少。水井只是该流域川道河谷区正常利用水资源的有益补充，不能夸大其功效。但水井在特殊生存环境下的效果也是不能忽视的，梁四宝认为："水井较之渠道水利，具有投资小、收益大、以家庭为单位的小农易于举办，产权明确、不易产生纠纷，以及水源稳定、在干旱年月可以减轻旱灾对经济的破坏程度的优点。"[②]如《清实录》载："前康熙庚子、辛丑，晋省连旱二年，无井州县，流离载道，而

① 胡英泽：《古代北方的水质与民生》，《中国历史地理论丛》2009 年第 2 期，第 53—70 页。

② 梁四宝、韩芸：《凿井以灌：明清山西农田水利的新发展》，《中国经济史研究》2006 年第 4 期，第 85—89 页。

蒲属五邑独完。即井利之明效大验也。”[①]正因为井灌具有此特点，所以当地人“深知水利之厚，不惜重费以成井功”[②]。直至民国时期的《振兴山西全省水利计划》中，仍将发展井灌作为重中之重。[③]

二、引泉灌溉

明末清初学者顾炎武称山西泉水之盛可与福建相伯仲，而后者是以“千泉之省”著称。[④]张荷对山西水利的利用状况有系统研究，认为：古代山西，开发利用泉水资源是山西整个水利事业中一个极为重要的组成部分。历史时期的山西因泉灌溉的数量之多、范围之广、经济效益之明显、延续发展历史之悠久，在我国古代水利发展史上并不多见。[⑤]最近有学者提出以泉域为组织网络的水利社会类型[⑥]，足见引泉灌溉在古代山西的特殊意义。

晋西南涑水河流域所在的盆地介于南、北两山及高原、丘陵峡谷之间，多有泉水涌出，大者若环，小者如线。虽涓涓细流，却清澈见底，甘甜爽口，既可供人畜饮用，又可利用溉田。目前，涑水河流经的市县拥有大量的泉眼（表5-2），这当中就有不少具备灌溉农田的条件。

表 5-2 涑水河流经市县的泉水资源

序号	泉名	位置及流量（立方米/秒）	序号	泉名	位置及流量（立方米/秒）
1	横岭三泉	绛县东南 20 公里跨垣曲界	9	冷泉	闻喜东 23 公里湖村
2	拔剑泉	绛县东 20 公里晋家峪	10	黄芦泉	闻喜黄芦村
3	清凌池泉	绛县东官庄	11	暖泉	闻喜王村
4	冷口峪泉	绛县冷口村、宋庄	12	圣水沟泉	闻喜柏范底村
5	西玉庄泉	绛县周家庄沟内	13	马跑泉	闻喜美阳川
6	马跑泉	绛县西杨村	14	瀑布泉	闻喜县西柏林村
7	甘泉	闻喜东 15 公里	15	湫池泉	闻喜汤寨山沟中
8	温泉	闻喜南湖村	16	姚村泉	闻喜南姚村

① 陈振汉：《清实录经济史资料》第 2 分册，北京：北京大学出版社，1989 年，第 332 页。

② （清）王心敬：《丰川续集》卷 18《答高安朱公》（壬寅正月二十九日）。

③ 《振兴山西全省水利计划》，《山西建设公报》1929 年第 1 期，第 44—76 页。

④ 顾炎武：《天下郡国利病书・山西》。

⑤ 张荷：《古代山西引泉灌溉初探》，《晋阳学刊》1990 年第 5 期，第 44—49 页；张荷编著：《晋水春秋——山西水利史述略》，北京：中国水利水电出版社，2009 年，第 17 页。

⑥ 张俊峰：《超越村庄：“泉域社会”在中国研究中的意义》，《学术研究》2013 年第 7 期，第 104—111 页。

续表

序号	泉名	位置及流量（立方米/秒）	序号	泉名	位置及流量（立方米/秒）
17	王莲泉	闻喜川口村	51	温泉	夏县南山底，水温38℃—41℃
18	翟家沟泉	闻喜保安村，0.001	52	惠泉	五里桥南
19	苇沟泉	闻喜柏林吕庄，0.001	53	青石泉	运城东南中条山中
20	张樊泉	闻喜埋坡张樊村，0.005	54	车辋泉	运城东南中条山中车辋峪
21	西沟泉	闻喜埋坡石建村，0.003	55	甘泉	盐池琴台东
22	蛇虎洞泉	闻喜埋坡王家庄，0.001	56	西淡泉	盐池琴台西
23	担水沟泉	闻喜凹底户头，0.001	57	静林寺泉	运城中条山静林涧中
24	滴水滩泉	闻喜西杜村，0.001	58	黄花峪泉	运城中条山黄花峪中
25	狐钻岸泉	闻喜岭西家坪，0.003	59	胡村泉	运城中条山胡村峪中
26	柳沟泉	闻喜凹底户头，0.001	60	桃花洞泉	运城中条山桃花洞涧中
27	龙头泉	闻喜下丁龙到头村，0.002	61	获子峪泉	运城中条山获子峪中
28	官庄泉	闻喜官庄村，0.001	62	大水涧泉	运城中条山五龙峪中
29	官庄北泉	闻喜官庄村，0.003	63	小水涧泉	运城中条山五龙峪中
30	特家渠泉	闻喜东镇苍底，0.002	64	堡子峪泉	运城中条山五龙峪大水涧东
31	东沟泉	闻喜礼元东古赵，0.001	65	文波泉	临猗县仁寿村
32	岭沟泉	闻喜礼元昙泉村，0.001	66	双壁泉	临猗县西北灵岩寺
33	寺底泉	闻喜仁和寺底，0.008	67	黑龙潭泉	临猗县西南，已淤塞
34	南泉	闻喜仁和西刘家，0.007	68	王官双瀑	永济王官峪中，0.051
35	龙王东泉	闻喜仁和黄芦庄，0.028	69	神龙潭泉	永济中条山大谷村
36	龙王西泉	闻喜仁和黄芦庄，0.032	70	水谷潭泉	永济中条山水谷村
37	铁牛峪泉	闻喜裴社铁牛峪，0.026	71	泓龙潭泉	永济东南龙祥观
38	新阳底泉	闻喜后宫新阳庄，0.002	72	桑落泉	永济蒲州东南
39	酒务头沟泉	闻喜酒务头，0.001	73	苍陵泉	永济王庄村，0.045
40	文家坡沟泉	闻喜石英矿下，0.002	74	万古李泉	永济蒲州东南，0.010
41	南王莲池泉	闻喜河底南王，0.010	75	水峪	永济东南中条山中，0.023
42	桥水沟泉	闻喜河底桥水沟，0.003	76	大柳沟泉	永济东南中条山中，0.018
43	河底泉	闻喜河底五队，0.022	77	龙王峪泉	永济东南中条山中，0.016
44	柴庄泉	闻喜西官庄柴村，0.023	78	马铺头西峪泉	永济东南中条山中，0.013
45	王赵泉	闻喜裴社王赵，0.004	79	李家窑泉	永济东南中条山中，0.012
46	于沟泉	闻喜裴社保安，0.004	80	黄家窑泉	永济东南中条山中，0.018
47	小潭泉	闻喜裴社保安，0.002	81	张家窑泉	永济东南中条山中，0.017
48	小王沟泉	闻喜裴社小王庄，0.001	82	石佛寺泉	永济东南中条山中，0.014
49	涌金泉	夏县墙下村入安邑黑龙潭	83	陶家窑泉	永济东南中条山中，0.016
50	莲花池泉	夏县城内西北有二			

资料来源：《运城地区水利志》，第25—30页

表 5-2 所反映的是当代晋西南涑水河流域的泉眼分布情况，而历史时期整个流域的泉水利用有一个时间发展的脉络，而且利用泉眼灌溉也是比较少的。涑水河流域利用泉水灌溉的历史，最早出现在利用黄河干流沿岸之泉水。北魏郦道元《水经注·河水四》记载："河水又南，瀵水入焉。水出汾阴县南四十里，西去河三里，平地开源，濆泉上涌，大几如轮，深不可测，俗呼为瀵魁。古人壅其流以为陂水，种稻，东西二百步，南北一百余步，与郃阳瀵水夹河。"这里所指的瀵水，在今临猗县吴王村黄河干流东岸，今称吴王泉，为黄河岸边溢出泉。隋代，瀵水泉眼继续被利用。开皇元年（581），蒲州刺史杨尚希"引瀵水，立堤防""开稻田数千顷，民赖其利"[①]。千顷之地相当于今七八万亩，可见引泉灌溉工程规模之大。

西魏时曾设桑泉县，位置在今临猗县临晋镇东北，名称取自城东春秋时之桑泉古城，古桑泉城则因城北的桑泉。此泉直至清代还保持"汲之不枯，决之不流，既湮复出"[②]。唐初，在今临猗县境内曾设温泉县，自是当时那里也有温泉。[③]据《中国水利史稿》所载：在河中（今永济），唐末司空图移居故里中条山王官峪，周围 10 余里，山岩泉流成瀑，曾在此引泉水溉田 10 余顷。[④]

宋金元时期，涑水河流域利用泉水灌溉的记载偏少，明清时期逐渐增多。整个山西高原，据《读史方舆纪要》记载有泉水 191 处，其中有灌溉之利的 62 处，供城乡居民饮水的 20 处。又据光绪《山西通志》统计，到清代同治年间，全省有引泉灌溉之利的达 52 个州县，超过全省总州县的一半。可见，古代山西兴泉水灌溉之利者，可谓遍布高原山川。[⑤]运城地区绛、解、蒲三州所属的临晋、猗氏、万泉、荣河、虞乡、河津、永济、解州、安邑、夏县、闻喜、芮城、稷山等州县都有引泉的记载。清末引泉灌溉遍布整个涑水河流域，但上、中、下游发展又有些差异。

1. 永济引泉灌溉

据地方志记载，"中条山诸泉涧，上流下接，乃自然之利，经越村庄，民资灌溉，胥无阻滞"[⑥]。永济县泉水资灌者有大小、白石、临泉、寒谷、玉泉诸涧，

---

① 《隋书》卷 46《杨尚希传》，北京：中华书局，1973 年，第 1253 页。

② 嘉庆重修《大清一统志》卷 110。

③ 靳生禾：《从古今县名看山西水文变迁》，《山西大学学报》1982 年第 4 期，第 61—68 页。

④ 黎沛虹等：《中国水利史稿》（中册），北京：水利电力出版社，1987 年，第 33 页。

⑤ 张荷：《晋水春秋——山西水利史述略》，北京：中国水利水电出版社，2009 年，第 27 页。

⑥ 雍正《山西通志》卷 32《水利》。

都在县南。“大水涧，在县南十五里，地名大谷，北入姚暹渠；白石涧，在县南十五里，地名韩阳，西入于河；临泉涧，在县南五十里，地名胡营，南入于河；玉泉涧，在县南一百二十里，地名南张，至永乐镇溉田，余入于河；寒谷涧，在县南一百里，地名观后，南入于河。”①这五条泉涧中，只有大水泉涧出中条山北麓，流入涑水河流域。

2. 临晋引泉灌溉

前已说过在今临猗县临晋镇东北春秋时有桑泉古城，西魏置桑泉县，都是因为有桑泉，此泉眼至清代仍存在。清初经过政府的开凿疏通，又得以为居民所用。“桑泉，位于县东北十五里，带村、里泉村、北社村是其地也。泉久湮。至康熙十二年，知县潘士瑞掘于东北沟，得甘泉，欲疏凿西行，资民灌溉。”②瀑布泉，位于县南“王官谷天柱峰西，灌溉十五里许，居民就地远近，次第引水溉田，引水之法以时刻计，名一分水。自司空表圣定法，后因之不废。今王官之水以分计者一百一十九焉”③，引泉灌溉的用水秩序有明确的规定。芦子泉，“抢峰西北麓，今引以灌田”④。但是这些可资利用的泉水，在雍正八年之后属虞乡县所有。

3. 虞乡引泉灌溉

光绪《山西通志》载，虞乡泉水资溉者，王官谷、瀑布泉、风伯峪、石佛寺、黄家窑、张家窑、芦子泉，诸水并在县南，溉十余村田。

王官谷，南十里，水由故市镇西北渠入鸭子池，可灌谷口、故市等村地。⑤

瀑布泉，王官谷内天柱峰旁东、西二瀑，合流出谷口，居民就地远近，引以溉田。引水之法，以时刻记，名“一分水”。宋虞乡令俞充东《渠亭诗注》：“王官谷东、西二渠水，自司空表圣定法，谷中人以时用，至今不废。今王官之水以分计者一百一十有九焉。”

芦子泉水在枪峰西北麓，今寺僧、居民引以溉田。芦子泉与瀑布泉在雍正八年之后属虞乡县。这两眼泉之外，有东西二源头，“城东南一里，水泉数十流，四时不涸，余沥由城东桥下入申、刘二营”⑥。

---

① 雍正《山西通志》卷32《水利》。
② 雍正《山西通志》卷32《水利》。
③ 《古今图书集成·方舆汇编·职方典》第311卷《山川考四》。
④ 《古今图书集成·方舆汇编·职方典》第311卷《山川考四》。
⑤ 雍正《山西通志》卷32《水利》。
⑥ 雍正《山西通志》卷28《山川》。

百梯泉，“北流绕城东西，下经申、刘二营，入鸭子池，可灌城东西诸村地”①。

风伯峪，“水由新渠过申、刘二营入鸭子池，可灌峪下村地”②。峪口水，“张坊村、胥村、麻村等桥入鸭子池，可灌峪下村地”③。

石佛寺谷，“南三里中条山麓，山水北流，绕城东惠泽桥下，经申、刘二营入鸭子池；寺西小流即系柏梯、杨赵二村入鸭子池，可灌城东西诸村地”④。

黄家窑水，“灌窑左右，由新街村北，注五姓湖”⑤。

张家窑水，“城西南，灌窑左右，由坦赵、杨赵二村入鸭子池”⑥。

4. 猗氏县

唐初，在当今临猗县境曾设温泉县，自是当时那里也有温泉。⑦清代，猗氏县有黑龙潭泉眼，可供当地居民利用，“在县西南二十里，久湮。邑人王含光浚之，引渠溉田”⑧，这是猗氏县地方志中唯一的一条关于泉水灌溉的记载。

5. 安邑县

青石泉，雍正《山西通志》中记载：“青石泉，县东南三十里，出中条山，溉田数顷”⑨，姚娜认为：“至光绪年间，方志中就没有了关于青石泉的记载，说明利用青石泉水灌溉已不大可能。”实际上光绪《山西通志》仍记载“青石泉溉县东南傍山田”⑩，并征引《县志》：水由青石槽经东郭入黑龙潭。

6. 夏县

夏县有惠泉、莲花池诸泉溉田。惠泉，“在五里桥南，旧有泉汇而为泽。周围仅十数步，泉水腾涌，从官路自东而西，经辛庄村，居民苦之。乾隆壬午，知县李遵唐令从官道东南流，又谕民开渠灌，获自然之利，故名”⑪。莲花池，“一在城内西北隅，环一顷八十亩，一在城东北隅。两池皆植莲，盘曲相通，盖源泉

① 光绪《虞乡县志》卷1《舆地》。
② 雍正《山西通志》卷28《山川》。
③ 雍正《山西通志》卷28《山川》。
④ 雍正《山西通志》卷28《山川》。
⑤ 雍正《山西通志》卷28《山川》。
⑥ 雍正《山西通志》卷28《山川》。
⑦ 靳生禾：《从古今县名看山西水文变迁》，《山西大学学报》1982年第4期，第61—68页。
⑧ 雍正《山西通志》卷32《水利》。
⑨ 雍正《山西通志》卷33《水利》。
⑩ 光绪《山西通志》卷69《水利略四》，第4852页。
⑪ 乾隆《解州夏县志》卷2《山川》。

也。旧于城西北隅置铁窗以泄之，今改置砖洞于西门之北城墙外，覆之以桥，俗呼为六门。县令梅士杰命僧原智募修，附近田园引以灌溉，甚便。旱则多涸”[①]。

7. 闻喜

光绪《山西通志》载："县东北有甘泉渠，溉三村田；西北有野狐泉，溉三村田。"

温泉渠，"温泉有二，一在县东四十里官庄村，一在南湖村，二水相邻，俱冬温"[②]，当地居民利用温泉所设渠为温泉渠，"发源于东四十里官庄村，溉黄芦庄、上峪口村、下峪口村地七百五十六亩"[③]。

甘泉渠，"甘泉在县东三十里东镇北黑龙沟，水甘，南流入涑川"[④]，附近居民利用泉水灌溉，并设渠，名为甘泉渠，"甘泉渠发源于东三十里黑龙沟，溉交水口村、背后村、东镇等地三百五十二亩"[⑤]。光绪《山西通志》引县志："甘泉渠发源出县东三十里黑龙沟，溉交水口、上下东镇及背后村田。旧通志：溉田三百五十二亩九分。"

雷公渠，在县北十五里，源出野狐泉。"野狐泉在县北二十里，南流合社村、户头二泉"[⑥]，雷公渠源出于此，"由白土沟至城西北三里姚村，出沟行平地。前代尝引入城。嘉靖间城北地中尚有通水瓦筩。万历间知县雷复定分数，始姚村，次王顺坡、下白土、中白土、上白土、山家庄、坡底、薛庄、家坪、户头诸村，轮溉月一周，民甚德之，故名雷公渠"[⑦]。光绪《山西通志》引旧通志：水势涓微，止溉柏树神、薛庄、白土地二十二亩。

至此，清末涑水河流域流经州县拥有的泉眼数目为：虞乡县 8 处，闻喜县 3 处，夏县 2 处，安邑县、猗氏县、临晋县和永济县各 1 处，呈现出明显的区域分布不均衡。从利用泉眼灌溉的亩数看，涑水河上游的闻喜县的两处泉眼，即温泉和甘泉渠灌溉面积就超过千亩，与流域水资源的分布特征一致。同时对照表 5-2 发现，传统社会该流域各州县对泉眼资源的利用远远低于拥有的泉水资源量，开发利用程度较低。

① 乾隆《解州夏县志》卷 2《山川》。
② 雍正《山西通志》卷 33《水利》。
③ 乾隆《闻喜县志》卷 1《山川》。
④ 雍正《山西通志》卷 28《山川》。
⑤ 雍正《山西通志》卷 33《水利》。
⑥ 雍正《山西通志》卷 28《山川》。
⑦ 雍正《山西通志》卷 33《水利》。

第三节　城市引水与防洪

目前，涑水河流域有绛县、闻喜、夏县、运城市、临猗县和永济市等 6 座城市，这是 1949 年新中国成立之后行政区划重新调整和社会经济发展的结果。在历史时期，整个流域分布着更多的城市，本节按照流域源头到尾闾的顺序探讨这些城市与河流的关系。

1. 绛县

今涑水河源头区的绛县境内，只有一个城市——绛县县城，而在历史时期还有旧绛县县城。绛县全县地貌分为基岩山区、黄土低山丘陵区、黄土台塬区、山前倾斜平原区、冲积平原区等五种类型。今绛县县城处于黄土台塬区，地理坐标为东经 111°45′、北纬 35°29′，海拔高度约 750 米，明显不在涑水河冲积平原区，与涑水河没有太大关系。为考察涑水河上源河道和陈村水库等，笔者与刘闯、徐纪安曾于 2014 年 7 月 29—30 日住在绛县县城，得知该县新修了一条涑水大道（当时还未通车），似乎告诉人们涑水河还流经县境。另外，城内有些居民小区的名称与涑水有联系，如涑水佳苑、涑水豪庭等。今涑水河道干涸，绛县城与涑水河的依存关系不太明显，但从历史角度言两者之间的关系还是比较大的。

今绛县县城，是武德元年（618）由旧县城迁址至今县城所在地而发展起来的城市。明代郭太杰撰写的《绛县重导带溪水记》（弘治十三年正月上浣）[①]里面就讲到绛县城自宋元至明代曾利用涑水河源区的地表水资源解决城市民生用水。因绛县城址的特殊区位，居民用水比较困难，于是早在宋元时期就有利用县城东南陈村诸峰间泉流所汇的带溪水，解决了城市用水问题，有雍熙和元贞间碑记为证。到了明代，水道壅塞，无人问津，以致渠水干涸断流，给居民饮水造成极大的困难，“居民汲引者，出城西沟中，担负至艰，攀缘坡坂四五里”。明弘治五年（1492）山东济南府陵县人康恕任绛县知县，体察民情，解民危难。“闻古有带溪水，甘冽可以利民饮，盖浚之以济时用。”于弘治十三年（1500）

① 此碑文收录于绛县地方志编纂委员会《绛县志》，1997 年，第 763—764 页；又见张学会主编：《河东水利石刻》，太原：山西人民出版社，2004 年，第 39—41 页；张正明等：《明清山西碑刻资料选》，太原：山西人民出版社，2005 年，第 49 页。

带领群众，挖土开渠，疏通渠道，将带溪水重新引进城内，从源头陈村，经大乔、带溪龙王行祠[①]而西建立磴槽，然后穴墙入城，延入县治，从仪门右方流出（图 5-2）。“城民籍以为饮者千余家，靡不盆盈瓮溢，家给人足，民称大利”，解除了城市居民担水之苦。多余之水则“周灌街市”，“尔家我室，无不有渠”，成为美化街区的水源，或植松柏，或种菱芡、芙蕖，整个县城犹如花县。[②]此渠道疏浚利用之后，还曾出现用水过程中的纠纷问题。约在嘉靖初年，绛县势豪陈九汗、陈有贤等在带溪泉水上流设置碾磨，“独专其利”，甚至改变泉水入城路线，妨碍了城内人畜用水。嘉靖十九年（1540），经道、司、巡按逐级批示，对陈等进行审理，给予告纸银和赎罪米（折银）的处罚，并拆除水磨。戒谕陈等准照现年旧规使用水利，不许倚势强占。[③]牛建强研究认为：“地方各级政府权威的存在和干预，消除了危害地方水利秩序的因素，从而保证了水利设施普惠百姓和使用的正常化。”[④]到了清代，渠坏水涸，县城供水由辘轳井供给，机关、学校均雇人担水，学生开水定时定量。

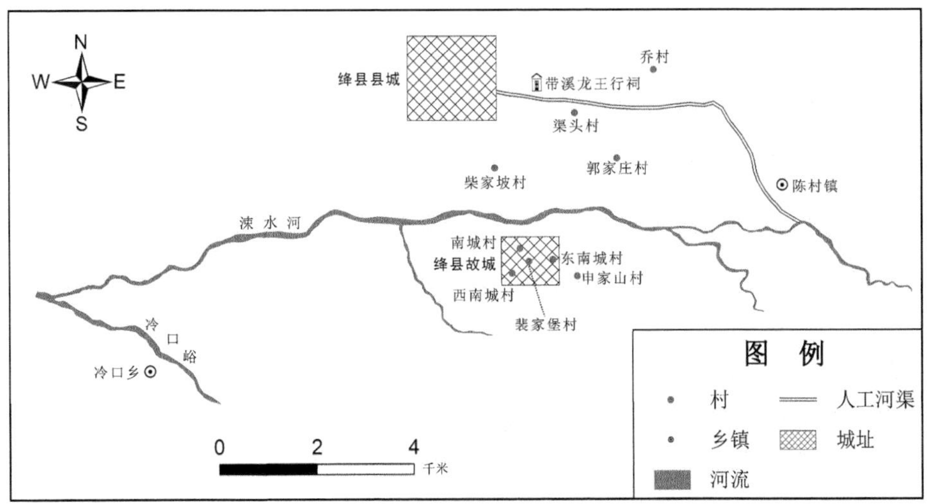

图 5-2　绛县城市变迁及明代引水示意图

① 《奉旨水利碑记》记载带溪泉水的路线为“由地名大乔村、郭家庄、渠头村、谭家庄流来本县街渠、布政二司、泮池暨县人畜食用”。另外，绛县的带溪龙王祠，见于清代雍正《山西通志·祠庙》。

② （明）郭太杰：《绛县重导带溪水记》，见张学会主编：《河东水利石刻》，太原：山西人民出版社，2004 年，第 39—41 页。

③ 《奉旨水利碑》，张学会主编：《河东水利石刻》，太原：山西人民出版社，2004 年，第 217—218 页；又见张正明等：《明清山西碑刻资料选（续一）》，太原：山西古籍出版社，2007 年，第 177 页。

④ 牛建强：《明代北方水利滞后与官员试图改观现实的努力》，《史学月刊》2015 年第 3 期，第 32—47 页。

旧绛县县城（图 5-2 中的绛县故城），是北魏孝文帝太和十八年（494）至唐武德元年（494—618）绛县县治所在地，唐武德元年（618）移治今绛县。《太平寰宇记》记载绛州绛县，“后魏孝庄帝改属南绛郡，县理车箱城，今县南十里车箱城是也”。据新编《绛县志》记载：旧县城在今县城南 5 千米处南城村的车厢城。今东南城、西南城、裴家堡 3 个自然村与车厢城隔沟相望，基本成鼎立之势[①]（图 5-2）。车厢城的建城历史比较早，始建于春秋时期。周惠王八年（公元前 668 年），晋献公将车厢城首次命名为绛，并定晋都于此地。车厢城南屏高山，东西均为沟堑，北辟一城门。呈南宽北窄梯形，形似古车厢，便得名车厢城。北魏孝文帝太和十八年（494），在绛县境内置南绛县，治所在车厢城。唐武德元年（618），将县治由车厢城迁至今城址。今车厢城遗址尚存城墙、城门、古井遗迹。城墙内占地约 30 亩。加上外围观兵台、校场等遗址，南北长 100 余米，东西宽平均约 30 米，占地面积 50 余亩。[②]由图 5-2 可知，旧绛县县城位于涑水河南岸，涑水河对该城市的城市形态和交通等都产生了重要影响。

2. 闻喜县

今闻喜境内历史时期曾出现诸多城市，如曲沃城、桐乡城、左邑城、闻喜城等，城址迁徙频繁，城市之间的关系错综复杂，厘清各城市之间的关系是首要任务。现以今闻喜县城为切入点，追溯和复原不同时期的闻喜城市，以便探讨这些城市与涑水河的关系。

秦汉时期，今闻喜县境属于左邑县。左邑县，秦置，属河东郡，西汉同，新莽改名兆亭县，东汉废，闻喜县来治。这里闻喜县，据《汉书》卷 6《武帝纪》载：元鼎六年冬“行东，将幸缑氏，至左邑桐乡，闻南越破，以为闻喜县”。颜师古注：“左邑，河东之县也。桐乡，其乡名也。”这表明西汉元鼎六年（公元前 111 年）在左邑县的桐乡析设闻喜县，这样西汉后期今闻喜县境内有左邑、闻喜两座城市并存。秦汉左邑县的历史更早，据《水经·涑水注》：“涑水又西南迳左邑县故城南，故曲沃也。晋武公自晋阳徙此，秦改为左邑县。”[③]左邑县又是由“故曲沃”演变而来。至此，左邑县的沿革就很清楚了，左邑县是由秦改晋之曲沃而来，秦汉属河东郡，元鼎六年在左邑县桐乡析设闻喜县，此后左邑、闻喜两座县城并存。东汉时期，废左邑县并入闻喜，今闻喜境内只存一座

① 绛县地方志编纂委员会：《绛县志》，第 39—40 页。

② 绛县地方志编纂委员会：《绛县志》，第 39—40 页。

③ 《太平寰宇记》卷 46《解州》，也有记载。

县城，而闻喜县治则从古桐乡迁到原左邑县址。

《太平寰宇记》卷 46 解州“闻喜县”载：“本汉左邑县之桐乡也，……按汉闻喜县在今西南八里桐乡故城是也。后汉废左邑县，移闻喜县理之。至后魏改属正平郡，周武帝移于柏壁，在今正平县西南二十里。隋开皇三年，罢郡属绛州，十年自柏壁移于甘谷口，唐武德以来，县属不改。元和三年，河中节度使杜黄裳奏移神策军于县宇，官吏权止桐乡佛寺，至十年，刺史李宪奏复置县于桐乡故城，即今理也。”这段话点出了东汉至唐闻喜县治的演变情况，北周武帝移治今新绛县西南 10 千米柏壁村，隋开皇十年（590）移治甘谷口，唐元和十年（815）复还桐乡故城。嘉庆重修《大清一统志》卷 155 绛州古迹“闻喜故城”载：“按五代时，县治又移还左邑故城，而《寰宇记》不载，后人遂疑今治即故桐乡城，误。”这表明闻喜县治于五代时期又有一次移动，从桐乡故城迁到左邑故城，即今闻喜县治所在。

至此，今闻喜境内的几座城市的脉络演变关系，可绘制成示意图（图 5-3）。

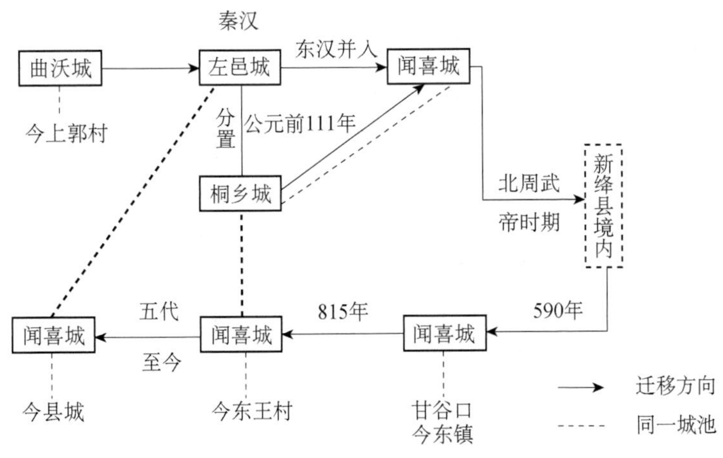

图 5-3　闻喜县城市演变示意图

通过图 5-3 可知，闻喜县城市的演变非常复杂，除北周到隋开皇十年（590）迁址新绛县外，至少有 4 座城址曲沃城、左邑城（今闻喜县城所在地）、桐乡、甘谷口（隋唐闻喜城）。

对这四座城市的地理位置，谢鸿喜认为曲沃故治在今曲沃县西南 5 里凤城村，考古学家经过发掘证实为“曲沃古城”，大碑竖于凤城，所谓“今闻喜古曲沃”之说不攻之破。西汉闻喜治今闻喜县城，即桐乡城，东汉至唐元和十年（815）

除北周至隋初县址移柏壁数年外，均在东镇。汉代左邑县，故治在东镇，在闻喜县东北 24 里处。给出的理由为“唐元和之前闻喜县治在今县东 24 公里东镇。东镇东邻涑水，南控涑川，北有董池，晋国筑有避暑城，西北有晋国军镇清源城，实为晋国西南第一门户，以晋国左邑城当之无愧。汉为左邑县，汉武帝于桐乡闻捷而立闻喜县，桐乡身价倍增，左邑相形见绌，桐乡升县，并非因为实际确有设县的必要，而是因为‘闻喜’报的政治原因，闻喜代替左邑势所必然。从自然条件分析，闻喜县是无法和东镇相比的，所以桐乡闻喜于后汉又迁至左邑，北周时县迁柏壁，隋初又返回左邑，唐元和十年又由于河中节度使杜黄裳和刺史李宪的奏章，县治又由左邑返回桐乡”[①]。谢氏观点可能有几点值得商榷，一是无法解决前文《水经注》涑水河道复原时所指出的在沙渠水以东涑水河南岸有桐乡城的问题，二是隋开皇十年闻喜由绛州柏壁移治甘谷口，谢氏定位在今东镇，为何文献不直接记为闻喜故城（左邑县故址），而另用甘谷口呢。显然没理清楚闻喜县城市的演变关系。《中国历史地图集》中开元二十九年（741）“河东道”图中，闻喜县是标在涑水河北岸东镇附近。[②]

徐少华研究认为：晋都曲沃故城当在今山西闻喜县东南约十里的上郭村遗址一带，位于涑水左（东）岸，其附近所发现的大量两周之际至春秋中期的墓葬材料是为明证。秦汉左邑故城即今闻喜县治，与曲沃故城隔涑水上下相望，可见秦虽因曲沃故地而置左邑县，然县治并非曲沃故址，而是在曲沃城西北、涑水上游右（西）岸不远处另建新治。古桐乡、西汉闻喜县则在今闻喜县东北、涑水河南岸的伯里合不花墓至东王村附近。[③]东汉废左邑县后，原左邑县属地全部或部分并入了闻喜县，闻喜县治则从原来的桐乡城迁移到原左邑县治。南北朝后期至隋初，闻喜县治经过了几次变动，至元和十年，因刺史李宪的奏议，“复置”（应是移徙）闻喜县于桐乡故城，即唐宋闻喜县所在。闻喜县治于五代时期又有一次移动，从桐乡故城迁到左邑故址，即今闻喜县所在。

从图 5-4 可以看出，闻喜县不同时期的城市都位于涑水河的两岸，都是利

---

① 谢鸿喜：《〈水经注〉山西资料辑释》，太原：山西人民出版社，1990 年，第 96—98 页。

② 《中国历史地图集》第五册《隋唐五代》，第 46—47 页。

③ 徐少华：《晋都曲沃故址析异——兼论秦汉左邑县和古桐乡、西汉闻喜县的位置》，四川大学历史文化学院编：《纪念徐中舒先生诞辰 110 周年国际学术研讨会论文集》，成都：四川出版集团、巴蜀书社，2010 年，第 374—380 页。上郭古城址，位于闻喜县桐城镇上郭村，面积约 7.5 万平方米。考古人员认定其为春秋晚期的古曲沃城。见陶正刚：《闻喜县上郭东周墓地》，中国考古学会编：《中国考古学年鉴（1989）》，北京：文物出版社，1990 年，第 128 页。

用了涑水河和涑水河谷平原为建城的地理环境。

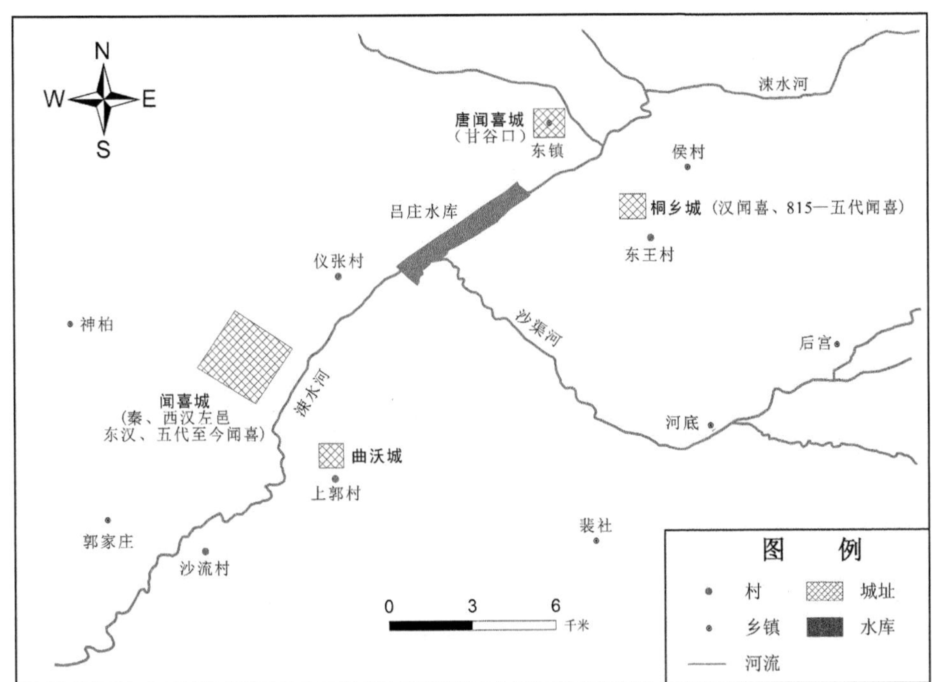

图 5-4　闻喜县城市分布图

今闻喜县城是五代再次迁今城并至今相袭沿用的闻喜城市，它坐落于涑水河上游谷地的低阶地平原上，中条山与峨嵋岭南北夹峙，涑水河自东北而来，经城池南部向西南流去。“两山夹一川”特殊的地理区位环境，决定了闻喜城市引水与防洪的独特性（图 5-5）。

据乾隆《闻喜县志》卷二《城池》载，当时的城池规模为“周围五里三十二步，高二丈七尺，厚一丈五尺，池深二丈、阔三丈。门四，东曰迎晖，南曰仰薰，西曰阜成，北曰仰微”。当然这一城市规模是秦汉左邑城，以及五代再次迁今城开始营造并经过后世多次重修而成的。乾隆《闻喜县志》就提到明代正德、嘉靖、万历元年、万历二十六年、崇祯，清代顺治六年、顺治七年、顺治十六年、康熙四十年、乾隆二十年等年份都有修筑城池的记载，这其中嘉靖、万历元年、万历二十六年的浚修活动都与城市防洪有关。

发源于中条山与峨嵋岭南北两侧山中的千沟万壑之水都汇流于涑水河内，天作淫雨之时，水患遂不可免。文献对此记载“主水既无所分，而中条山水北

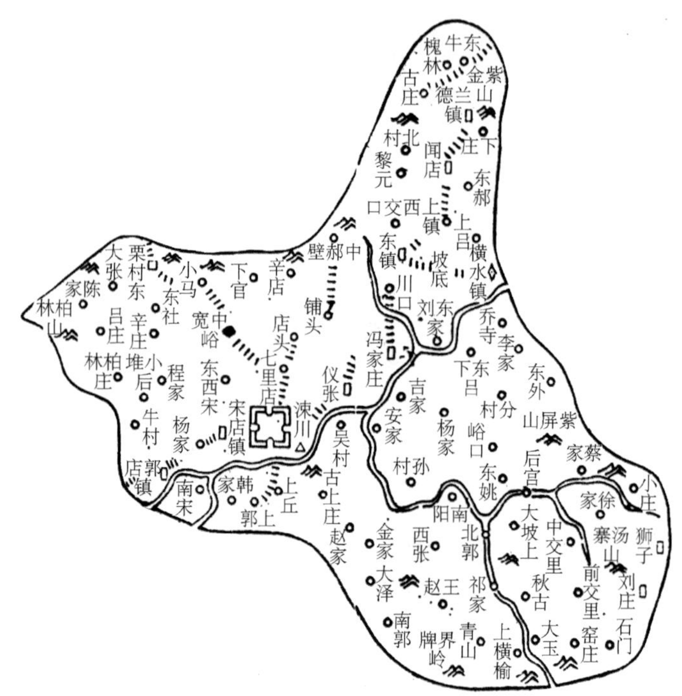

图 5-5　闻喜县区位形势图[①]

入，峨嵋岭水南入，于是水势滋大”[②]，城池南侧易遭洪水的侵扰。加之涑水河系“沙底，善崩”，加大了防治水患的难度。涑水流经闻喜县治逼临西关，据翟绣裳记载“时为暴涨，冲圮路几”，并且“自甲申得请归田来，今三见冲圮”。[③]县城南桥也屡被水冲，“及夏秋暴涨，众壑皆归，则奔冲澌湃，怒浪如山，汹涌数仞”。洪水过后，则是“安则两岸湍齿如壁，填淤加漫，弗可度涉”。且在嘉靖元年（1522），县府募请曾在夏县水头镇修建过桥梁的禅僧可良修桥，此桥自开工到完工前后共花了 20 余年，工程浩大坚固，“其南堤贯铁甃石以防冲决，延袤自城下抵南关，凡一十八丈，高三丈，广如之，南北为三洞，洞可建丈五旗，北为旱门以通行旅。又其下累石至锢，三泉水突至，溲泄其中，有倒流三峡之势，凭高俯瞰可为奇观，据远望之隐隐若虹之饮于河也”[④]。万历元年（1573）闻喜知县王象乾在南城外始筑石堤防护涑水河水，此事被李汝宽的《护城石堤

① 以下各州县区位形势图均取自光绪《山西通志》卷 2《府州厅县图》、卷 3《府州厅县图》。

② （明）李汝宽：《创建护城石堤记》，光绪《闻喜县志》卷 11《艺文志》。

③ （明）翟绣裳：《创修西关石崖记》，乾隆《闻喜县志》卷 11《艺文》。

④ （明）李汝重：《创建南桥记》，乾隆《闻喜县志》卷 11《艺文》。

记》记载下来。其先令人深挖城池南侧的涑水河道，“见黄泥而止”，同时遍插木桩，“以石杵筑入，木尽而止”，然后于木桩之上铺石垒堤，石堤总长 160 余丈，高 2 丈余，阔 1 丈余[①]，有效遏制了涑水河为患城市的情况。李嘎论文中指出“受制于城区地势高下不一的微地貌特征，城市积水也是闻喜城水患的重要表现形式”。闻喜县在万历二十二年、二十九年、三十一年改造城隍庙前污池、新修出大西门水路，以解决城内积潦。[②]

闻喜县城居民饮水历来靠涑水河水和井水，以河水为主。2011 年笔者在闻喜县南关考察时，发现涑水河两岸倾倒不少生活垃圾，河道污染严重，黑水横流。

3. 夏县

夏县在北魏孝文帝太和十八年（494）之前属于安邑县地。谭其骧先生指出“从传说的古史来看，唐尧、虞舜、夏禹时代的首都都在今天的山西南部。”[③]“禹都安邑在今天的运城县境内”，可能有误，应在今夏县禹王乡禹王城，考古工作者对此城有勘测调查。[④]战国时期称安邑，周威烈王二十三年（公元前 403 年）韩、赵、魏三家分晋后，安邑为魏国的国都。秦灭魏后仍称安邑县，秦统一六国后，安邑为河东郡郡治所在地。汉、晋仍为安邑县。据《魏书》卷 106《地形志下》记载，北魏孝文帝太和十一年（487）将原安邑县分为南安邑、北安邑二县。[⑤]北安邑县仍在故治，南安邑县治在今运城市盐湖区安邑街道。十八年（494）改北安邑县为夏县。新编《夏县志》认为：“孝文帝太和十八年（494）县城迁到北安邑县城东 7.5 公里处，更名为夏。”[⑥]也就是今夏县城市所在地。唐先后属虞州、绛州、陕州。金贞祐三年（1215）改属解州，元明清因之。民国至今县名不改。这样，夏县境内有两座城市，一是 494 年之前的安邑城，夏代为都城，东周魏国的国都，秦汉为河东郡郡治和安邑县治所在地；一是 494 年沿用至今的夏县城（图 5-6）。

---

① （明）李汝宽：《创建护城石堤记》，光绪《闻喜县志》卷 11《艺文志》。

② 李嘎：《旱域水潦：明清黄土高原的城市水患与拒水之策——基于山西 10 座典型城市的考察》，《史林》2013 年第 5 期，第 1—13 页。

③ 谭其骧：《山西在国史上的地位——应山西史学会之邀在山西大学所作报告的记录》，《晋阳学刊》1981 年第 2 期，第 2—8 页。

④ 陶正刚、叶学明：《古魏城和禹王古城调查简报》，《文物》1962 年第 4、5 期，第 59—66 页；中国科学院考古研究所山西工作队：《山西夏县禹王城调查》，《考古》1963 年第 9 期，第 474—479 页。

⑤ 今编《夏县志》认为北魏神麚元年（428）在安邑县南 20 千米处设南安邑县，原县为北安邑县。孝文帝太和十八年县城迁到北安邑县城东 7.5 千米处，更名为夏。见《夏县志》：第 3 页。

⑥ 《夏县志》，第 3 页。宋杰将南安邑县定为夏县，北安邑县定为安邑，地理位置显然搞颠倒了。见宋杰：《两魏周齐战争中的河东》，第 141—144 页。

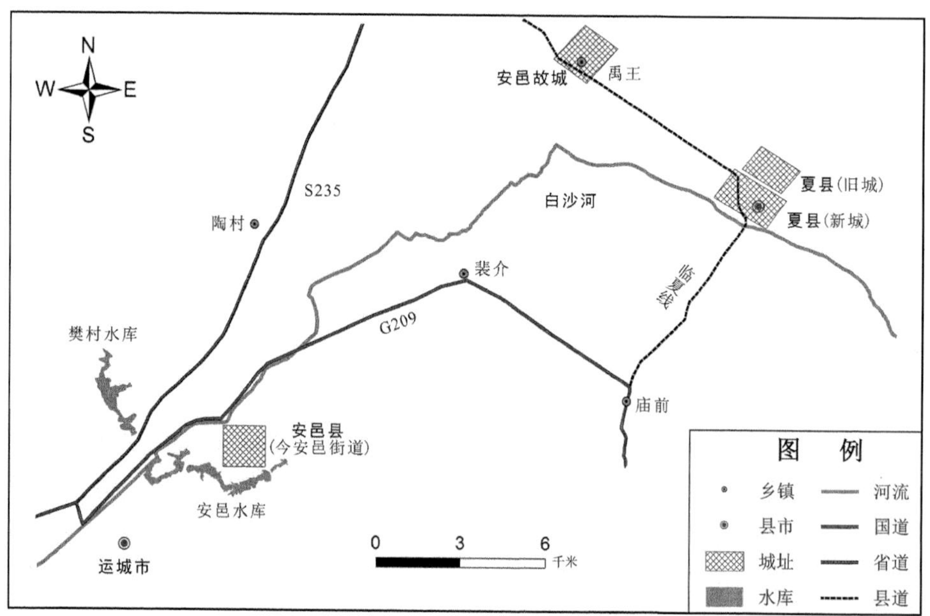

图 5-6　夏县、安邑城市分布图

494 年之前的安邑城，又被称作“禹王城”，是晋国卿大夫魏绛的封邑。自三家分晋到魏惠王九年（前 361），安邑一直是魏国的都城。秦、两汉，为河东郡治与安邑县治，在今运城夏县禹王城。20 世纪 60—90 年代，考古工作者对禹王城遗址进行了调查、钻探和小规模发掘，对其时代、性质、布局及内涵等有了大致了解。[①]禹王城位于今夏县西北 7.5 千米处的禹王村至郭里村一带，城址包括“大城、中城、小城和禹王庙。中城在大城以内的西南部，小城在大城中部和中城的东北角，禹王庙在小城外东南角，其中大城相当于郭的性质，中

① 陶正刚、叶学明：《古魏城和禹王古城调查简报》，《文物》1962 年第 4、5 期，第 59—66 页；中国科学院考古研究所山西工作队：《山西夏县禹王城调查》，《考古》1963 年第 9 期，第 474—479 页；张童心：《禹王城陶质半两钱模考》，《文物世界》1992 年第 3 期，第 75—76 页；张童心、黄永久：《夏县禹王城庙后辛庄战国手工业作坊遗址调查简报》，《文物世界》1993 年第 2 期，第 11—16 页；童心、黄永久、王在京：《山西夏县禹王城汉代铸铁遗址试掘简报》，《考古》1994 年第 8 期，第 685—691 页；黄永久：《禹王城遗址发现的铸币范》，山西省考古所等《山西省考古学会论文集（二）》，太原：山西人民出版社，1994 年；张童心等：《禹王城地坑式陶窑发掘简报》，山西省考古所等《山西省考古学会论文集（二）》，太原：山西人民出版社，1994 年；张童心、王在京、黄永久：《禹王城一铁斧的铸造和使用》，《文物世界》1998 年第 1 期，第 90—91 页；张童心、黄永久：《禹王城汉代制陶模具考》，《上海文博》2003 年第 4 期，第 52—55 页；陶正刚、黄永久：《山西禹王城出土铸钱石范》，《“中国北方地区钱币发现与研究”学术研讨会专集（二）》，2005 年，第 19—20 页；张童心、黄永久：《禹王城瓦当：东周秦汉时期晋西南瓦当研究》，上海：上海古籍出版社，2010 年；乔云飞：《山西夏县禹王城历史研究》，《文物世界》2013 年第 1 期，第 25—27 页。

城相当于西城的性质，小城只是宫墙性质”[①]。整座城址是一座大城（图 5-7），从现有的考古发掘资料来看，大城的平面应该是北窄南宽近似梯形状，北墙长 2100 米，南墙长 3565 米，西墙长 4980 米，东墙残留的北段长为 1530 米。西墙外发现有护城壕的遗迹。城内文化堆积厚度约 2 米，北中部及靠近小城、中城附近的文化堆积也较丰富，大城东半部因地处河滩地，地势较低且文化遗存较少。中城位于大城西南部，被认为是秦汉河东郡治所，平面略呈方形，面积约 600 万平方米。城之西、南两墙分别沿用大城的西墙和南墙的一部分，北墙长约 1522 米。墙体夯筑，夯层厚约 0.08 米。城内布满汉代文化层，除西南角外，其余区域的文化遗存均很丰富，堆积厚度一般在 2 米左右，另外还分布有少量东周时期的文化遗存。1991 年曾在城内发掘，清理遗迹有灰坑、陶窑、水井、道路等，出土有各类陶罐、盆、筒瓦、瓦当、砖、货币、陶范、半两陶模等，还发现有冶铸遗址。[②]小城的平面整体上也呈方形，东南角缺了一块长方形。[③]该城地势略高，其地表分布有东周时期和汉代遗物，文化堆积厚度在 3 米左右。总体来看，禹王城的汉代遗存多为东周时期的遗存。禹王台，又称禹王庙、青台，位于小城的东南角，它建筑于一个方形的夯土台上，夯土台现高 9 米，南北长 70 米，东西宽 65 米。禹王庙系近代建筑，早期建筑已毁于民国时期的战火。废墟上发现的最早遗物是明嘉靖年间的残碑。

安邑城的平面布局，符合杨宽认为的“西城东郭”布局模式，是西周初期流传下来的，战国时期大多数国家推行的国都布局模式，如齐国的临淄、韩国的新郑、赵国的邯郸、秦国的雍等。安邑城池规模巨大，杨宽认为中城相当于临淄、新郑的西“城”性质，大城相当于东“郭”的性质，西“城”也正位于东“郭”的西南角，布局方式基本一致。[④]汉代沿用其“城”而弃其“郭”，这种城郭结构符合东周时期中原地区诸侯城的布局规律。[⑤]

从 494 年沿用至今的夏县城。夏县城位于瑶台下西部、中条山北麓石质山坡区前缘平原上。地理坐标为东经 111°18′，北纬 35°08′，海拔高度为 401—455 米。白沙河从城南流过，红沙河紧邻城北环绕。

① 陶正刚、叶学明：《古魏城和禹王古城调查简报》，《文物》1962 年第 4、5 期，第 59—64 页。

② 童心、黄永久、王在京：《山西夏县禹王城汉代铸铁遗址试掘简报》，《考古》1994 年第 8 期，第 685—691 页。

③ 陶正刚、叶学明：《古魏城和禹王古城调查简报》，《文物》1962 年第 4、5 期，第 59—64 页；中国科学院考古研究所山西工作队：《山西夏县禹王城调查》，《考古》1963 年第 9 期，第 474—479 页。

④ 杨宽：《中国古代都城制度史》，上海：上海古籍出版社，1993 年，第 87 页。

⑤ 王银田：《山西汉代城址研究》，《暨南史学》第 6 辑，桂林：广西师范大学出版社，2009 年，第 67—90 页。

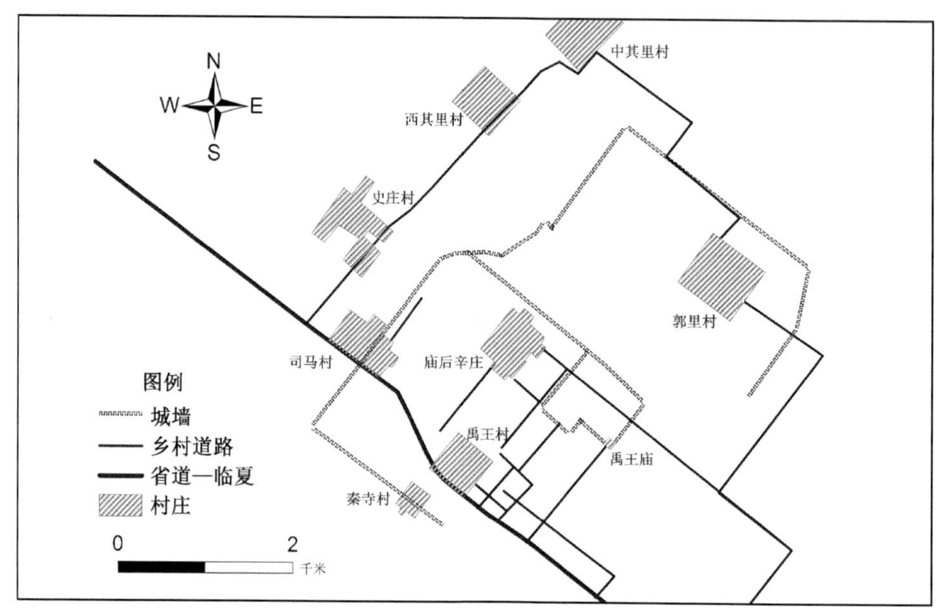

图 5-7　494 年前的安邑城（夏县禹王城）

夏县（旧城，图 5-6）为正方形，土身，砖垛，似龟背。门五，东曰朝阳，西曰安定，南曰南阳，北曰北固，东南隅曰云路。周围五里一百三十七步，高三丈五尺，池深五尺，创建于北魏神麚元年（428）。明清时期曾多次重修，较近的记载有：清乾隆二十七年（1762），知县李遵唐以城东北近河，于城下砌砖三层，高七尺，护以石堤高四尺，厚三尺；又筑石堰于城东门外，坚厚巩固，永防水患。清同治六年（1867），知县陈世伦浚四城外池，宽五尺，深八尺，补修南北郭门，更名南门为迎薰，北为拱极。1952 年，县城向西门外发展，原西门口成了新县城的中心（图 5-6 中夏县新城），以此为交叉点，分为东、西、南、北四条街。东西为东风街，长 2460 米，宽 35 米；南北为新建路，长 1600 米，宽 26 米。城区内总面积达 4 万平方米。①

白沙河，发源于夏县泗交镇瓦沟村，流经涧底、大庙、樊家峪、南山底入白沙河水库。出瑶台、中留水库、苦池水库经姚暹渠入黄河。河道长 17.5 千米，流域面积 76.4 平方千米，峪口以上纵坡为 31.6‰，以下纵坡为 19‰，上游河床比较稳定，下游因泥沙淤积形成悬河，河道年平均径流量为 933 万立方米，清水流量为 0.122 万立方米，水质较好。流域多荒山秃岭，水土流失严重，历史

① 夏县地方志编纂委员会编：《夏县志》，北京：人民出版社，1998 年，第 6—7 页。

上洪灾频繁。1958 年和 1990 年先后建成中留水库和白沙河水库对保护夏县县城、禹王、裴介和盐池不受洪水侵害起了巨大作用。从 1991 年起铺设管道 23 千米，将清水送至运城市区，日供水 2 万立方米。[①]红沙河是夏县瑶峰镇境内的一条重要河流，长约 6.1 千米，集雨面积 9.5 平方千米。

由图 5-8 可以看出，位于中条山脉西麓的洪积冲积平原上的夏县城，其城南的白沙河对城市防洪影响很大。[②]白沙河发源于中条山巫咸谷，经城南西流，汇入姚暹渠，流路较短，但河道比降大，文献记载“发源于中条山巫咸谷，经邑胜览楼南，小南关北，折而西北流三十里，南会姚暹渠。历代以来率溃决为患”[③]。明清时期经常发生河水决岸的惨剧，“白沙河流出高地，视若建瓴，决

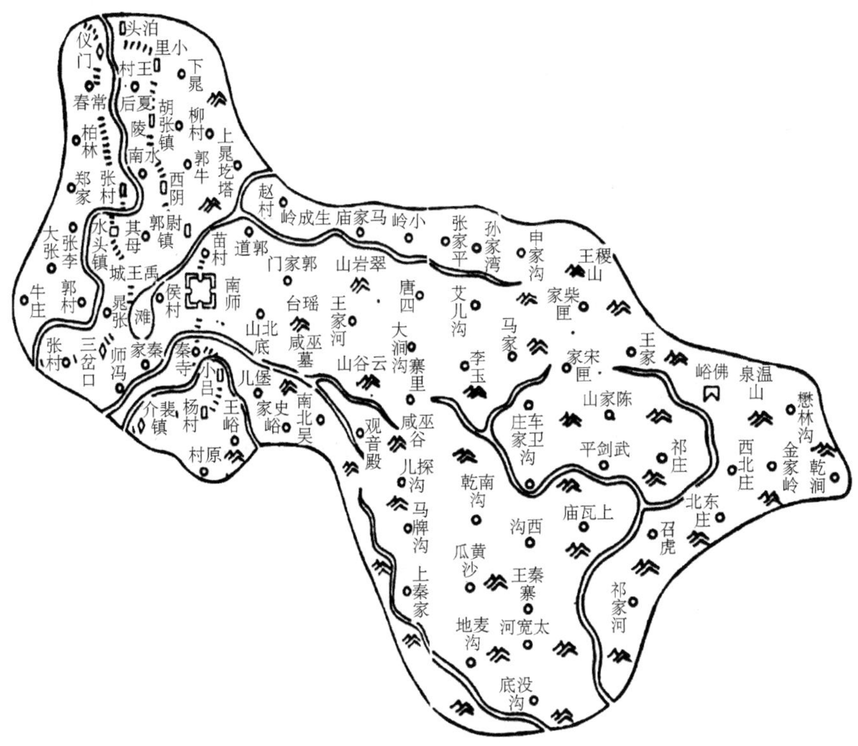

图 5-8　夏县区位形势图

① 运城地区水利志编纂委员会：《运城地区水利志》，香港：天马图书有限公司，2001 年，第 33 页。

② 李嘎曾对明清时期夏县的城市水患与拒水之策进行过初步研究，见李嘎：《旱域水潦：明清黄土高原的城市水患与拒水之策——基于山西 10 座典型城市的考察》，《史林》2013 年第 5 期，第 1—13 页。

③ 乾隆《解州夏县志》卷 2《山川》。

而南则破李绰堰而害及盐池，决而北则害及城关而余波延及村落”[①]。对盐池、夏县城及周围村落皆造成很大威胁。据光绪《夏县志》记载[②]，明清时期夏县白沙河出现的洪涝灾害有：

隆庆四年六月二十二日夜，大雷雨，山水涨发，白沙河堤溃，水溢入城，南流冲破盐池禁墙，数年盐花不结。

万历十四年七月初一日，东山大雨暴作，白沙河水涨，北堤崩决，南关房屋墙垣漂没，大石覆压，宛如旷野，人民死者三百有奇，是年岁旱大饥馑。

崇祯六年，白沙河决，南堤徙而南，石压民田，永难开垦。

顺治十年，白沙河北部堤决，水入东门，城隍庙、官衙俱被浸没。

康熙十八年八月十五日，大雨，至九月二十一日止，白沙河水冲入盐池，盐花不生，夏邑城垣倾倒，民居损坏，田禾淹没，民饥。

三十九年，大雨，白沙河水冲决北堤进城南门外，铺店漂没，各村被灾。

乾隆十年秋，大雨，白沙河北堤决，水入城东门，门楼尽圮，城隍庙西牌坊坏，民居漂没甚多。

二十四年秋，雨暴作，白沙河水涨，南堤崩决，损伤民田无数。

二十七年闰五月，积雨水涨，（白沙河）南北堰间被冲塌。[③]

道光二年，大雨，白沙河南堤决，溢入盐池。

十二年七月二十一日，大雨，山水陡发，白沙河南北堤皆决，冲破东关，漂没集场，漫入云路门，损伤民房甚多，南流冲破盐池。

此处明显看出明清时期白沙河为害城池的事件屡见不鲜。以万历十四（1586）年水患为例，是年“七月初一日，东山大雨暴作，白沙河水涨，北堤崩决，南关房屋、墙垣漂没，大石覆压，宛如旷野，人民死者三百有奇”[④]，对县城造成了极大破坏。碑刻资料对此次水患也有记载：“日移午，而关南半没矣。涛翻浪怒，虎啸□奔。顷之，辑鳞次之众，朝且治生，夕登鬼录。而比庐联堵之境，为沙铺砚枕之场。计所湮没而溺。［阙］者什三，其以逐末，至而萍聚者什一。”[⑤]由此可见，白沙河决溢灾害对县城包括周边地区带来的巨大破坏。为

① 光绪《夏县志》卷1《舆地志・山川》。

② 光绪《夏县志》卷5《灾祥志・灾荒》。

③ （清）沈栻：《白沙河南北岸改建石堰记》，见张学会主编：《河东水利石刻》，太原：山西人民出版社，2004年，第284页。

④ 光绪《夏县志》卷5《灾祥志・灾荒》。

⑤ （明）卢应议：《夏县白沙河河堰成功记碑》，见张学会主编：《河东水利石刻》，太原：山西人民出版社，2004年，第158—160页。

防治水患，白沙河两岸很早就筑有河堰，但因系土堰极易损坏。如万历十四年发生白沙河水涨灾害之后就修筑了河堰，有《夏县白沙河河堰成功记碑》[①]。清代乾隆二十七年（1762）政府遂决定再修堤堰，形成白沙河南、北石堰，“抚宪明公会同盐宪萨公，奏准酌拨存留公项银七千余两，又支盐法存贮银四千两，筑南北石堰约计五里，并酌定章程。嗣后，北岸责令民修，南岸归入盐法，岁修维时。督其事者河东副宪沈公、运宪吴公，承修者州守言如泗、县令李遵唐也。帮筑土贻，加砌灰石，高一丈，暨一丈三尺不等，顶宽一丈有余。从此坚固高厚，蜿蜒绵亘，诚一劳永逸计也。附近民田引水灌溉，并食其利”[②]。同样，有《白沙河南北岸改建石堰记》[③]将此事记载下来。在修筑白沙河南、北石堰的同时，当政者也非常注重对夏县城市的防洪设施建设，在夏县城市附近修筑护城堤和月形石堰以抵御白沙河水患。夏县知县李遵唐于城东北近白沙河处修筑护城堤，砖砌三层；复筑石堰于城东门外，“其形似月”，能对侵袭洪水起到缓冲作用，从而降低对城市的威胁，“水患赖以无恐”。[④]

除了夏县城南的白沙河两岸修筑防洪堤堰外，该县还有一些河池也修筑有防洪堤堰。光绪《山西通志》记载夏县的河堤有：白沙河堤在南城外，高德堰在县北，莲花池堰在县南，李绰堰即姚暹渠首也，经县南。[⑤]

高德铁堰：“在县北五十里，中条山谷水北注闻喜美阳川大泽中，北溢为小泽，复南溢入县境青龙河。古建石堰，督工者高德也，故名。”[⑥]

莲花堰：“有二，俱在墙下村南，防涌金泉入盐池。又有匙尾堰、中花堰、轩辕堰，以上诸堰皆防姚暹渠崩决之患而杀其急流之势也。”[⑦]

永丰渠堤，亦名李绰堰，即姚暹渠上游，旧筑有堤，岁时修浚。

4. 安邑

北魏孝文帝太和十一年（487）置南、北安邑县，北安邑县治在今夏县禹王城，南安邑县治在今运城市盐湖区安邑街道（图 5-6）。隋改南安邑县为安邑县，

---

① （明）卢应议：《夏县白沙河河堰成功记碑》，见张学会主编：《河东水利石刻》，太原：山西人民出版社，2004 年，第 158—160 页。

② 乾隆《解州夏县志》卷 2《山川》；光绪《夏县志》卷 1《舆地志・山川》。

③ （清）沈栻《白沙河南北岸改建石堰记》，见张学会主编：《河东水利石刻》，太原：山西人民出版社，2004 年，第 284—285 页。

④ 光绪《夏县志》卷 6《官师志・宦绩》。

⑤ 光绪《山西通志》卷 69《水利略四》，第 4854 页。

⑥ 乾隆《解州夏县志》卷 2《山川》。

⑦ 乾隆《解州夏县志》卷 2《山川》。

属虞州。唐初先后属蒲州、陕州，至德二年（757）改名虞邑，大历四年（769）复曰安邑，后属河中府。宋金元明清俱属解州，民国县名不改。1958 年并入运城县，今为运城市盐湖区安邑街道。

安邑城池的修筑，当始于北魏孝文帝太和十八年。明清时期多次重修，“高四寻，阔半之，围六里十三步，池深丈余。为门四，东曰迎庆，西曰永宁，南曰南薰，北曰拱极。四门重楼，各有角楼，凡四”①。安邑县境内有涑水河、姚暹渠、苦池和盐池等（图 5-9），从图中看安邑县城附近的姚暹渠对城市的防洪利害关系较大。

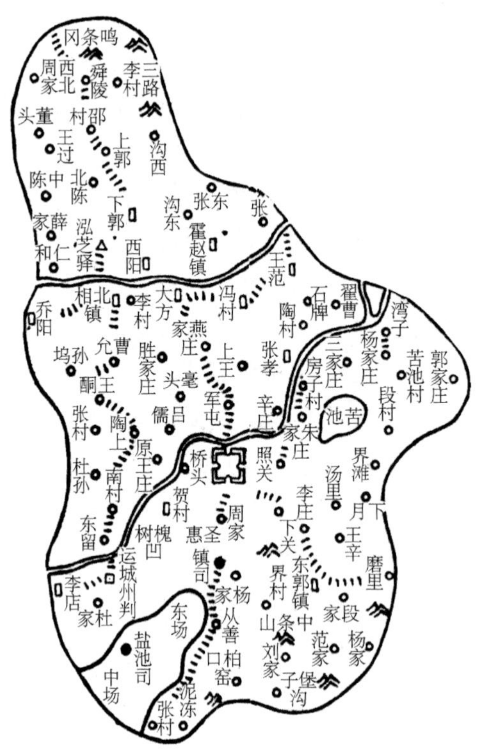

图 5-9　安邑县区位形势图

姚暹渠最初是“穿渠入城”的，明隆庆四年改由城北。②白沙河从夏县薄山

① 运城市地方志编纂委员会整理、樊道白等点校：《安邑县志》，太原：山西人民出版社，1991 年，第 13—14 页。

② 光绪《山西通志》卷 69《水利略四》，第 4852—4853 页。（明）傅揫：《安邑县城东姚暹渠修桥记》中也记有姚暹渠“盈澌流穿县城而西”，见张学会主编：《河东水利石刻》，太原：山西人民出版社，2004 年，第 150—151 页。

源头流出后，经巫咸谷后，在安邑境内行径六十里，当中必须经过苦池滩，再流入安邑县城。[①]最初是经过安邑县城的，可能作为安邑县的城市水源之一。嘉庆重修《大清一统志》编者按是这样记载的“此水，旧自解县汇众渠之水入安邑县，注苦池滩，由杨家庄入县城内。明隆庆四年浚渠，改由县北，入州界”[②]。此处可知，杨家庄在苦池滩之西，旧由此处将白沙河引入安邑县城，明隆庆四年（1570）将白沙河彻底改道，不入县城。根据碑刻资料记载，在此之前的弘治年间曾“分道城北，以杀其势”，并指出“今城中之流且塞而迹固在也”。[③]显然，将姚暹渠入安邑县城的河道在城东分成两股，一股继续入城，一股沿城北西流，于是城东门青台门外姚暹渠上的桥梁设施就显得比较关键，遂有明嘉靖三十七年（1558）的城东姚暹渠修桥，事见《安邑县城东姚暹渠修桥记》[④]。至于1570年将姚暹渠河道彻底改离县城的具体原因，据记载为重新疏浚的河道“定以渠堤，深广倍于嘉靖元年之额，恐薄城不利”，显然是由白沙河暴涨暴落的水性特征所决定。康熙《夏县志》记载有明清时期白沙河对夏县的水患，如“万历十四年七月初一日，大水溃决北堤，飘没南关居民数百家，死者男妇三百余口；顺治十年，北堤复决，水入东门，城隍庙、官衙俱被浸没，至今河势流徙无常，大为民田之害”[⑤]。从中可看出白沙河的水性特征，尽管发生在夏县，对安邑也能说明问题。于是，“乃于城东填塞旧河百余步，改迤而北，作通惠桥于上，绕城而西，过北郭门，作□济桥，以便行人”。这便是在安邑附近改道后的河道。另外，还可能因为害怕河水闯入危害盐池，“今盐池最忌此水，溢入则盐不成，故俗名为无盐河”[⑥]。盐池仅在安邑县城西五里，显然有进一步将河水改道远离盐池之必要。

安邑县境内修筑保护盐池的防洪河堤有：涑水堤、姚暹渠堤经县北，县南有黑龙堰、壁水堰、东禁堰、雷鸣堰、小李堰、大李堰、七里堰，东有新堰、沈家堰、申家堰、白家堰、匙尾堰、小堰、备水月堰、河北小月堰、河南小月堰。[⑦]2011、2014年笔者曾两次赴安邑考察，安邑街道的太平兴国塔已中间开裂、倾斜，目

---

① 嘉庆重修《大清一统志·解州直隶州·山川》记载：“苦池滩，在安邑县东十三里，即巫咸诸水所汇也。《寰宇记》，苦池在县东十八里，其水鹹苦，牛羊不食，因名。亦名红花池。”

② 嘉庆重修《大清一统志·解州直隶州·山川》。

③ （明）傅挚：《安邑县城东姚暹渠修桥记》，见张学会主编：《河东水利石刻》，太原：山西人民出版社，2004年，第150—151页。

④ （明）傅挚：《安邑县城东姚暹渠修桥记》，见张学会主编：《河东水利石刻》，太原：山西人民出版社，2004年，第150—151页。

⑤ 康熙《夏县志》卷1《地理·山川》。

⑥ 嘉庆重修《大清一统志·解州直隶州·山川》。

⑦ 光绪《山西通志》卷69《水利略四》，第4852—4853页。

前正在加固维修。北部仍有高耸的姚暹渠横亘，河内水体水量很小，水色乌黑、已遭污染。

5. 运城

运城，我国历史上唯一的一座盐务专城，是河东盐池生产、运销、管理发展的产物。该城的兴起与发展情况，柴继光、王芳、邹冬珍等有初步研究[①]，而杨强的硕士论文《资源与城市——以元明清盐池与运城发展的互动为例》则研究得更为深入。[②]现根据众人的研究对运城兴起与发展状况进行综述，再探讨运城城市的防洪排涝情况。

运城紧邻盐池，以盐著称，历史上又称盬邑、苦城、盐氏、司盐城、监盐城、潞（路）村、圣惠镇、凤凰城等名称。“运城没有盐池的存在，它就不会建城；而运城盐池没有运城这个城市也难以统管。这种说法，充分说明了运城和运城盐池相互依存的辩证关系。”杨强将运城城市的发展可分为三个阶段，从春秋时期到元末建城为小城堡阶段；从元末到新中国成立前为盐务专城阶段；新中国成立后至今发展为区域综合性中心城市阶段。

小城堡阶段，从远古到元末，由于当时潞村并没有筑城，或筑城旋即被毁，只能称其为城堡。运城，相传为黄帝氏族的居住地。春秋时属晋，称盬邑，又曾名苦城，也叫盐邑。战国时归魏，名为盐氏，秦昭襄王十一年（公元前 296 年）“齐、韩、魏、赵、宋、中山五国共攻秦，至盐氏而还”[③]。汉称司盐城，驻有司盐都尉。汉章帝时，又称监盐城。《水经注》记载：“涑水西南经监盐县故城，……本司盐都尉治，领兵千余人守之，……后罢尉司，分猗氏，安邑置县以守之。”[④]《太平寰宇记》记载：司盐城“在安邑县西二十里”。唐代在运城盐池设两池榷盐使，大历年间，也曾设治于运城。“唐大历中于县（安邑县）西南三十里置盐治，因筑城于此。”[⑤]只不过这些城堡规模有限，建立不久又荒废了。五代、宋、金、元称潞村，因而盐池所产的盐也称潞盐。元代，朝廷设立河东陕西等处都转运盐运司驻潞村，延祐年间（1314—1320），因皇帝减免盐课，

① 柴继光：《河东盐池史话》，太原：山西人民出版社，2001 年，第 24—29 页；王芳：《千年解池孕育的盐务专城》，《盐业史研究》2003 年第 3 期，第 35—37 页；邹冬珍：《从碑刻资料看元代河东盐池管理权之争》，《运城学院学报》2005 年第 6 期，第 17—19 页。

② 杨强：《资源与城市——以元明清盐池与运城发展的互动为例》，陕西师范大学硕士学位论文，2007 年。

③ 《史记》卷 5《秦本纪》，北京：中华书局，1959 年，第 210 页。

④ （北魏）郦道元著，（清）王先谦校：《合校水经注》，北京：中华书局，2009 年，第 107 页。

⑤ 《读史方舆纪要》卷 41《山西三》，北京：中华书局，2005 年，第 1906 页。

为了感激皇帝的恩德更名圣惠镇，"延祐时，解池盐引加至二十余万。三年，池为雨败，艰于出课。上恤民隐，减免引钞者十之六七。民怀帝德，更村名镇，以纪圣惠。究之即潞村耳"[①]。

盐务专城阶段：元至正丙申年（1356）八月，盐运使那海德俊筑新城，名凤凰城，因有运司驻扎，又称运司城，亦名运城。城墙周长九里十三步，高二丈，池深七尺，城门五座，各筑城楼。明天顺二年（1458），改建为四座城门。"东曰放晓，西曰留辉，南曰聚宝，北曰迎渠。"明万历年间设察院，增驻巡盐监察御史，清依旧制。到雍正十三年（1735），改巡盐监察御史为河东盐政，由山西巡抚兼管。乾隆五十七年（1792），课归地丁，盐法改革裁汰运司，将河东兵备道从蒲州移驻运城兼管盐法事宜。这一时期，受盐利的驱动，运城商贩云集，车马载道，"百货骈集，珍瑰罗列，几于无物不有"[②]，被誉为"三省之都会"。民国时期，运城的行政因素有一些增强，仍归安邑县管辖，还处于盐业专城阶段。新中国成立之前，运城城区面积仅 2 平方千米，人口不足 2 万。两条主要街道狭窄歪扭，高低不平。城市无大型建筑，仅有 1914 年盐务稽核分所修建的两座小楼。工业唯资本家经营的一些盐场，以及织毛巾、制革、制造肥皂等小手工业。商业有 130 多家私人店铺。学校 6 所，医院 2 个。[③]

1949 年至今，运城为区域中心城市阶段。现今运城正在围绕主城区兴建两座副城区，即老城区以北的盐湖新区和老城区东北的空港新区，一主两副的城市结构正在形成。

由图 5-10 可知，运城的地理位置独特，位于安邑、解州的中间，南有盐池，北有姚暹渠，是因盐池而兴起的盐务专城。在传统社会，姚暹渠在盐池附近的主要功能是障客水，而今流经市区的姚暹渠，已被人民政府彻底改造（详见《重修姚暹渠（城区段）碑记》），水体宽广清澈，两岸石砌栏杆，是市民休憩赏玩的好去处（图 5-11）。

《重修姚暹渠（城区段）碑记》

姚暹渠原名永丰渠，源出夏县王峪口，经运城市区，入伍姓湖，全长 86 公里。隋大业间（605—617 年），都水监姚暹饬令所辖黎民，

① 康熙《河东盐政汇纂》卷 2《运治》。

② 乾隆《解州安邑县运城志》卷 2《物产》。

③ 运城市地方志编纂委员会编：《运城市志》，北京：生活·读书·新知三联书店，1994 年，第 10—11 页。

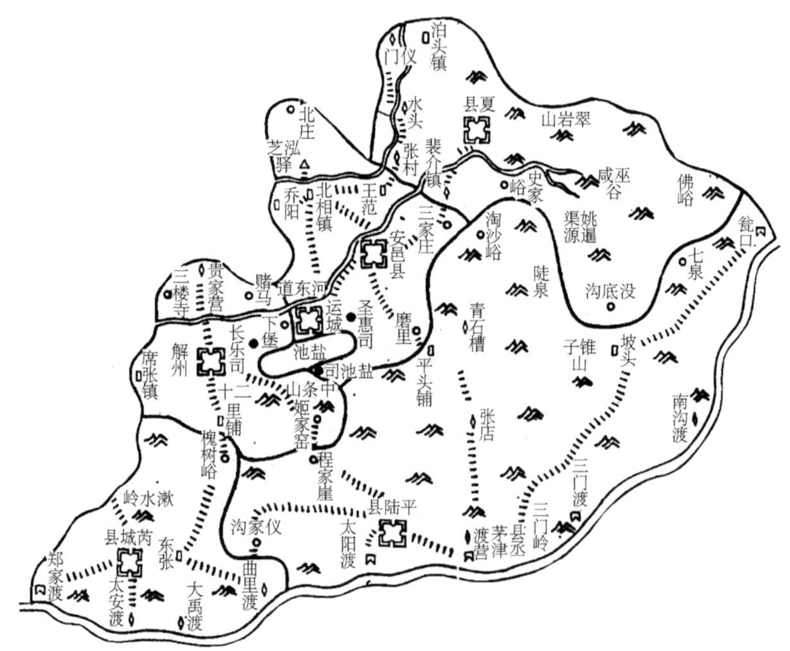

图 5-10　运城区位形势图

图 5-11　运城盐湖区整修一新的姚暹渠

拓宽河道，疏通水路，为铭其功而感其德，遂改名为姚暹渠，距今一千五百余年。因代远年淹，屡为混水所墁，淤泥甚厚。近十数年，市区拓展，姚暹渠已横亘市中心，渠堤破损，污水横流，杂草丛生，环境恶化，实为市容市貌之碍，民生民居之患。

境由心造，事在人为。2004年9月，市委书记黄有泉，市长胡苏平，顺乎民意，体恤民生，力筹资金，重修姚暹渠。众志喁喁，昼夜兼施，冒严寒，暴酷暑，历年一年，投资四千余万元。东起禹西道，西至人民路，长二千七百七十米，宽十五米，深三米左右。明流清水，暗排污浊；旱溉田亩，涝御洪水；保护盐池，庇佑市民；白玉围栏，镶立其畔；圣贤群像，雕刻其上；十架圮桥，纵横南北；人车分道，蜿蜒西东；翠坪花草，映衬左右；茂林丛灌，绿荫如带。昔日污浊“龙须沟”，今朝休闲观光池。

其渠始凿于前，改造于今，泽惠于后。为昭示来世，是为记。

运城市姚暹渠改造工程部立。[①]

6. 猗氏

战国魏设置猗氏县[②]，秦、西汉河东郡仍置猗氏县，东汉、晋建置沿革不变。北魏太和十一年北徙10千米，改为北猗氏县，属北乡郡。西魏恭帝二年（555）改为桑泉县，北周明帝复名猗氏，属汾阴郡。隋属河东郡，唐属河中府，宋金元不改，明属蒲州，清雍正六年（1728）属蒲州府，民国县名不改。1954年与临晋县合并为临猗县。

487年之前的猗氏县城址在今临猗县南10千米的铁匠营村，487年之后猗氏县城在今临猗县猗氏镇。《魏书·地形志》泰州河东郡，“猗氏，二汉、晋属河东，后复属”。又“北乡郡，北猗氏县，太和十一年置”。《元和郡县志》河中府猗氏县：“西南至府一百一十里，本汉旧县，即猗顿之所居。恭帝二年，改猗氏为桑泉县，周明帝复改桑泉为猗氏县，属汾阴郡。隋开皇三年罢郡，属蒲州。”《太平寰宇记》蒲州“猗氏县”：“古为郇国之地，本汉旧县，在今县南二十里猗氏故城是也。”新旧猗氏城及涑水河道的变化，可绘制成示意图（图5-12）。

由图5-12可知，无论是猗氏县故治还是今治，都与涑水河有一定的关系。旧猗氏城是判断旧涑水河道（《水经注》记载的河道A0道）流向的重要地理证据，历史时期涑水河在猗氏县走河和发生河道变迁情况很明了。猗氏城市与涑水河的直接关系不大，而弘治十六年（1503）曾大有将涑水河道改走今河道[③]，

① 笔者2011年7月19日誊抄，2014年7月30日—8月4日运城调研期间，此碑刻已无。

② 后晓荣：《秦河东郡置县考》，《晋阳学刊》2008年第4期，第26—30页。

③ （明）曾世亨：《修涑水河记》，见张学会主编：《河东水利石刻》，太原：山西人民出版社，2004年，第70—72页。

万历年间在涑水河上创建石桥便于盐夫转运①，以及隆庆万历和顺治年间在崔家湾浚筑堤以障故道等②，都是该县利用和改造涑水河比较重大的人类活动。2014年笔者曾赴临猗县考察，在沿 G209 公路往临猗县的途中，考察了涑水河道，到达县城后又考察了南城新区新修建的涑水公园，该公园将猗氏县古代八景中的“涑水春涨”等植入，形成新的城市文化符号。

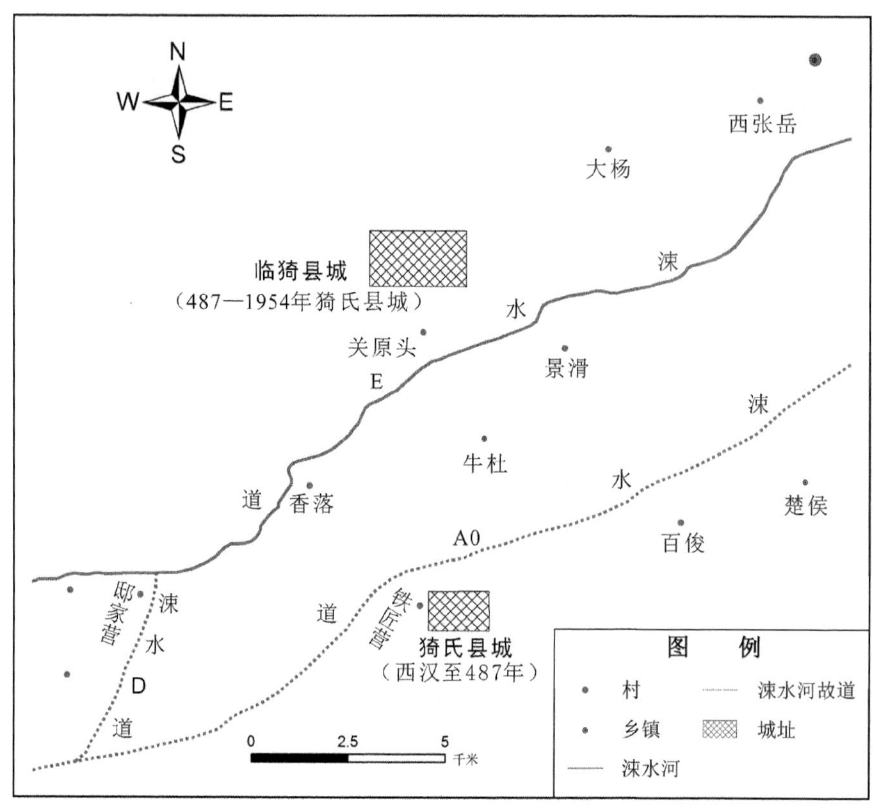

图 5-12　猗氏县城市变迁图

7. 解州

解州由前解县和解县演变而来。前解县，西汉置，属河东郡。东汉、晋建置沿革不变，北魏太和十一年改为北解县。《汉书·地理志》河东郡，有解县。《元和郡县志》河中府临晋县，“本汉解县地，后魏改为北解县。故解城，本春

① （明）曾舜渔：《创建猗氏县涑水河桥记》，见张学会主编：《河东水利石刻》，太原：山西人民出版社，2004年，第 162—164 页。

② （清）张璞：《浚筑涑水崔家湾记》，见张学会主编：《河东水利石刻》，太原：山西人民出版社，2004 年，第 78—79 页。

秋时解梁城，又为汉解县城也，在县东南十八里”。《太平寰宇记》解州：解县，本汉旧县也，属河东郡，后汉及晋不改，后魏改解县为北解县，周省。前解县故治在今临猗县临晋镇东 10 公里城西乡城东村之间，图 2-3 中已绘制。

此后新出现的解县，据《旧唐书·地理志》河中府解县记载，隋代虞乡县，唐武德元年（618）改虞乡县为解县，属虞州。贞观十七年（643）省解县入虞乡，二十二年析复解县，属蒲州。宋、金、元俱属解州，明洪武初省入解州。民国元年改解州为解县，1954 年与虞乡合并为解虞县。故治在今运城市盐湖区解州镇（图 5-13）。

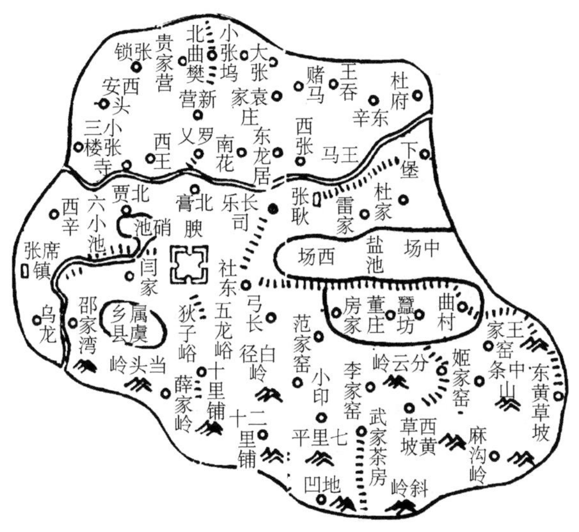

图 5-13　解州区位形势图

由图 5-13 可知，清代的解州境内，东有盐池，北有姚暹渠横亘，西有硝池，解州城的城市引水与姚暹渠关系不大，不做详细讨论。解州的防洪主要目的在于：一是避开中条山峪水从盐池西南方向的危害，一是州境北面的姚暹渠破堤入盐池。故修筑的河堤有：姚暹渠堤经州北，州西有底张堰、青龙堰、硝池堰，南有五龙堰，北有黄平堰、永安堰、七郎堰，东有卓刀堰、长乐堰、金盆堰、蚕房堰、常平堰、西姚堰、常家月堰、赵家湾堰、贺家湾堰、短堰、龙王堰、桑园堰。另外，光绪《山西通志》引旧通志指出，解州虽有沟渠坝堰，皆拥护盐池，民田不能灌溉。诸渠堰座落并详盐池下，兹存其名。[①]

① 光绪《山西通志》卷 69《水利略四》，第 4851—4852 页。

8. 虞乡、临晋、永济

虞乡、临晋、永济这三座城市已属涑水河下游地带，其城市发展与涑水河、姚暹渠的关系不大，建置沿革和城市演变，不做详细讨论。这些县仅是有河道通过县境，常有疏浚河道行为。如清乾隆十八年（1753）涑水河流域曾发生比较大的洪水灾害，十九年蒲州府知府周景柱命令临晋、猗氏、虞乡、永济四县大修，使涑水河、姚暹渠河道畅通无阻，事见《蒲州府复涑姚二渠记》[①]。

由图 5-14 可知，虞乡县境内北有姚暹渠、涑水河先分流后在郭家庄以下合流汇入五姓湖。民国十八年（1929），虞乡一带村民开挖了一条长达 38 里的河道——湾湾河，泄洪量可达 30—70 立方米/秒，用于减轻中条山峪水从盐池西南方面对盐池的威胁，其河道具体情况本书第三章已有论述。

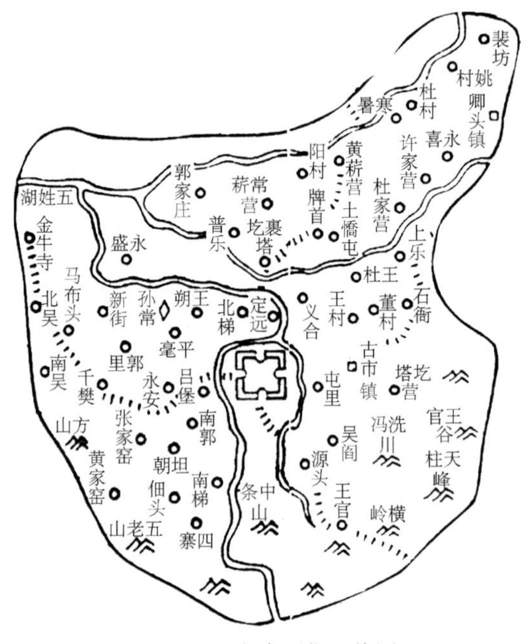

图 5-14　虞乡区位形势图

由图 5-15 可知，永济县治南有涑水河从东向西流汇入黄河。西汉置蒲反县，东汉改蒲坂，属河东郡，北魏因之，《魏书・地形志》河东郡蒲坂，“二汉、晋属”。战国末期，魏设立河东郡，秦、汉、晋和北魏皆因之。旧治安邑县（今夏县禹王城），北魏移治蒲坂，《太平寰宇记》蒲州河东县，“本汉蒲坂县地，属河

① （清）胡天游：《蒲州府复涑姚二渠记》，见张学会主编：《河东水利石刻》，太原：山西人民出版社，2004 年，第 172—176 页。

东郡，后魏移河东郡于县理”。据嘉庆重修《大清一统志》蒲州府永济县载，明洪武二年（1369）省河东县入蒲州。清雍正六年（1728）复置县曰永济，属蒲州府。民国至今县名不改。据《蒲州古城遗址考》，在今永济市西 24 里。[①]即今永济市西 12 千米左右的蒲州老城（蒲州镇）[②]，1948 年迁今治。2011 年笔者曾赴蒲州老城考察，州城夯土层墙仍存在，城内已无居民。

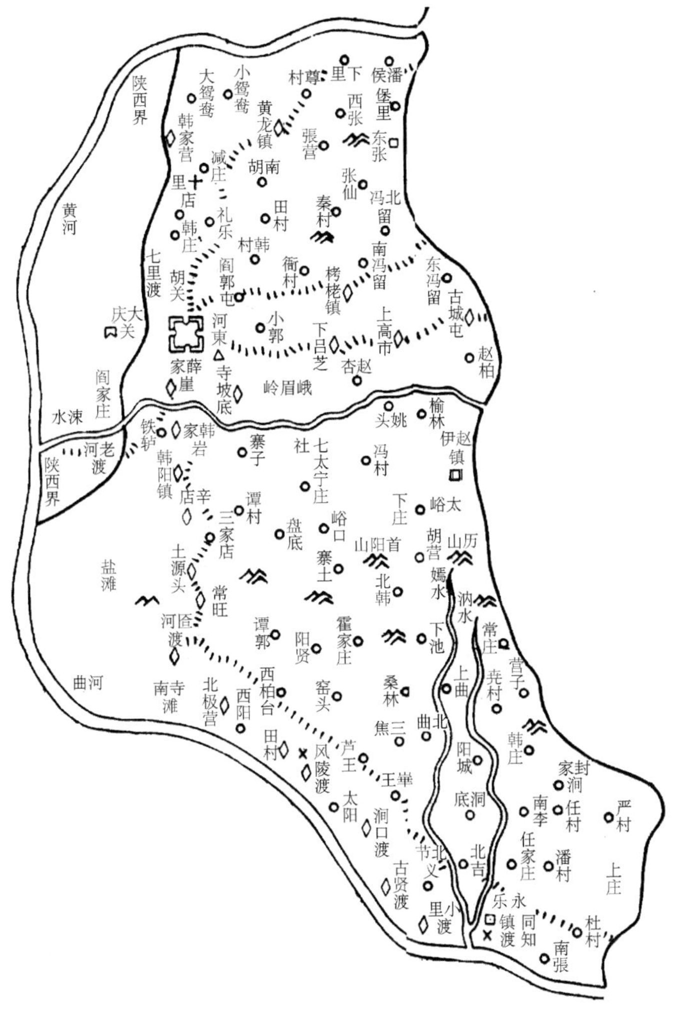

图 5-15　永济区位形势图

① 李茂林：《蒲州古城遗址考》，《文史月刊》1999 年 Z1 期，第 89—92 页。

② 蒲州老城的兴衰生命史，可参见李邹洋：《一座历史名城的生命史：蒲州故城沿革研究》，山西大学硕士学位论文，2013 年。

总之，整个涑水河流域历史时期出现的城市因所处的区域微观环境的不同，城市引水和防洪呈现明显的差异。上游的绛县、闻喜县、安邑县有引涑姚两河河水作为城市水源的历史，而流域内更多的城市则因盐池的存在而过多的承担城市防洪的功能，这主要体现夏县、安邑县、解州、虞乡等盐池周边的州县。所以说，涑水河流域众多城市水环境的营造，是流域民众适应城市微观环境的结果。

第六章　涑水河的河性特征与流域灾害

河流的自然特征和流域灾害是历史水文地理学的主要研究内容之一。为把握河流的自然演化规律，更好地为当今社会服务，本章主要探讨人工次生水资源环境下的涑水河河性特征和流域灾害。

第一节　涑水河的河性特征复原

一、河道特征复原

河道特征是指河流本身的状况，是对河流水文特征的基础性认识。历史文献对涑水河的河道特征多有记载，可对其进行复原研究。

1. 涑水河

涑水河从绛县陈村峪流出后，便开始进入闻喜县境内，“出谷即为闻喜义宁等里地”[①]。

在闻喜境内，河道长“约六十里”[②]，而且平时水量很小，“上下三十里间，而水几涸矣”。

在夏县境内，河道长仅为四十里，并且是“岸高河广，不致淤塞”[③]。

在解州境内，“统计河身长八十七里”，且亦是“安邑以上岸高河宽，不致淤塞，一入蒲州猗氏境，河身浅窄矣”[④]。其中，在安邑境内，河道长四十七里。

---

① （明）李汝宽：《创建护城石堤记》，乾隆《闻喜县志》卷11《艺文》。

② （明）李汝重：《创建南桥记》，乾隆《闻喜县志》卷11《艺文》。

③ 乾隆《解州夏县志》卷2《山川》。

④ 乾隆《解州安邑县志》卷2《山川》。

光绪《解州志》亦记载："惟是安邑以上，河宽水深，一入猗氏，河身窄浅。"①

在蒲州境内，"始自猗氏，历临晋、永济至河地一百里，长一万八千丈"②。"涑水中尾亦多窄"③。

另外，《盐池图说》也记载：涑水中尾多窄，至临晋而小溪诸水咸注之。所谓"涑水中尾多窄者"，出于人力通也。④

由此可见，涑水河上游绛县至安邑北相镇这段河道共计147里，岸高河宽水深，不存在淤塞的情况；中游猗氏至涑水流入五姓湖这段河道，由于地势低洼加上人为改道，河身窄浅，容易淤塞；下游五姓湖水经孟明桥入黄河段，河道受五姓湖来水量大小和黄河顶托影响很大。所以就整个流域而言，中游河道的畅通与否，决定了涑水河河道特征。历次疏浚治河也主要集中在这一段河道。

涑水河经过伍姓湖后继续向西流入黄河的入黄口，由于河道摆动频繁，经常有较大变化。20世纪五六十年代曾在蒲州镇弘道园入黄，1978年8月以后，由于黄河围垦工程——蒲城西大堤的影响，入黄口改在韩阳双塔村附近入黄河。⑤

河流上桥梁长度，一般可代表河流的宽度，以涑水河上桥梁为例。

上游：夏县，唐代文献《元和郡县图志》记载：涑川，在县北四十里。《左传》晋侯使吕相绝秦曰，"伐我涑川"。按：川东西四十里，南北七里。⑥可见，涑水在夏县境内长四十里，河宽为七里左右。折合长约为20 920米，河宽为3661米。⑦这是涑水的自然河道，河宽应包括河漫滩在内。

下游：猗氏县，涑水河上有涑水桥和香落桥。其中，涑水桥位于县东南十里涑水上，为西北行盐要路。此桥明代建，长一十一丈，容二轨，有碑记。⑧据此可以初步判定，涑水河在猗氏县的河宽为十一丈，折合约35.2米。这是改道后的人工河道。⑨

2. 姚暹渠

姚暹渠在历史时期曾几经改道，人工影响比较大。

① 光绪《解州志》卷2《山川》。

② 乾隆《蒲州府志》卷2《山川》。

③ （明）汤沐：《渠堰志》，乾隆《解州安邑县运城志》卷12《艺文》。

④ 《水经注疏》卷4《河水》全祖望引。

⑤ 刘英华、张灵生：《涑水古今谈》，《运城盐湖及市区防洪排涝要略》，第75—89页，内部资料。

⑥ 《元和郡县图志》卷6《河南道二》。

⑦ 按：唐一里约合今523米。

⑧ 嘉庆重修《大清一统志》蒲州府·津梁。

⑨ 按：清代1丈=10尺，营造尺：1尺=32厘米。

明隆庆四年改道后的姚暹渠，据光绪《山西通志》引《安邑县志》记载："统计渠长一百二十里。"其中：

夏县，自夏县五里桥至苦桥，长二十六里。

安邑，在县境者东起苦桥，西讫庄头镇，长三十四里。

解州，东自卓头起，西至西辛庄新桥止，计三十四里五分，长五千六百十二丈七尺[①]。

虞乡，姚暹渠，在县北十里，自解州曾家营东入县，西流与涑水汇入五姓湖。自西辛庄、新庄至渠尾长二十五里五分。据雍正《山西通志》记载，姚暹渠在虞乡县境内的具体行经路线，"由解州北境入县境，经石卫铺北、杜家营桥、土桥、孙南镇北入湖"[②]。

因此，光绪《山西通志・山川考》谨案认为："姚暹凿渠通舟，当起苦池，故溯渠源者，方志互异。运城、夏县二志，并谓源出王峪，而所记百二十里之渠身，则始五里桥，是仍以巫咸谷为上源也。"[③]

姚暹渠上游河道窄狭，"首中多太窄"[④]。乾隆《蒲州府志》亦记载："首中太窄，涑水闯入盐池为害。"[⑤]而沈栻《姚暹渠请照例商修免用民力议》记载更详细，"上流夏县五里桥至安邑刘家新桥，地高渠下，水不能泛滥。又安邑刘家新桥，历解州、虞乡县两岸土堰高厚，渠水随涨随消，从无姚渠水发成灾之案"。

姚暹渠支流新河，位于虞乡境内，从石鹿至麻村"一千五百四十九丈"[⑥]，约为十余里，流入鸭子池。民国时期又进行人工改道，"以石卫村为起点，至五姓湖东偏处三十八里有奇"[⑦]。其中石鹿至麻村一段，"原无水道，即从田亩中间截断畛段，挖一浅河标明曰新河，形势弯曲故有弯弯之称"[⑧]。

二、水文特征复原

水文特征是指河流中水体本身具备的特征，按照现代水文学的要求，应该

① 民国《解县志》卷1《沟洫略》。
② 雍正《山西通志》卷28《山川》虞乡县。
③ 光绪《山西通志》卷41《山川考》，第3250页。
④ 汤沐：《渠堰志》，乾隆《解州安邑县运城志》卷十二《艺文》。
⑤ 乾隆《蒲州府志》卷2《山川》。
⑥ 光绪《虞乡县志》卷1《地舆・山川》。
⑦ 周振声：《重修新河碑记》，（民国）《虞乡县新志》卷10《丛考》，第495—496页。
⑧ 周振声：《重修新河碑记》，（民国）《虞乡县新志》卷10《丛考》，第495—496页。

将流量、流速、水位、洪枯期、泥沙、水质（水物理、水化学性质）等水文要素研究清楚。但对历史水文的研究，在有条件的河流流域应尽可能的复原，有条件定量研究的则定量。事实上，大多数河流受文献的限制，只能将诸水文要素定性研究。本部分只是将能复原的水文要素，进行简单的定性描述。

1. 常水期、枯水期、汛期

现代涑水河流域属于半干旱大陆性季风气候，1956—2000 年年平均降水量为 547.6 毫米，汛期占全年降水量的 65%以上。年均蒸发量为 2047.6 毫米，是降水量的 3.8 倍。流域内的大小河流均属于北方间歇性季节河流，河流比降都比较小，含沙量大。最大的涑水河，非汛期河道成为排污河道，污染严重。

历史时期流域水文特征与当今无异。涑水河是季节性河流，枯洪水期特征明显。常水期时水量很小，“一衣带之限，深不及马腹，邑人往来设版焉”[①]，河流附近居民通过木板搭建浮桥就可以顺利过河。

汛期时，文献记载“每年涑水怒涨”“水势勇猛”“涑水河岁为池患”等词语俯拾皆是。夏秋洪水汛期，往往是“崩毁堤岸”，危害一方。如涑水流经闻喜县县治逼临西关，据翟绣裳记载“时为暴涨，冲圮路几”，并且“自甲申得请归田来，今三见冲圮”。[②]县城南桥也屡被水冲，“及夏秋暴涨，众壑皆归，则奔冲澥湃，怒浪如山，汹涌数仞”。洪水过后，则是“安则两岸湍齿如壁，填淤加漫，弗可度涉”。且在嘉靖壬午年，县府募请曾在夏县水头镇修建过桥梁的禅僧可良修桥，此桥自开工到完工前后共花了二十余年，工程浩大坚固，“其南堤贯铁甃石以防冲决，延袤自城下抵南关，凡一十八丈，高三丈，广如之，南北为三洞，洞可建丈五旗，北为旱门以通行旅。又其下累石至锢，三泉水突至，溲泄其中，有倒流三峡之势，凭高俯瞰可为奇观，据远望之隐隐若虹之饮于河也”[③]。这些描述都说明涑水河在上游河段洪水期的水量和流速。

尽管桥梁工程非常坚固，但涑水河水涨时，仍能将之冲坏，说明涑水河在汛期时水量还是很大。有例可证：民国《闻喜县志》记载，“南桥在南门外，康熙三十六年六月水涨复坏，三十九年三月重修”[④]。另外，闻喜县县治东关外有

① （明）李汝重：《创建南桥记》，乾隆《闻喜县志》卷 11《艺文》。
② （明）翟绣裳：《创修西关石崖记》，乾隆《闻喜县志》卷 11《艺文》。
③ （明）李汝重：《创建南桥记》，乾隆《闻喜县志》卷 11《艺文》。
④ 民国《闻喜县志》卷 22《营建·桥梁》。

座桥名为东桥，踞涑水上流，后圮。乾隆二十五年（1760）知县张九功重修，俗名滚桥，“以水大则逾桥而流耳”，也能说明此问题。

中游猗氏县，《创建猗氏县涑河桥记》记载，平时“涑且过之，霜降水收，河流如带，可超而渡也”。每年春夏时期，一遇暴雨洪水，则是“春夏暴雨时涨，则闾殚为河行者，汪洋至野，栖以待济”。后经创修的涑河桥“计长一十一丈，广容二轨，高二寻有奇”[①]。另外，猗氏县撰志者在论及桥梁时，最后有一段评论指出：“吾邑无洪波巨浸，渡不容舟，而淫霖暴涨，冰澌沍寒，行旅苦之”[②]。表明涑水河也有结冰期，也说明中下游平时水很小，不能行船。但暴雨时水量很大，“行旅苦之”。

姚暹渠也是季节性河流。姚暹渠上游主流为白沙河，中间接纳王峪水、史家峪、雕家沟、横洛渠等水，受诸峪水季节性影响很大。姚暹渠支流横洛渠，据康熙《夏县志》记载：横洛渠，发源县东北周村、方山诸谷，每遇暑雨堤决漫流遍野，淹没民田。本县岁加修理，流至县西北尉郭，会县北赵村、北津诸河，至禹王城西南会于白沙河。[③]其中，“每遇暑雨堤决漫流遍野，淹没民田”指出了河流的季节性特征。

2. 泥沙

涑姚两河都是多泥沙的河流，有文献记载：“二渠源濆山谷，捍挟泥沙，时时墆不循其理，久益为变”，使得两河经常淤塞，需时常疏浚。

涑水“水性浑浊，伏秋涨作、挟带泥沙、滞阏尤易”[④]，在猗氏县段河道表现尤为明显。位于境内的涑水桥，俗呼为景滑桥，在乾隆十年（1745）、十八年（1753）涑水河两次大水过后，带来大量泥沙，造成“两岸渐次淤高”。到嘉庆年间“桥于地平矣”，而且水量很小，河道变窄。当地人重建桥时，只能将原先的三孔桥变为一孔桥。另外，其境内还有高头桥、东三里桥、马家营桥、杜村桥、香落桥、智光桥，都是“竖柱中流，驾石为梁。近涑水为上流所壅，数年或一至境，而桥几成虚设矣”[⑤]。这说明到同治年间，涑水河水量不多，如果上游截流灌溉，加上河道淤塞，水流多年经流不到猗氏境内，涑水河上的桥梁“几成虚设”。

---

① （明）曾舜渔：《创建猗氏县涑河桥记》，雍正《猗氏县志》卷7《艺文》。

② 雍正《猗氏县志》卷1《桥梁》。

③ 康熙《夏县志》卷1《地理・山川》。

④ （清）乔光烈：《开濬涑水姚暹渠议》，光绪《解州志》卷16《艺文》。

⑤ 同治《续猗氏县志》卷1《城池・附桥梁》。

同治《续猗氏县志》记载，乾隆二十六年（1761）七月，涑河溢漫，猗氏境内“南滩自此成膏壤”①。显然是涑水挟带泥沙所为。新中国成立后，涑水河张留庄水文站自1958—1979年共22年的观测数据，多年平均输沙量为37万吨。②姚暹渠也是多泥沙的河流。最初开凿是为了行舟运盐，不过历代多有疏浚，显然是河流经常被泥沙淤积所致，明清之后实际上成为泄洪渠道。沈栻《姚暹渠请照例商修免用民力议》就记载：“渠水挟带泥沙易于壅滞。”不过，相对于涑水河来说，姚暹渠还是“水性清长”，泥沙量相对少一点。

从另一个角度看，涑姚两河的泥沙量与黄河比起来还算较少，明代曾大有《涑川导水行》③诗中有“清流拍岸泻黄河，溅沫惊涛铁牛吼”的记载，可以看出黄河与涑水河的清浊情况。1960年之后，黄河河床不断淤高，使涑水河入黄口上提十公里，不能入黄，到处泛滥。④

历史河流水文状况是历史水文地理学的主要研究内容之一，但受所研究区域的水文资料限制，无法对各水文要素进行一一复原。通过定性复原研究，涑水河流域主要河流的季节性特征明显，与今天北方河流的水文特征无异。涑水河和姚暹渠都是泥沙量很大的河流，河道经常淤浅，因而历史上多次疏浚。不过与黄河相比，泥沙量稍轻。

第二节 涑水河流域的洪涝灾害特征

河流是人类赖以生存的重要淡水资源，与人类生存息息相关。河流能给人类带来福音，但降雨量过大和洪水，则会给人类带来灾难，形成所谓的洪涝灾害。由于洪涝灾害威胁着人们的生命和财产安全，它的研究受到了高度重视。探讨历史时期洪涝灾害的成灾机理、时空特征和发生规律，不仅可以加深对灾害自然属性的认识，而且对人类社会防灾、减灾、救灾、预灾等具有重大的现

① 同治《续猗氏县志》卷4《祥异》。
② 山西省地图集编撰委员会《山西省自然地图集》，北京：中国地图出版社，1984年，第87页。
③ 《古今图书集成·方舆汇编·山川典》卷215《涑水部·艺文》。
④ 李春荣：《山西黄河今古》，太原：山西省地方志编委办公室，1987年，第12页。

实意义。今人对涑水河流域现代洪涝灾害、降水特征有探讨[①]，对水灾规律的历史研究也有过研究。[②]但对历史时期洪涝灾害的时空特征、等级序列等仍有进一步系统深入的必要。本节将通过大量详尽的史料记载，分析了1368—1911年涑水河流域洪涝灾害发生的频率、强度、发生原因等，对研究该流域洪灾发生的规律，如何更好地防灾减灾具有重要的意义。

一、水灾资料统计及特点

历史上有文字记载的涑水决溢频繁，明清时期更为详尽。本书根据流域十几种明清地方志文献记载和《清代黄河流域洪涝档案史料》[③]（以下简称《黄档史料》）等系统整理出"历史时期涑水河流域水灾统计表"（表6-1）。

表6-1　历史时期涑水河流域水灾统计

年代		月份	受灾县	灾情描述
东汉	建宁四年（171）	五月	永济、解县	河东雨雹，山水大出，漂屋舍五百余家
唐代	大历二年（767）	秋		河东水
	大历十二年（777）			解池秋霖，大害
	元和十二年（817）	六月		大雨，河中水害稼
宋代	乾德三年（965）	七月	永济	河涨，坏军营民舍数百区，石台百余步
	开宝三年（970）		解县	水，害民田
	太平兴国六年（981）		河中府	河涨，陷连堤溢入城，坏军营七所，民舍百余区
元代	至元二十六年（1289）	六月	闻喜	大水，坏驿宅民舍
	延祐四年（1317）	正月	解县、安邑（运城）	（安邑运城）解池霖潦，决坏堤堰，盐花不生；（解县）池水，败盐
明代	成化十五（1479）	六月	临晋	大水
	明成化二十三年（1487）		闻喜	豢龙池水溢，有鳞甲大如桐叶
	嘉靖三十八年（1559）	七月	永济	黄河泛滥，分为二道，围大庆关于中，庐舍冲没大半

① 高建华：《浅谈涑水河流域洪涝灾害》，《山西水利》1996年第6期，第18—19页。杨烨、李红军：《涑水河流域降水特征》，《山西水利科技》2004年第3期，第70—71页。

② 高建华：《涑水河流域水灾规律历史研究》，《水利发展研究》2006年第5期，第49—53页。

③ 水利电力部水管司科技司、水利水电科学研究院：《清代黄河流域洪涝档案史料》，北京：中华书局，1993年。

续表

年代		月份	受灾县	灾情描述
明代	隆庆四年（1570）	夏（五月、六月）	临晋、夏县、安邑、运城、解县、永济	（临晋）夏大水，自城以北波涛如雷，官民庐舍倾坏数百。知县史邦直请塞北门； （夏县）六月二十二日夜，大雷雨，山水涨发，各河堤溃，水溢入城四门并南流，冲破盐池禁墙，水入池中，数年盐花不结； （安邑）夏五月，大水冲决盐池，本县西城门漂入解州境； （安邑运城）五月，大水冲决，入盐池； （解县）大水，冲决盐池； （永济）黄河泛滥，隄岸尽溢，水入城西门，及南北古城门内，士民大恐，自是河徙而西，移大庆关于河东
	万历元年（1573）	七月	临晋	山水数丈，自两瀑而下，溢王官祠宇，或见风雨之中二龙相戏
	万历八年（1580）		永济	河涨，房舍崩入水，居民迁徙散处
	万历十四年(1586)	七月	夏县	东山大雨暴作，白沙河水涨，北堤崩决，害及南关房屋墙垣，飘没不可胜记，大石覆压宛如旷野，人民死者五百有奇，畜类称是。是年岁旱，民大饥馑
	万历十八年(1590)	七月	猗氏	大水，平原白波没民居甚众
	万历十九年（1591）	七月、八月	夏县、安邑	（夏县）七月二十九日至八月十日，大雨，不暂息，岁饥； （安邑）八月，久雨败屋
	万历二十三年（1595）		临晋	水旱并灾
	万历二十五年（1597）	八月	猗氏、安邑运城、解县、闻喜、安邑、临晋、永济	（猗氏）八月二十六日辰时，井沸池溢，泛滥横流数丈许，逾时方止，自太平至蒲州皆然，说者谓之水淫，是年秋果多雨； （安邑运城）池水如鼎沸； （解县）井水如沸，池水无故自溢； （闻喜）丁酉八月，井沸池溢，东流数丈，逾时方止。自太平至蒲州皆然，临晋更甚，说者谓之水霪，是秋果多雨； （安邑）八月，池塘水潮如鼎沸； （临晋）八月，井沸池溢，泛滥横流，几数丈，踰时方止。说者谓之水淫，主多雨。是秋果应； （永济）八月十六日寅时，池水尽黑，流溢遍地
	万历二十九年（1601）		永济	黄河泛涨
	万历三十一年（1603）	夏秋	永济	大雨
	万历三十四年丙午（1606）	正月	闻喜	关村沟岸崩裂，二十余亩树木俨然，沟中流水为崩崖阻塞，水涨数丈，凝冰如楼台、器皿、鸟兽、花卉之状，阴岩冰作数十窾，窾径寸余若有物出入者，及冰泮，县官发民夫排决之，无所有
	崇祯五年（1632）	秋（七月）	安邑、安邑运城、解县、永济	（永济）秋阴雨四十余昼夜，损屋害稼，一望俱成巨浸，鱼产盈尺； （安邑）七月，大雨三旬，害稼败屋，水决盐池； （安邑运城）大雨三旬，水决盐池； （解县）七月，大雨四十日，败屋，水决盐池
	崇祯六年（1633）		夏县	白沙河决南堤，徙而南，石压民田，永难开垦

续表

年代		月份	受灾县	灾情描述
清代	顺治三年丙戌（1646）	五月、六月	闻喜	五月二十四日，大水。六月初三日，复大水，姚村、宋村、王村及西关淹毁民房甚多
	顺治四年（1647）		安邑、解县	大雨水，蝦蟆盈路，蝗不为灾，有年
	顺治五年戊子（1648）	六月	闻喜、安邑、安邑运城、解县	（闻喜）六月初五日，大水，岭西官庄姚王等村水深丈余；（安邑运城）大雨连旬，堤堰冲决，盐池被患；（解县、安邑）雨水多，盐池被害
	顺治七年（1650）	秋（七月、八月）	安邑、解县	（解县）大雨；（安邑）七月十二日，大雨，至八月初十日止，禾伤屋倒
	顺治九年壬辰（1652）	六月	闻喜	大水，姚王等村及西关水深丈余
	顺治十年（1653）		夏县	白沙河北堤决，水入东门，城隍庙、官衙俱被浸没
	顺治十四年（1657）	七月	猗氏	涑水河溢
	康熙元年（1662）	秋（七月至九月）	闻喜、安邑、安邑运城、解县、猗氏、临晋、永济	（闻喜）八月，大雨如注，连绵弥月，城垣半圮，庐舍十坏其七；（安邑）八月，大雨如注者半月，墙屋倾圮墙半，人多僦居庙宇；（安邑运城）大雨连旬，盐池被害；（解县）秋七月，大雨四十日，盐池被害；（猗氏）八月，大雨霖，自初九至二十五大雨如注，昼夜不绝，墙屋倾圮殆尽；（临晋）八月，霖雨弥月，城垣庐舍，十倾六七；（永济）八月九月，大雨如注，连绵弥月，城垣半倾，桥梁尽圮，山有崩处，庐舍十坏六七，民有溺死者
	康熙八年（1669）	四月、八月	猗氏	八年四月，大雨雹，时因旱祈雨。四月十日辰刻，暴风骤雨，雹大如弹，庙坛屋瓦崩裂，至午后大雨雹，王村尤甚。八月十五日初昏，大风迅雷雨雹，前数日民讹言，中秋大水，至谋避者甚众，是日，初昏大风迅雷自西北来，乌云四合，大雨雹，民大惊乱，顷刻风息雨止，皓月复出
	康熙十八年（1679）	秋（八月、九月）	夏县、安邑、安邑运城、解县、临晋、猗氏	（安邑）秋霖浃旬，水决盐池；（临晋）秋，大雨霖，二十余日，墙屋尽圮；（安邑运城）西水入盐池，盐不生；（解县）秋霖雨浃旬，水决盐池，商民大困；（猗氏）八月，大雨霖，弥月不止；（夏县）八月十五日，大雨，至九月二十一日止，白沙河水冲入盐池，盐花不生。夏邑城垣倾倒，民居损坏，田禾淹没，是年荒歉民饥
	康熙三十九年（1700）	六月	夏县	大雨暴作，白沙河水涨，北堤溃决，进县治四城门，南城外铺店漂没，各村被灾
	雍正三年（1725）	六月	闻喜	夜大水，北乡、小张等十村被灾，布政使高赈银二百两，署本府刘赈银四十两
	雍正十三年（1735）	八月	猗氏	多阴雨，井灌谷者伤，赖陕西莞豆救济

续表

年代		月份	受灾县	灾情描述
清代	乾隆三年（1738）	五月至八月	安邑	1738-7［十月初七日河东盐政定柱奏］“本年五、六、七月间山水骤发七次，幸皆保护平稳。至八月初三、四、五、六（9月16、17、18、19日）等日，连雨数日，禁墙随多坍塌披损，堰工亦有损伤。……”《黄档史料》，第138页
	乾隆八年（1743）		永济	岁多雨
	乾隆十年乙丑（1745）	七月、秋、冬、十月	闻喜、夏县、解县、猗氏、临晋、虞乡、安邑	（闻喜）七月十四日夜，大雨如注，涑河涨溢，东西南关厢旅店民舍冲塌十分之三，城内东南巷及城隍庙左右垣墙俱倒； （夏县）秋，大雨，白沙河北堤决，水入城东门，门楼尽圮，城隍庙西牌房坏，民居漂没甚多； （猗氏）涑水大溢，近河高头等村榖禾房屋皆伤； （解县）冬十月，雷电大雨； （临晋）涑水大溢； 1745-4［七月二十四日署理河东盐政众神保奏］查得运城地方，三月以前雨水颇短，自三月以至六月次第降雨尚属调匀，田禾畅茂。忽于七月十四日（8月11日）雷雨并作，于十五日（8月12日）夜山水陡发，势甚汹涌，以致姚暹渠内不能容纳，南岸系动官帑修筑保障盐池之堰，较北岸高厚，惟于安邑城西解家滩地方冲决一处，随查员星飞前往会同安邑县知县立即堵塞，其余附近运城之堰，虽有冲损之处……随即修补，并未开决。是以渠南一带运城盐池均保无虞，民房亦无损坏，其北岸漫溢数处，附近村庄土房有被冲浸倒塌者。……又查得离运城稍远之涑水亦发，如闻喜、夏县、猗氏、解州等处，近河两岸村庄亦多被水冲淹，然系山水骤发，随亦渐次消落…… 1745-5［九月十三日山西巡抚阿里衮奏］晋省于七月内闻喜、猗氏等十二州县，山水骤发，以致各该处房屋被冲，田禾被淹，陆续详报到臣。……嗣闻被灾十二州县之内，猗氏一邑较重，且该县被灾之户，大半皆佃种工作穷农，家鲜盖藏，一旦庐舍倾圮，田禾被淹，非大加赈恤不可。……据布政史陶正中详称，猗氏县被灾贫民已先赈一月口粮，……拟请将赤贫无依之灾民，再行赈恤一月。……第159页； 1745-6［十月十八日众神保奏］今查得解州、安邑、夏县、猗氏、虞乡、闻喜等六州，当被水之初，该州县遍往各村落安慰灾黎……照实给发，又散赈口粮一月，均各现在给领。……查被水各村，目今间有仍搭窝铺居住者，其余盖起房间者居多……； 再据解州报称，解州、安邑、夏县除被水村庄外，收成俱各十分。其余虞乡、猗氏、闻喜等处访得，除被水村庄外，各收成七八分、八九分不等。第159—160页； 1745-7［乾隆十一年正月初六日署理河东盐政众神保奏］； 1745-8［乾隆十一年六月初六日山西巡抚阿里衮奏］； 1745-13［十月二十五日阿里衮奏］； 1745-15［八月初三日阿里衮奏］

续表

年代		月份	受灾县	灾情描述
清代	乾隆十二年（1747）	七月初	永济	1747-3［八月二十六日山西巡抚兼管提督印务准泰奏］惟蒲州府之永济县，七月初（8月6日—）被水。《黄档史料》第171页； 1747-5［七月初九日德沛奏］
	乾隆十三年（1748）	闰五月至七月中旬、闰七月	安邑、永济	（安邑）自闰五月至七月中旬，雨水连绵，河涨，人有伤者； 1748-3（永济）［八月二十日护理山西巡抚印务布政使李敏弟奏］惟蒲州府属之永济县于闰七月初十日（9月2日）黄河水涨，临河之减村等二十五村，滩地被淹。秋禾有受伤者，并未淹及居民房屋。《黄档史料》第177页
	乾隆十四年（1749）	四月至八月	临晋、猗氏、安邑、解州	（临晋）大雨，波水入城，墙屋倾圮无数； 1749-3［五月十三日巡视河东盐政庆恩奏］； 1749-4［五月十五日（朱批）山西巡抚阿里衮奏］据蒲州府禀报，该府所属之临晋县，于四月三十日（6月14日）申时，北乡天降暴雨，至戌时山水陡发，漫入县城，水高五尺有余，至五月初一日（6月15日）丑时渐即消退，城中关厢并沿沟各村居民庐舍以及坛庙、祠宇、衙署、监狱、城垣、营房间有浸塌，人民间有淹毙，地亩亦有被冲。麦禾、豌豆已割在地尚未登场者已被淹浸。 又猗氏、万泉二县，因四月三十日夜及五月初一、二等夜连次骤雨，猗氏县北乡之陈家庄等五村，万泉县南乡之西嫣底村，地势低洼，山水漫入，居民庐舍间有淹损，地内麦禾已割在地者俱有冲失，等情。第182页； 1749-5［九月二十日庆恩奏］窃照河东池盐，全赖浇晒而成，而产盐丰盈尤在四、五、六月熏风烈日。惟是晋土高燥，秋谷宜雨，雨多必熟，畦地平湿；池盐宜晒，雨少必丰。盐与谷常不相同； 本年二月开工，奴才即饬三场大使督劝坐商，及时工作，治畦淘沟。四月天气晴朗，产盐颇好。自五月至八月，阴雨缠绵，或二三日连雨，或五六日一雨，畦方成盐遇雨即消。嗣据各场具报，收获盐斤与上年（1748）较少，……三场本年共产盐七千九百六十二万斤，较之上年……少收盐六千一百六十万八百斤。第182—183页； 1749-6［六月十三日（朱批）阿里衮奏］今据查明，临晋县城乡被水共四十九处，居民共一千五百二十八户，坍塌房屋一千七百六十四间，淹毙男妇大小二十六名口，淹没麦禾六十九顷零，成灾八分。猗氏县仅止五村，居民一百二十六户，坍塌房屋八十七间，淹毙男妇大小七名口，冲淹麦禾六顷五十余亩，伤损麦禾十之三四。第183页； 1749-10［九月初二日阿里衮奏］晋省今岁夏秋之交，时雨屡降，秋禾茂盛，惟临河傍山之区或因雨势骤急，或雨中带有冰雹，田禾间有损伤。……解州，蒲州府属之永济、万泉、荣河……六七八等月有被水被雹村庄。《黄档史料》第184页

续表

年代		月份	受灾县	灾情描述
清代	乾隆十八年（1753）	六月至九月	安邑运城、解县、猗氏、永济	（安邑运城）姚暹渠决，客水入池，畦盐不生； （解县）九月，阴雨连旬，涑水涨发，淹没西王、侯村等村 （永济）夏霖雨滂沛，麦熟； 1753-3［七月十七日，署理山西巡抚胡宝瑔奏］蒲州府之猗氏县涑水骤涨，宣泄不及，沿河村庄间有被淹之处，并未损伤人畜，亦未冲塌房屋……； 1753-4［九月十九日胡宝瑔奏］查晋省今岁秋收丰稔，惟六、七月（7、8 月）间蒲州府属之猗氏县，涑水涨发，低洼处所间有被冲之处。……确勘并不成灾； 1753-5［乾隆十九年正月二十九日（官职缺）萨哈岱奏］上年（1753）八、九两月（9、10 月），淫雨不止，山水陡发，远近之水汇集于渠，不能畅达顺流，以致水势汹涌，漫溢横流，南下直奔解州城西之硝池。查，此硝池周围三十余里，迫近盐池，于乾隆十六年（1751）间被水之后已成巨浸，并无宣泄之处，又加此次奔注之水陡长丈余，几于池堰相平，甚属危险。第 192—193 页
	乾隆二十年（1755）	八月	安邑运城、安邑	（安邑运城）姚暹渠决，客水入池，畦盐不生； （安邑）八月十九日，河东盐政御史西宁奏； 1755-6［八月十九日河东盐政御使西宁奏］本年夏秋以来，时多雨水……复于八月初八至十五（9 月 13—20）等日，淫雨连绵，昼夜不止，山水骤发，以致硝池水长，漫溢堰顶，于八月十六日（9 月 21 日）硝池堰工漫开……《黄档史料》第 206 页
	乾隆二十一年（1756）	七月至九月	安邑	自七月初旬雨至九月中止，平地出泉，盐池被水
	乾隆二十二年（1757）	五月至八月	安邑运城、解县、安邑	（安邑运城）姚暹渠决，客水入池，畦盐不生； （解县）八月，雨溢硝池，侵败盐池； 1757-5［六月二十八日，河东盐政那俊奏］河东盐池，本年自开工起，至五月初九日（6 月 24 日）以前，因雨水过多，仅收盐八十余名。五月初九日以后，又复节次阴雨连绵断续，以致池盐有碍浇晒……； 1757-6［八月十四日那俊奏］七月十三日以后至二十四日及八月初三日（8 月 27 日—9 月 7、15 日），叠次注雨……硝池堰挖开之口，已刷宽约有三十余丈，水势汹涌，奔腾而下，七郎、卓刀等堰一并冲开，并冲开西禁墙三十余丈，直灌盐池……第 212 页； 1757-8［十月二十九日那俊奏］； 1757-12［七月初九日护理山西巡抚印务布政使蒋洲奏］又绛州、安邑二州县禀称，六月初二、三日（7 月 17、18 日），山水陡发，堤堰决口……旋经堵筑完固，田禾无损，各不成灾； 1757-13［八月二十日蒋洲奏］七月中旬以来……其解州、安邑、岚县、绛县、定襄、天镇各州县禀报，七月初旬（8 月 15—24 日）雨水过大，间有水漫堤堰及中旬（8 月 25 日—9 月 3 日）雨内带有细雹之处，各称水即当时消退，雹亦未损禾稼，并不成灾……《黄档史料》第 214 页
	乾隆二十三年（1758）	六月、七月	安邑	1758-2［八月二十七日河东盐政西宁奏］……无如六七两月，阴雨连绵，不能浇晒。《黄档史料》第 219 页

续表

年代		月份	受灾县	灾情描述
清代	乾隆二十五年（1760）	五月、六月	安邑	1760-4［六月十二日（官职缺）萨哈岱奏］五月十二日（6月24日）暨六月初五日、初八九（7月16、19、20日）等日，山水骤长，渠内之水高于堤平，势甚汹涌，奴才亲身督率，幸得无虞。《黄档史料》第225—226页
	乾隆二十六年（1761）	七月	临晋、猗氏、安邑、夏县、解州、虞乡、永济	（临晋）涑水溢。光绪《续修临晋县志》续下《祥异》；（猗氏）涑河溢漫，南滩自此成膏壤；1761-1［七月二十二日（官职缺）萨哈岱奏］河东盐池地处中条山之麓，势最低洼，……今岁自六月以来，时多阴雨……今于七月十三、十五、十六、七（8月12、14、15、16日）等日，连降大雨，山水与白沙河之水一时交涨，争趋姚暹渠内，下游宣泄不及，水势漫溢，所在护池堤堰在在危险……至十八日（8月17日）大雨不止，水势更盛，姚暹渠之解家滩堤工势尤汹涌，溢出堤顶二尺有余，往堤外奔泄，遂致堤身漫开……二十日天已晴朗；1761-2［九月十七日萨哈岱奏］；1761-7［八月初五日山西布政使宋邦绥奏］晋省地方于七月十五、六、七（8月14、15、16日）等日大雨连绵，河水涨发，一是宣泄不及……伏查各邑被水之处原止一隅村庄，多者十余村，少者二、三村，其余高阜之地仍属丰收。但被水各州县中如文水、赵城、猗氏、解州、安邑、夏县、绛州等八州县情形略重……1760-8［八月初六日鄂弼奏］；1761-9［八月二十五日宋邦绥奏］；1761-10［九月二十八日鄂弼奏］《黄档史料》第231—232页
	乾隆二十七年（1762）	闰五月、九月	夏县、安邑	1762-2［九月初九日山西巡抚明德等奏］惟查夏县有白沙河一道……今年闰五月（6月22日—7月18日）阴雨连绵，山水暴涨，白沙河上游之南堰连被冲决，突入姚暹渠，与渠水争趋交涨，而白沙河决口横流倒灌，以高临卑，全河奔注姚渠，势尤汹涌，以致姚暹渠内水势顿长一丈八、九尺，各工在在危急；1762-3［九月二十四日河东盐政萨哈岱奏］缘今夏雨水稍多，河内盈满，虽经各商浇晒取用，究未能全行消涸，因奉檄兴工，正在设法筹办间，讵九月十一、十三（10月27、29日）等日昼夜大雨，池水更为增长，现在积水约计二尺有余。《黄档史料》第251页
	乾隆三十六年（1771）	五月、六月	安邑	1771-5［七月十二日（官职缺）王常龄奏］（盐池）禁墙乐字六人等铺，缘本年五月初九、十五、十六（6月21、27、28日）等日，连值大雨，墙基马道冲损二处，各铺禁墙亦间有披累坍塌之处；又本年六月一日暨二十七（7月26日、8月7日）等日，山水暴涨，池东李绰、白沙二堰共冲损七处，姚暹渠上游堰工冲损一处。《黄档史料》第283页
	乾隆三十八年（1773）	五月	永济	1773-5［六月十四日署理山西巡抚印务陕西巡抚觉罗巴延三奏］臣先于五月二十六日据蒲州府永济县禀报，五月二十一日（7月10日），黄河水涨，沿河滩地被淹，除高地秋禾并无妨碍外，低处田禾不无淤损。《黄档史料》第300页

续表

年代		月份	受灾县	灾情描述
清代	乾隆四十六年（1781）		永济	大水
	乾隆五十年（1785）	七月	永济	1785-5［九月二十日护理山西印务布政使郑源（王寿）奏］蒲州府属之永济、荣河二县，于七月十八日（8月22日）黄河溢涨，旋即消退……兹据该道府详称，永济县逼近黄河，七月十八日卯刻，河水涨溢，漫及城外滩地，辰刻渐已消退。沿河一带辛营村等共四十村庄内，被水较重者六村庄，次重者九村庄，较轻者二十五村庄，并无淹毙人口。所有浸坍房屋及淹漫滩地，均已遍行履勘，查明乏食农民共五百五十户，……坍塌瓦屋七百五十四间，……至被水地亩，额征大粮之地甚少，屯滩纳谷之地居多，共二百七十余顷。第331页； 1785-12［七月二十四日农起片］《黄档史料》第333页
	嘉庆五年（1800）	七月	永济	1800-2［八月十五日山西巡抚伯麟奏］据蒲州府属之永济县禀报，七月初七日（8月26日）卯刻，黄河水涨，溢入沿河滩地，其旁滩村庄并有浸塌房屋之处等情……据该护道等详称，永济县滨临黄河，城西一带均系河滩沙地，七月初七日卯刻河水涨发，漫及滩地，至巳刻消退。沿河自东北越城村起至西南三家店止，大小共二十一村，是日俱有河水溢入，村内低洼之处水深一、二尺不等。……被水稍重者涧口一村，被水较轻者越城等二十村，共被淹河滩沙地四百二十八顷三十三亩零。河水消落之后，田禾俱被冲倒，地亩并无损伤。又各村浸塌房屋共六十五间，并无淹毙人口； 伏查永济县逼近黄河，伏秋汛水往往漫及滩地。本年（1800）被淹之处，多系乾隆四十六年暨五十年（1781、1785）水冲故道。《黄档史料》第377—378页
	嘉庆六年（1801）		临晋、猗氏、永济	（临晋）涑水大决； （猗氏）涑河大决，田庐多有损伤； （永济）大水，黄河西徙； 1801-1［十一月十二日山西巡抚伯麟奏］查本年（1801）晋省代州等十九州县，或秋禾被水，或麦苗被霜，俱经随时查勘据实奏闻在案。……其勘不成灾，蒲州府属之永济县，亦俱查明村庄户口，赏给一月口粮。《黄档史料》第380页
	嘉庆七年（1802）	六月	猗氏、安邑、夏县、闻喜	1802-6［七月十一日伯麟奏］蒲州府属之猗氏县，解州属之安邑、夏县，绛州属之闻喜县，俱因六月初十、十一（7月9、10日）等日涑水河涨发，沿河村庄间被水淹。……兹据河东道……率同该府州县履亩查勘，缘六月初十、十一、十四（7月9、10、13日）等日，天雨连绵，涑河连次涨发，各该县沿河低洼之处房屋地亩间被水淹。内猗氏县香落等十三村，共全塌半塌瓦土等房二百一十间，淹毙男妇大小十名口，共被水地三顷七亩零。安邑县东古村等六村，全塌半塌瓦土等房一百七十七间。夏县水头镇全塌半塌瓦房一百六十八间。该二县并无被淹地亩。《黄档史料》第383页

续表

年代		月份	受灾县	灾情描述
清代	嘉庆十八年（1813）	八月	猗氏、临晋	（临晋）大雨十昼夜，前后绵延二十余日； （猗氏）大雨十昼夜，如注前后共二十余日，墙屋多倾塌
	嘉庆十九年（1814）	六月	安邑、猗氏	（安邑）淫雨，山水暴涨，姚暹渠决，冲压民房无算； （猗氏）水泉日升，南滩掘井八九尺，即得水者十余年
	嘉庆二十年（1815）	八月	解县	八月六日，阴雨四旬
	嘉庆二十一年（1816）		安邑	1816-5［十二月二十三日衡龄奏］奴才查……中、东、西三场盐畦并无荒废，其渠堰并围墙、门楼各工程亦俱修治完固。本年所刮盐斤，因夏秋雨水过多，浇晒不能如额。《黄档史料》第 466 页
	嘉庆二十四年（1819）	八月	安邑	大雨，姚暹渠决，冲坏任村民房数十座
	道光二年（1822）	八月、九月	永济、安邑	淫雨，姚暹渠决，坍塌民房四五百间； 1822-9［十月二十日邱树棠奏］本年夏秋雨水多，山水盛发，滩水本已泛涨，九月初三日（10 月 17 日）起，复大雨三昼夜，突于初六日（10 月 20 日）黑龙堰、东禁堰同时决开，水势全注于最低之陡坡滩内，极为浩瀚。……夫以宽广数十里、深至一丈数尺之滩水，仅御以单薄之马道，实不足于巩卫。《黄档史料》第 529—530 页
	道光三年（1823）		永济	大水
	道光七年（1827）	闰五月	解州	1827-5［七月初七日山西巡抚福绵奏］据解州直隶州知州……禀报，该州属郭家、西湖二村，于闰五月初九日（7 月 2 日）晚，大雨骤至，山水陡发，将该村等护村堤堰冲决，致冲坍民房二百余十间，被淹无禾地六七十亩，并无损伤人口，现在勘办，等情……《黄档史料》第 560 页
	道光八年（1828）		解县	五龙峪水大发，高于城平，南门外居民被灾极重； 1828-3［十月二十日（朱批）山西巡抚卢坤片］解州南门外及郭家村、梁家园两处被水，分别查勘抚恤缘由附片具奏…… 解州被水各处，先经该州查勘安抚，继经河东道……亲诣复勘，又逐户加以抚恤。现在水溢地亩早已全数涸出，无误麦种，被冲房屋亦一律修复完整……《黄档史料》第 566 页
	道光九年（1829）	六月	解州	1829-2［七月二十日（朱批）山西巡抚徐炘片］又据解州禀报，所属之李家庄等七村，于六月二十四日（7 月 24 日）大雨如注，山水陡发，田庐间被淹漫。臣当即饬令该管河东道……确查，所有冲塌房屋并淹毙幼孩一名，……被水沙地十顷有余，夏麦早经收割，秋麦尚未播种，并未成灾。现在水已消退……《黄档史料》第 571 页

续表

年代		月份	受灾县	灾情描述
清代	道光十二年（1832）	七月至八月	安邑、夏县	（安邑）七月，大雨姚暹渠决，至八月，淫雨不止，涑水河涨发，北相镇等村冲倒民房，禾亦大伤，县令韩宝锷捐廉抚恤； 1832-3［八月十五日（朱批）山西巡抚阿勒清阿奏］安邑县知县……禀称，该县境内之姚暹渠北堰因七月十八日至二十三日（8月13—18日）连日阴雨，山水骤发被冲决口，将运城北关民房冲塌三十余间，又冲塌乔家庄民房十余间。又涑水河涨发，冲坏北相镇民房五十余间。均未损伤人口。被淹地亩多系种麦之区，此时尚未播种，其中间有种植高粱杂禾之处，水淹不深，并未成灾。……现饬该道将姚暹渠缺口赶紧督令堵筑。《黄档史料》第582页； 1852-4［九月初二日（朱批）阿勒清阿片］又解州属之夏县，因七月二十一日（8月16日）山河之水涨发漫溢，据报冲塌师村等三村房屋十七间……《黄档史料》第583页
	道光十四年（1834）	六月、七月	安邑	姚暹渠决，水由东关漫至南关，冲倒铺舍及附近民房无数。七月，姚暹渠、白沙河水涨，冲破黑龙堰，县令李孔醕捐廉抚恤
	道光十五年（1835）	六月至八月	解县、安邑	（安邑）大雨，姚暹渠决。七月，姚暹渠通惠桥决。八月朔，急雨如注，姚暹渠水入盐池； （解县）大水，侵败盐池； 1835-5［八月二十六日（朱批）山西巡抚鄂顺安片］再据安邑县知县……禀报，入秋以来，阴雨过多，渠滩水涨。七月十六日至八月初二日（9月8—22日），连次骤风急雨，境内之姚暹渠、黑龙潭，并切近盐池之石马道堰，均各漫溢，运城以及盐池暨东照关等村被水浸淹，盐店庵厦、民间房屋约计坍塌数百间。并未损伤人口……《黄档史料》第592页； 1835-9［八月十八日（朱批）鄂顺安奏］又勘得解州属之砂窝等七村被水，旋即消退。平坡地亩秋禾长发畅茂，并不成灾。惟滩地被淹，亦请缓征； 又勘得安邑县属之运城并东照关等九村、交城县属之奈林等三村，被水均未成灾。……其安邑县被水浸坍盐店庵厦七十余间，应令盐商自行修理，毋庸请恤。《黄档史料》第593—594页； 1836-5［十二月初七日山西巡抚申启贤奏］河东盐池被水之后，产盐缺少……恳请酌缓引课。……河东盐池因上年（1835）秋间连次大雨，姚暹渠以及石马道等处，堤堰漫缺，被水浸淹。《黄档史料》第601页。按此条档案史料是1836年上奏的，内容反映的仍为1835年灾害情况及1836年余灾情况。此处列入1835年统计
	道光十九年（1839）	五月、六月	解州、夏县	1839-5［七月二十四日山西巡抚申启贤奏］窃照解州属之砂窝等七村滩地被水，内有五村兼被冰雹； 1839-8［六月二十九日申启贤奏］窃照夏县属之车家寺后村及小郭等村，因本年五月十六日、六月十四日（6月26、7月24日）山水陡发，白沙河堰冲决，近堰低洼地亩间有被淹； 又解州之砂窝等七村滩地，亦于五月十六日被淹，内有五村并被冰雹……以上被水各处，均未损伤庐舍人口。《黄档史料》第612页

续表

年代		月份	受灾县	灾情描述
清代	道光二十三年（1843）	六月、七月	解州、夏县	1843-5［闰七月十二日梁萼涵奏］又解州之庄头堰，于六月二十七日（7月24日），山水陡发，冲决姚暹渠口，溢入民地夏县属之任家寺、后村、中留村，于六月二十五日、七月初四（7月22、30日）等日，白沙河决口，冲淹房屋。《黄档史料》第632页
	道光二十四年（1844）	三月	安邑	苦池村滩水涨发，生虫，麦尽伤
	道光二十七年（1847）	三月、八月	安邑	三月，雨。秋大熟。八月，淫雨四十日
	咸丰五年（1855）	六月	安邑	大雨，中条山水暴涨，漫入从善等村，冲倒民房，压死人畜无数
	同治元年（1862）	正月、二月	解县、临晋	（解县）正月十五日，天雨； （临晋）二月十一日，大雨，麦复旁生
	同治二年（1863）	七月	解县	雨水，雹大者如鸡卵
	同治九年（1870）		永济	大水，麦大熟，秋有获
	同治十年（1871）	六月	解县、永济	（永济）大水，麦大熟，秋有获； （解县）六月，五龙峪水暴发破堰，西门外被灾甚重
	光绪四年（1878）	八月	永济	阴雨连旬，麦多种
	光绪五年（1879）	秋	临晋	大雨，麦普种
	光绪六年（1880）	二月	临晋、永济、虞乡、夏县	1880-4［奏报日期及奏报人缺］谨将查明太谷县等五十六厅州县坍荒地亩，恳请豁免粮银米豆谷石数目，缮具清单恭呈御览。计开： 永济县，太庄等四十九里陈村等四百九十四村，水冲沙积荒地一百九十顷三十二亩七分八厘九毫九丝，……北古城等一十六屯，坍荒地二十九顷二十三亩二分八厘四毫……太庄里下马头等一十一村，坍荒王田地一十二顷一十二亩五分四厘八毫九丝……太庄等六里下马头等三十一村，坍荒河滩地七十六顷六十五亩五厘七毫五丝，每年应征…… 虞乡县，孙常等六村，卤碱荒地十六顷三十五亩四厘，每年应征…… 临晋县，去村西将军屯，水冲沙压荒地一顷七十四亩六分八毫……东五娃等八村，盐碱荒地四十五顷七十五亩九厘，每年应征…… 夏县，四乡坍荒地六十九顷六十一亩一分七厘，每年应征……《黄档史料》第702—703页
	光绪七年（1881）	秋后	永济	秋后雨雪多
	光绪十年（1882）	秋后	永济	秋后雨多，麦种迟
	光绪十六年（1890）	五月、六月	解州	1890-11［十月二十八日山西巡抚刘瑞祺奏］本年夏秋以来，淫雨滂沱，依山旁河之区地势低洼，骤经大雨，山水陡发，河流盛涨，漫决堤堰，冲塌房屋，淹没田园，或刷剔成河、沙石积压，或停涝未涸、播种失时，间有被雹、被碱者，夏麦秋禾均成灾歉。叠据阳曲等一十六厅先后禀报内，解州属之席张等村，五月三十、六月初一日（7月16、17、18日）等日，伏雨如注，山水暴发，秋禾被淹，并冲塌民房二百八十七间。《黄档史料》第786页

续表

年代		月份	受灾县	灾情描述
清代	光绪十八年（1892）	闰六月	猗氏	1892-2［十一月十七日胡聘之片］嗣于闰六月间淫雨兼旬，太原等属被灾。……蒲州府属之荣河、猗氏……等共五十余厅州县，或被水淹或被霜雹，秋禾被灾，轻重不等。《黄档史料》第796页
	光绪二十一年（1895）	六月	临晋、猗氏、安邑	（临晋）大雨，坡水暴发，毁官民庐舍数百间； 1895-2［十一月初二日山西布政使员凤林奏］窃查晋省本年收成尚称中稔，惟省南州县因夏间雨水过多，有被水、被雹、被碱及沙石积压不能垦复地亩，北路各厅州县间有被水、被霜之处。临晋县禀报，北大陈等村暨果社等村。猗氏县禀报，西王等村。安邑县禀报，苏村等村。……均因六月间连朝大雨，山水河水同时并发，或浸灌衙署、监狱，或冲塌民房、淹毙人口，或田禾被损，情形不一。……第821页； 1895-3［光绪二十二年正月二十日山西巡抚胡聘之奏］《黄档史料》第821—822页
	光绪二十二年（1896）	六月	永济	1896-5［八月初七日胡聘之奏］晋省夏秋以来，雨水较多，以致濒河低洼各处猝被水患。永济县禀报，大鸳鸯等村于六月二十七日（8月6日），河水陡涨，田禾被淹，冲塌房屋多间。《黄档史料》第835页
	光绪二十四年（1898）	二月、六月、七月	夏县、安邑	1898-2［十二月十五日山西巡抚胡聘之奏］夏县属秋禾被水成灾十分之任家寺后等六村并郭峪等二十四村。第850页 1898-5［十一月二十八日胡聘之奏］山西本年河东雨水过多，盐淹运阻。自二月（2月21日—3月21日）即遭阴雨连绵，春运滞销。迨至夏秋，大雨如注，兼旬累月，运路冲毁，旋修旋废。陕豫两岸，雨水、泥淖亦复相同。第851页； 1898-9［八月初六日胡聘之奏］夏县禀报，县属任家寺后等村，于六月十四、五（8月1、2日）等日大雨如注，彻夜连朝。该村附近白沙河堰共决七口，冲塌民房一百三十余间，沙积、沙压地一千余亩，水淹地三千余亩。又，东山内郭峪等村，于七月初二日（8月18日）大雨倾盆，蛟水暴涌，水冲及石压山地七百余亩。第583页 1898-10［九月初六日胡聘之片］《黄档史料》第853页
	光绪二十五年（1899）	夏秋	安邑	1899-1［十二月十三日护理山西巡抚何枢奏］安邑县孙余等三村，被水冲塌民房、淹毙人口请酌给弗银一百九两一钱。《黄档史料》第869页
	光绪二十七年（1901）	三月	临晋	雨雹，大如卵，继得甘雨
	光绪三十年（1904）		夏县	1904-5［十二月十四日巡抚张曾敭奏］又阳曲县属并太原、文水、夏县、大宁、清水河等五厅县，本年并历年水冲沙积地亩，亦复一再勘查，并无捏饰。《黄档史料》第896页
	光绪三十四年（1908）	夏秋	夏县	1908-2［十二月初十日山西巡抚宝棻奏］山西省南北各属，光绪三十四年分春雨大半愆期。……迨交夏秋又复始旱继涝……兼以冰雹为患，以致各属收成失望，民情困苦。叠据阳曲、太原、夏县等十四厅县禀报，夏麦秋禾被旱、被水、被雹、被碱，成灾、歉收不等……《黄档史料》第915页

续表

年代		月份	受灾县	灾情描述
清代	宣统二年（1910）	秋	虞乡、解州、安邑、夏县	1910-2［十二月十八日山西巡抚丁宝铨奏附清单］山西省宣统二年分，自春徂夏雨泽愆期，入秋得雨过晚，播种已迟，收成歉薄……此外，复有被雹、被霜、被碱、被水、被冻各灾伤，成灾轻重不等等情…… 虞乡县属，夏麦秋禾被水，成灾八分之义河屯等一十村……又成灾七分之西平（土毫）等七村……又成灾六分之麻村等五村； 解州属，秋禾被水，成灾十分之席张等一十村……又成灾九分之东胡等二村庄； 安邑县属，秋禾被水，成灾五分之段村等三村； 夏县属，秋禾被水，成灾十分之中留村等七村。《黄档史料》第918页
	宣统三年（1911）	六月	安邑	1911-3［七月二十七日山西布政使王庆平奏］兹查，本年六月分（6月26日—7月25日）……惟阳曲、太原、崞县、安邑、霍州、临汾等处冰雹被灾、被雹，秋禾成灾或数村、或数十村。《黄档史料》第925页

资料来源：民国《临晋县志》卷十四《旧闻记》；康熙《夏县志》卷四《杂志·灾祥》；雍正《猗氏县志》卷一《祥异》；乾隆《解州安邑县志》卷十一《祥异》；光绪《永济县志》卷二十三《事纪·祥沴》；乾隆《闻喜县志》卷二十四《旧闻》；乾隆《解州夏县志》卷十一《祥异》；同治《续猗氏县志》卷四《祥异》；光绪《续修临晋县志》续下《祥异》；光绪《安邑县续志》卷六《祥异》；民国《解县志》卷十三《旧闻考》；光绪《永济县志》卷二十三《事纪·祥沴》

从表6-1可知，东汉建宁四年（171）到宣统三年（1911）的1740年中，涑水河流域共发生水灾97次，平均约17.9年发生一次；从朝代上来看，汉代1次，唐代3次，宋代3次，元代2次，明代16次，清代72次。明清时期发生的水灾总次数为88次，占总数的90%，尤以清代为最多。这与明清文献记载的灾害资料越来越多有很大的关系，特别是清代档案资料的计入，更增加了灾害的统计次数。不过总体上来看，明清时期涑水河流域水灾多频发，这应该是没问题的。

二、水灾发生的机理和规律

1. 洪涝灾害发生的时间变化

明清时期涑水决溢频繁，根据表6-1，1368—1911年流域内共发生涝灾88次。可对涝灾的年际变化和月际变化进行分析。

（1）涝灾的年际变化

自1368年明洪武元年到1911年清宣统三年的543年中，涑水河流域共发生洪涝灾害88次（该流域任一县市有洪涝记载的均在计算之内，且一年有多次洪涝发生的按1次计算），平均6.17年发生一次。本书以10年为单位，统计各时段洪涝灾害发生的频次（单位时间里发生洪涝灾害的次数）（表 6-2）。结果显示，1890、1740、1750、1810、1820 年洪涝灾害最为频繁，灾害发生频次分别为 6、5、5、5、5 次。其次，1590、1650、1830、1870 年洪涝灾害也较易发生，灾害发生频次为 4 次。

表 6-2　1368—1911 年涞水河流域洪涝灾害发生频次统计

年份	灾害频次	年份	灾害频次	年份	灾害频次	年份	灾害频次
1370		1510		1650	4	1790	
1380		1520		1660	2	1800	3
1390		1530		1670	1	1810	5
1400		1540		1680		1820	5
1410		1550	1	1690		1830	4
1420		1560		1700	1	1840	3
1430		1570	2	1710		1850	1
1440		1580	2	1720	1	1860	2
1450		1590	4	1730	2	1870	4
1460		1600	3	1740	5	1880	3
1470	1	1610		1750	5	1890	6
1480	1	1620		1760	3	1900	3
1490		1630	2	1770	2	1910	2
1500		1640	3	1780	2		

从图 6-1 中，我们可以明显地看出涞水河流域在 1368—1911 年的五百余年间，洪涝灾害发生规律呈现两个基本特征：一是水灾灾害频次越来越高，有明显增加的趋势；二是洪灾灾害还呈现高低波动变化，并且 1890 年出现极峰，出现频次最高。从整个这一时期来看，清代洪涝灾害的频次远远大于明代，洪涝灾害在时序分布上呈现阶段性和集中性。

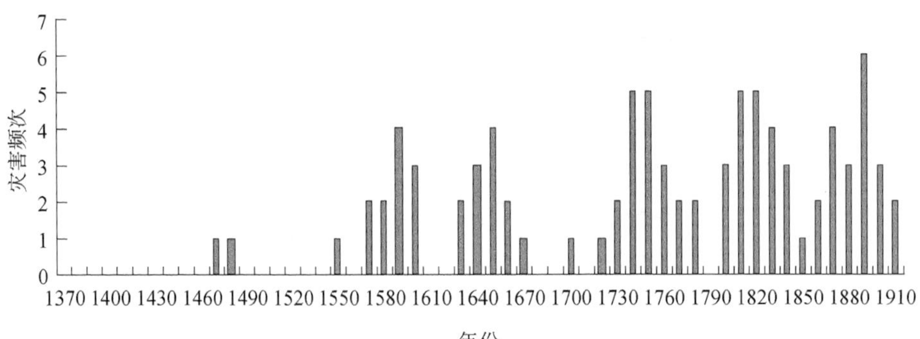

图 6-1　1368—1911 年涞水河流域十年尺度洪灾出现频次

（2）涝灾的月际变化

通过对历年各县次涝灾季节的分别统计，得出各季涝灾的发生概率（图 6-2）。

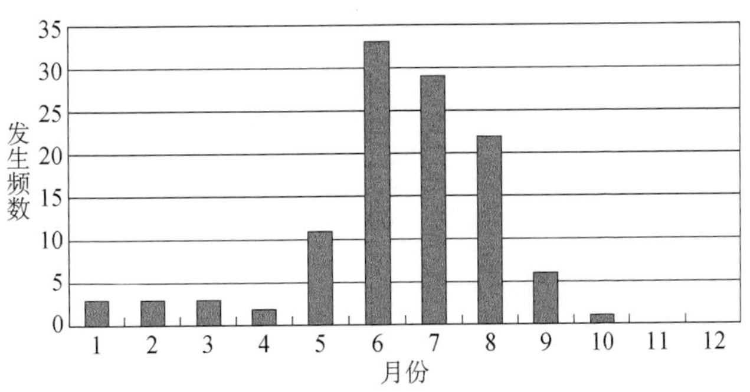

图 6-2 1368—1911 年涑水河流域涝灾范围月际变化

由图 6-2 可知，涝灾主要集中在 6—8 月，以 6 月最多，7—8 月次之。11 月和 12 月无涝灾记载，在文献中多是附带提及。可见，几乎所有的涝灾都发生在夏秋两季。图中统计月份为阴历，涝灾多发季节实为阳历 7—9 月，这正与山西省大陆性气候特征相一致。今山西的降雨量集中在夏季，特别集中在 7、8 两个月，这两个月的降雨量几乎占到全年的一半。历史文献记载所反映的涝灾也正好与之相对应。

2. 洪涝灾害发生的空间特征

1368—1911 年涑水河流域共有绛县、闻喜、夏县、安邑（运城）、解州、猗氏、临晋、虞乡、永济等州县，我们对 543 年中有历史记载的各州县分别发生的洪涝灾害的总次数做了逐年统计（1 年中有多次洪涝灾害记载的均按 1 次计算，详见表 6-3）。

表 6-3 1368—1911 年涑水河流域各州县洪涝灾害发生频次

州县	频次	州县	频次	州县	频次	州县	频次	州县	频次
绛县	4	夏县	18	运城	9	临晋	17	虞乡	4
闻喜	10	安邑	37	解州	20	猗氏	17	永济	27

从表 6-3 中可以看出，1368—1911 年涑水河流域洪涝灾害发生较多的州县有安邑、解州、永济，其频次均在 20 次以上。其次为夏县、临晋、猗氏和闻喜，发生频次在 10—20 次。发生洪涝灾害较少的州县有运城、绛县、虞乡。其中，如果将安邑运城的 9 次也统计在内，则安邑县的洪涝灾害共为 46 次，为最高峰

值。永济县的受灾频次，统计过程中有很大部分受黄河水灾资料统计的影响，涑水河引起的洪涝灾害实际较小。将涑水河流域分为 3 个区段，今上马水库以上河段称为上游，上马水库至伍姓湖河段称为中游河段，伍姓湖以下至黄河口河段称为下游河段。结合各州县地理分布位置可知，较易发生洪涝灾害的州县主要分布在中下游干流沿岸，尤其是中下游的安邑、解州、临晋、猗氏等州县遭受灾害最为频繁。这些州县又主要分布在盐池周围，因而受灾关注的频率也越高。上游绛县、闻喜，下游虞乡、永济受洪灾的影响相对较小。

3. 洪涝灾害发生的等级序列

历史文献对涝灾的描述相对比较具体，特别是对它的破坏力有较详细地记载。根据这一特点，我们以破坏力作为主要判断依据。中央气象局气象科学研究院编撰的《中国近五百来旱涝分布图集》[①]，重建了 1470—1979 年的 509 年中国旱涝等级序列。序列中的旱涝等级值有五个等级，其中对涝灾有以下两个等级。

1 级（涝）：持续时间长而强度大的降雨以及大范围的降水等，如“春夏霖雨”“夏大雨浃旬，江水溢”“春夏大水溺死人畜无算”“夏秋大水禾苗涌流”等。

2 级（偏涝）：春、秋单季成灾不重的持续降水、局部大水、成灾稍轻的狂风暴雨，如“春霖雨伤禾”“秋霖雨害稼”“四月大水、饥”及某县“山水陡发，坏田亩”等。

依照此等级标准，对 1368—1911 年涑水河流域涝灾的等级规模进行了量化（表 6-4）。

表 6-4　1368—1911 年涑水河流域涝灾的发生概率及分布特征

等级	年份	年次
1 级（涝）	1559、1557、1573、1580、1586、1590、1591、1597、1606、1632、1633、1646、1648、1650、1652、1653、1657、1662、1669、1679、1700、1725、1738、1745、1748、1749、1753、1755、1756、1757、1761、1762、1771、1785、1801、1802、1813、1814、1815、1819、1822、1828、1829、1832、1834、1835、1839、1843、1847、1855、1871、1878、1890、1895、1896、1898、1899	57
2 级（偏涝）	1479、1487、1595、1601、1603、1647、1735、1743、1747、1758、1760、1773、1781、1800、1801、1816、1836、1844、1862、1863、1870、1879、1880、1881、1882、1892、1901、1904、1908、1910、1911	31

结果显示：1368—1911 年中涑水河流域共有 88 年次发生涝灾，平均每 6.17 年发生一次。其中 1 级大涝发生频次为 57 次，占发生总次数的 64%，概率为

① 中央气象局气象科学研究院编撰：《中国近五百来旱涝分布图集》，北京：中国地图出版社，1981 年。

2.8 年/次；2 级偏涝发生频次为 31 次，占发生总次数的 36%，概率为 5.2 年/次。这仅仅是大致趋势，说明流域涝灾的发生，大涝多于偏涝。

三、流域地形对地表径流的影响

涑水河流域的地形地势，北部及西部是从孤峰山与稷王山向南及西南延伸的峨嵋岭，东部及南部环绕着中条山。这样，流域地势南北高，中间低，是一个从东北向西南倾斜的半闭流区。其中，中条山海拔在 1200—1300 米，运城海拔为 360 米，夏县海拔为 400 米，最低处（盐池）为 320 米。地表水按地形走势都将汇流入盐池，因此，盐池周围渠堰星罗棋布，其分布环绕盐池，远近稀疏不一，渠堰之高低阔狭不一，斜正曲直不一，按其地势，因地制宜而建。同时对涑水河、姚暹渠进行人工改道，将水流障之不入盐池。因此，人为活动改变了河流的自然流向，使得流域一遇暴雨往往成灾。

任何时期的水旱灾害都是在一定的气候、地形地貌和社会经济条件下发生的。一般而言，影响洪涝灾害发生的动力因素以自然因素的影响为主，包括气候变化、降雨量、地表植被的好坏等，而特殊的流域地形叠加人类活动也是不可忽视的驱动因子。

涑水河流域的自然地理特征决定了流域本身是一个洪涝灾害多发的地区。涑水河流域属于暖温带半干旱大陆性季风气候，一年内季风环流交替明显，降水季节性变化较大。整个黄河流域每年 7—10 月称为“伏秋大汛期”；7—8 月又称“伏汛期”。洪涝、水土流失、泥石流等灾害多发生在伏秋大汛期。[①]历史文献中记载的该流域洪涝灾害发生月份也多集中在阳历 7—9 月（图 6-2）。因此，该流域夏秋季节降水集中的特性是易发生洪涝灾害的直接原因。此外，涑水河流域降水常以暴雨形式出现，由于其发生突然，强度大，预防工作不够充分，往往也是造成灾害多发的一个重要原因。

历史时期涑水河流域水灾多由大量降雨引起的，从图 6-2 水灾发生月份的统计可知，水灾大多集中在多雨水的夏秋季节。同时受流域地形影响，水灾的发生往往汇流入河，形成全流域的河灾。几次重大的降雨活动，往往就涉及全流域，据表 6-1 统计可知，主要有 8 个年份发生全流域水灾，即隆庆四年、万历二十五年、崇祯五年、康熙元年、康熙十八年、乾隆十年、乾隆十八年、乾

① 黄河流域及西北片水旱灾害编委会：《黄河流域水旱灾害》，郑州：黄河水利出版社，1996 年。

隆二十六年等。

涝灾的空间分布特征，文献表述详细，摘录表 6-1 中涑水河流域涝灾资料制成表 6-5。

表 6-5　清代涑水河涝灾灾害统计

年代	灾害记载	文献出处
顺治十四年（1657）	顺治十四年七月一日辰时，涑水河溢	《雍正猗氏县志》卷一《祥异》
乾隆十年（1745）	乾隆十年乙丑七月十四日夜，大雨如注，涑河涨溢，东、西、南关厢旅店民舍冲塌十分之三，城内东南巷及城隍庙左右垣墙俱倒	《闻喜县志》卷二十四《旧闻》
	乾隆十年，涑水大溢。近河高头等村榖禾房屋皆伤	同治《续猗氏县志》卷四《祥异》
	乾隆十年，涑水大溢	光绪《续修临晋县志》续下《祥异》
乾隆十八年（1753）	乾隆十八年九月，阴雨连旬，涑水涨发，淹没西王、侯村等村	民国《解县志》卷十三《旧闻考》
乾隆二十六年（1761）	乾隆二十六年七月，涑河溢漫，南滩自此成膏壤	同治《续猗氏县志》卷四《祥异》
	二十六年七月，涑水溢	光绪《续修临晋县志》续下《祥异》
嘉庆六年（1801）	嘉庆六年，涑河大决，田庐多有损伤	同治《续猗氏县志》卷四《祥异》
	嘉庆六年，涑水大决	光绪《续修临晋县志》续下《祥异》
道光十二年（1832）	十二年七月，大雨，姚暹渠决，至八月淫雨不止，涑水河涨发，北相镇等村冲倒民房，禾亦大伤，县令韩宝锷捐廉抚恤	光绪《安邑县续志》卷六《祥异》

尽管文献记载统计不完全，但也能说明问题。表 6-5 中，清代涑水河河灾次数不是太多，共有 10 条资料反映有关涑水为灾的记载，主要体现在 6 个不同年份；从月份上看，河灾主要发生月份为七月、八月、九月，其中又以七月为多。尽管记载的河灾不多，但并不表明发生的灾情就较少。灾害一旦发生，河灾的强度就会比较大，对河流两岸人民的生活影响巨大。

同治《续猗氏县志》就有一首诗“涑水大决”[①]，深刻反映出涑水大决时的灾情状况：

横岭山前瓜蔓水，西到张扬三百里，
萧萧芦荻夹岸长，五里板桥十里梁。
波浪卷天忽东来，万里一抹无涯涘，

① 同治《续猗氏县志》卷 4《艺文》，第 505 页。

应是故绛阴霖结，涧泉野潦迸崩决。
流尸惨横千佛岭，河伯怒战黑龙穴，
伤我田禾且无论，试看夹河南北郚。
墙屋倾颓餘古树，鬼神聚啸愁黄昏，
纵使旬日水归壑，无食无居难图存。
叹息此川旧多涸，天旱先被上流遏，
享其利者受其害，胡乃我土频降割。
此岂白圭壑西邻，由来堤防少其人，
君不见王尊白马祀河神，万丈金堤填一身。

诗中的“波浪卷天忽东来，万里一抹无涯涘”，道出了水灾的罪罹深重。历史时期涑水河流域洪水灾害在一定程度上改变了受灾区的河流微地貌。水灾的发生所引起的最大变化就是对河流沿岸居民的生产生活造成极大的损失。这主要表现在：洪水造成人员伤亡；洪水造成建筑物的损毁；洪水冲毁大量田地、毁坏庄稼等。如乾隆十年（1745）涑水河流域的一次全流域强降雨过程，《清代黄河流域洪涝档案史料》共有九条不同时段的档案史料（详见表 6-1）记载了这次流域各州县受灾情况。

全流域暴雨发生时间为七月十四五至十七八（8 月 11、12—14、15 日）等日，连得大雨，山水骤发，使得“绛州所属之绛县、闻喜，直隶解州并所属之安邑、夏县，蒲州府属之猗氏、虞乡，七州县滨临涑水河地方，亦河水涨溢”。涑水河和姚暹渠两河并涨。流域各州县受灾情况，受水灾最重的三县，闻喜县“东、南、西三关厢冲坏房屋一千二百余间，淹毙二人并倒塌营房墩台等处”。安邑县“五十二村庄庐舍坍损，淹毙男妇七、八口，营房冲坍三处”。猗氏县“十四村庄房屋倒毁者十之六、七，各处田禾被伤若干尚未查报”。较轻者，夏县“水头一镇田苗被浸，冲坏民房五百余家”。解州“七村庄田禾被冲，房屋亦有坍塌，人畜间有淹毙”[①]。另外，盐池护堰也有被冲开的，据档案记载：“（安邑）盐池四周地势皆高，惟池面低洼，客涝最易流入，设有堤堰以为保障。而姚暹一渠，导东南一带众山会流之水，北绕盐池以达黄河，所关更为紧要。乾隆十年七月十六日（8 月 13 日），山水大发，冲决姚暹南堰，注于盐池东西之黑龙堰外，水势汪洋，虽竭力抢修，二十八日（8 月 25 日）山水复发，更为汹涌，黑龙堰

① 《清代黄河流域洪涝档案史料》，1745-15［八月初三日阿里衮奏］，第 162—163 页。

亦被冲开，直奔禁墙马道，盐池竟有被淹之势。……水至马道而止，并未侵入禁墙，盐池得保无虞。”[①]可见这次水灾的受灾范围、发生强度和力度及其对沿河州县的损失程度。

明清时期涑水河上游，自绛县至安邑北相镇，此河段共计 147 里，岸高河宽水深，不存在淤塞的情况；中游自北相镇以下，经猗氏至涑水流入五姓湖这段河道，由于地势低洼加上人为改道，河身窄浅，容易淤塞；下游五姓湖水经孟明桥入黄河段，河道受五姓湖来水量大小和黄河顶托影响很大。[②]从表 6-3 水灾发生地点来看，灾害主要出现在中下游河段，该河段的夏县、安邑、解州、猗氏、临晋等受灾次数较多。这与涑水河流域的河道特征有关，同时在很大程度上与流域人类活动行为有一定的对应关系。本书第三、四章分别探讨的涑水河流域出现的 6 次比较重大的人工改道和保障盐池安危而修筑的堤堰防洪工程，很能说明问题。显然，特殊地形特征和涑水河本身的河道特征，决定了流域某些河段易受洪涝灾害。政府面对涑水河灾害往往采取工程措施，如疏浚河流，“建闸启闭蓄泄，以资灌溉备水潦”等来维护涑水河两岸人民的利益。

---

① 《清代黄河流域洪涝档案史料》，1745-7［乾隆十一年正月初六日署理河东盐政众神保奏］，第 160 页。

② 吴朋飞：《明清涑水河水文特征复原》，《运城学院学报》2008 年第 4 期，第 26—29 页。

第七章　涑水河流域的环境状况及其应对

世界的一切都在变化中。涑水河流域在次生人工水资源环境下也在不断的演化，乾隆《蒲州府志》中形家者有一段话谈及河湖水之盈亏与科举仕宦之关系，肯定乾隆十八年（1753）疏浚涑水河道这一举措。我们在此不考虑论断的对错与否，但其指出了明清以来涑水河流域的环境变化趋势。即“明时湖水常满，而涑水无绝流，故科第仕宦为盛。自近百年涑水几不西至，而湖亦就堙，是以郡少达者。今疏之使复其旧，非特岁免沉灾，亦郡人仕进之利也”[①]。这说明百年来涑水河流域水资源环境状况有比较大的变化。

第一节　历史文献记录的环境状况

涑水河流域的地势，据文献记载“蒲解之地，东西北三面俱高，惟南最下。涑趋于南而姚堤障之，涑故曾家营、枣疙瘩诸村狂溜横擣，民用荡析离居，为蒲东之大駴”[②]，因此涑水河和姚暹渠的畅通与否，会直接关系到盐池及沿河两岸民众的生存问题。文献多有记载民众关于该流域涑水河、姚暹渠、伍姓湖在非常态下的环境感知认识。

我们知道，乾隆十八年（1753）涑水河流域大水成灾，十九年（1754）曾发动数万民夫进行大修过，为行文叙述的方面，现就以乾隆十八年为时间界限，来复原流域的环境状况。

---

① 乾隆《蒲州府志》卷2《山川》；光绪《永济县志》卷3《山川》亦载有此文。

② 乾隆《临晋县志》上篇，卷1《水利篇》。

一、1753年前的涑水河流域

1. 涑水河

乾隆十八年（1753）之前的涑水河流域，胡天游的《蒲州府复涑姚二渠记》中指出清代该流域出现环境变化，当为涑水河和姚暹渠“潴渠邮以输河，涸三数十载”。胡氏记载的疏浚两河时间，当在乾隆十八年，如向前推三十年左右，大约为雍正初年。这正与嘉庆重修《大清一统志》中记载的姚暹渠“旧时漫溢山庄，不由故道”相印证。可见雍乾间涑水河流域水文环境有变化，两河淤积，河水已经流不到五姓湖了。

据此可知，乾隆十年（1745）大水之前，涑水河道已经壅塞多年，常态下水是很难流到五姓湖的。因此一遇大水往往“崩毁堤堰”，给沿河两岸民众带来灾难。尽管经过乾隆十年的疏浚，但仍是“然久至数年未及行于时，涑水及姚暹渠沙土壅淤，而五姓湖亦久遏塞”。乾隆十八年秋雨弥月，涑水河不能胜受，使得“水漂瀑无所归，至冬时，尚漫宿田野”。当时任河东兵备道乔光烈，曾亲自会勘涑水河和姚暹渠形势。在向上级反映，请求彻底疏浚时，也谈及涑水河流域的环境状况，即“河渠及五姓湖闭淤有年，致连岁夏秋雨水稍多，即易泛溢。”而且涑水河是季节性很强的河流，“每年涑水涨怒，一切田庐皆成泽国，且恐水势勇猛，溃裂暹渠，横决所至则虞乡、解州城郭及大小盐池，其危险有不可胜言者。”以上指出了涑水河、姚暹渠、盐池、五姓湖之间的关系。另外，汤沐《渠堰志》中亦指出了涑姚两河和五姓湖之间的关系，此处不细说了。①

2. 姚暹渠

姚暹渠的三大功能，据民国《解县志》记载：“一泄客水入黄河，不至浸灭盐池；二沿路民堰皆有水眼，可以灌田；三倘水大能浮舟，可复昔时行舟运盐之旧。”②不过这应该是开凿姚暹渠的初衷和姚暹渠早期的情况。据乾隆《蒲州府志》认为：“古开之，以泄东南山泽之聚流，因坚其堤以障之”“解盐池每患水败，自有渠以泄，诸水则有所归汇，不至侵入盐池，而其利亦资灌溉。”这其中没有谈到能行舟运盐之说，实际上姚暹渠是以泄洪排水之渠道为主，引河灌溉为辅。

---

① 乾隆《解州安邑县运城志》卷12《艺文》。

② （民国）《解县志》卷1《沟洫略》。

清初雍正之前，姚暹渠已出现河道淤塞，不由故道的情况。据记载是“旧时漫溢山庄，不由故道”，雍正九年，引流归湖。[①]乾隆十八年（1753），也曾与涑水河一并被大加浚治。虞乡县境内曾家营、土桥、牌首诸村，都是姚暹渠流经之所，皆并疏深之。乾隆四十二年，又加疏浚修理完好。数次疏通，表明姚暹渠系人工河道，河床浅窄，河道时常淤积。涑水河、姚暹渠、五姓湖之间的关系，可通过图 7-1 示意体现。

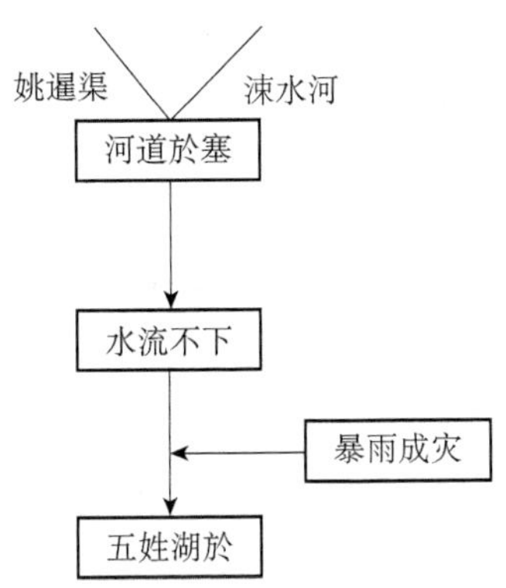

图 7-1　涑水河、姚暹渠、五姓湖关系示意图

二、1753 年后的涑水河流域

1. 涑水河

上游闻喜境内有环境变化的证据，主要体现在甘泉渠、雷公渠和下庄渠三条渠堰上。

（1）甘泉渠，位于闻喜县县东，据乾隆《闻喜县志》记载：“源出黑龙沟，溉交水口、上下东镇、背后田。”[②]此渠，据民国《闻喜县志》记载：“甘泉渠，源出黑龙潭、白龙潭，二水交流溉东镇、背后、交水口三村田，各一百八十亩。每亩纳水则银五分六釐一毫。”可知此渠源头为两泉源，三村能资灌溉之利，灌溉田亩面积达到五百四十亩，不算少，并且需要按水纳粮。显然水源充足、水量稳定。可这只是咸丰之前的情况。“咸丰间，两潭皆淤塞，今无水可溉矣。”[③]

① 嘉庆重修《大清一统志》蒲州府·堤堰。

② 乾隆《闻喜县志》卷 1《山川·水利》。

③ （民国）《闻喜县志》卷 4《沟洫》。

（2）雷公渠，据乾隆《闻喜县志》记载："源出野狐泉，由白土沟至城西北三里姚村出沟，行平地。前代尝引入城。嘉靖间城北地中尚有通水瓦筩。万历间知县雷复豫定分数，始姚村，次王顺坡、下白土、中白土、上白土、山家庄、坡底、薛庄、家坪、户头等村，轮溉月一周，名雷公渠。其故道在县西北。"[①]此渠源头仍为泉源，原先水量很大，曾引水入城作为城市水源之一。而且灌溉十数村，灌溉地亩定不少，有严格的水利灌溉管理制度。根据"其故道在县西北"的记载判断，清代可能渠道淤废了。到民国《闻喜县志》已记载为"今其水甚微，不能溉田，仅有细流至下白土，不能出沟，而濬其地有无水，则年久失考。"显然，可以看出泉源不甚充足，不能稳定出水，导致渠堰水量甚微，已谈不上灌溉了，古今悬殊。

（3）下庄渠，在下庄村东坡申渠下，据乾隆《闻喜县志》记载此渠："溉下庄、冯村二村田，二十一日一轮。有渠上水，三日坡申用。"到民国《闻喜县志》时详细记载了此渠的灌溉面积等，"下庄渠，在本村东坡申渠下，源同申坡，溉下庄、冯村二村田，二十一日一轮。有渠上水，三日坡申用，共溉田一百八十亩有奇。每亩纳水则银五分六釐一毫，同于坡申。"同样，这只是清咸丰之前的情况，"自清咸丰初至今无水，水粮仍在。"三条渠堰，都说明前代水源充足、水量稳定，可资灌田，灌溉面积也不少。后来都出现水环境变化，要么出现无水，要么水量甚微，变化时间大约在清咸丰年间之后。

中游安邑县，涑水河自清乾隆十八年（1753）河东道乔光烈督饬修浚后，安邑以上畅通无阻，以曲防为主。安邑以下，如猗氏、虞乡、临晋等县则需利用农隙之际，进行岁修，以保证水流畅通。沿河各县决河引水灌溉，获利甚多。如猗氏县"自乾隆讫道光中，近河村庄大获水利，家饶盖藏"。后来因为"后安邑上流决河灌地，水不能至猗西境，近并不能至猗之东境，膏壤复成瘠土，兼之水泉日降，井深灌田良艰"[②]。

解县，据光绪《解州志》记载，涑水河沿河居民引水灌田，"屡奉疏浚难以通达下流，南溃与姚暹交涨，以致州境近涑之西王、侯村诸处地势低窪，时被水患"[③]。这清楚表明，到了光绪年间河流水已经不能流到下游了。加上每年夏秋汛期之际，洪水暴发，西王、侯村等地势低窪的村庄常被水患。本来乾隆十

① 乾隆《闻喜县志》卷1《山川·水利》。

② 同治《续猗氏县志》卷4《祥异》。

③ 光绪《解州志》卷2《山川》。

一年大浚涑水河，使得河道通流无阻，通达下流。但到了光绪年间，河道又难以通达下流了。也表明清前后期涑水河流域水环境出现变化。

临晋县，亦享涑水之利，“涑水经流于邑南，接壤猗氏，分水之例以望日为限，望以前属猗，望以后属临”。并且“勒有成规”，规定“令沿河居民当河筑坝，则猗不得盗卖于虞，亦临邑数十村之利也”。由于涑水流域环境出现变化，“今则无水之利，而受修河之累也”[①]。一遇洪涝灾害，则受灾更为严重。“以致光绪癸巳甲辰两年山洪暴发，上流之水自闻而安而猗以及于临，水势浩瀚，溃堤四出，良田变为汙池，转受其害。”[②]

虞乡县，涑水河流域的中下游虞乡县为涑水河、姚暹渠、新河汇入鸭子池和五姓湖之区域，最能感知流域的环境状况。因此地方志中少不了三河及两湖的记载。假若流域一有环境变化状况，也最有可能被记载下来。虞乡县，在临虞分县之后，“涑水之利涓滴不及于虞矣”。但在乾隆十八年（1753）涑水河大浚之际，与邸家营同设水闸分水刊碑，虞邑犹得少霑其利。灌溉县境范围为“在昔尚能引溉虞境之邸家营、裴坊、及卿头镇各村”，但由于后来环境出现变化，使得涑水河“近今历年水久不下，未知尽为绛、闻遏阻，抑亦水势瘦小，不能远流虞境，不霑涑水之利者以多历年”。并指出变化的原因有两点：①上游绛县、闻喜取水过多；②水量本来就变小了。民国《虞乡县新志》附图文字说明部分也指出：“涑水河在县境北边，自东北隅底（邸）家营入境，向西南流经许家营、关家庄、石桥等村归入五姓湖，在昔有水，傍河诸村尚能引以浇地，近今水久不下，虞民无利可霑矣。”[③]

上述诸县均言，刚开始有引水灌溉之利，后则无水，河道干涸。甚至出现“渠身寖浚为孔道，行人车马往来其中，即有时下流，得水亦多在秋后，不足以资引溉”[④]的状况，说明清代中后期及民国时期涑水河流域水环境出现变化。

2. 姚暹渠

姚暹渠同样出现环境变化。姚暹渠在清代几淤几修，主要大修有雍正九年（1731）、乾隆十年（1745）、乾隆十九年（1754）、乾隆二十六年（1761）等年份。到民国《解县志》时已指出：“今则在安邑者，时或有水，一入解境，已涸

---

① （清）杨无党：《水利策》，乾隆《临晋县志》卷7《杂记下》。

② （清）《临晋县志》卷2《山川考》。

③ （民国）《虞乡县新志》卷1《河道图》。

④ （民国）《临晋县志》卷2《山川考》。

数十年，两堰崩摧殊甚，有数处几于地平，渠底淤塞高近丈数。年前曾在安邑境略修之，水源更壅，以上流低而下流高也。”说明姚暹渠已大部分河段无水。上游段安邑，也是“时或有水”；下游解县、虞乡根本无水了。姚暹渠最初的三大功能，据民国《解县志》记载：“一泄客水入黄河，不至浸灭盐池；二沿路民堰皆有水眼，可以灌田；三倘水大能浮舟，可复昔时行舟运盐之旧。”明清时期实际上成为泄洪渠道，谈不上行舟和灌溉了。清末民国初时，几经调查，“水源薄弱”“又每为夏县上游等处所截留，虽安邑尚不能得此利，解邑更无论矣”。解县境内的水利灌溉之利已所剩无几，“惟静林等涧，戋戋小水，所利几何？”，其他一切水利工程都是围绕“盐池”为中心的。

民国《解县志》撰志者有一段评论：“惟姚暹渠水，发源于白沙河、苦池滩水，甚畅旺，由安邑而解县而虞乡一百二十里，沿途村庄可灌田数十百顷。旱则水不消瘦，开渠引溉；潦则开渠峻防，直达五姓湖，导入黄河，亦无沈浸之灾。此万世之利特此渠。”但后来“五十年来淤塞，而白沙河、苦池滩诸水为害盐池”[①]，此处无意间交代了姚暹渠淤塞的大概时间，民国《解县志》撰修于民国九年（1920），可见姚暹渠淤塞时间为同治十年（1871）左右，这与乾隆二十六年（1761）疏浚河道相差百年左右。环境变化的后果，“危害盐池”“故渠荒废，水泛为灾”。

虞乡境内，据民国《虞乡县新志》记载指出，渠经隋代姚暹重新开修时，两旁筑堰浚深渠底，并规定“南堰商人所修，北堰系傍渠地主分筑”，说明沿河北岸居民有灌溉之利，主要是“从堰底凿眼漏水引为浇地”，后由于上游河水流不下来，“因久无水而堰颓渠坏，虞民早失其利矣”。民国《虞乡县新志》附图文字说明部分也指出“姚暹渠在县境中腰，东自曾家营入境，西流与涑水汇于五姓湖，因久无水，故渠堰率多颓塌”，说明清代中后期姚暹渠在常态下成为干河，无灌溉之利，渠堰荒废无修。

3. 伍姓湖

伍姓湖，据民国《虞乡县新志》记载，最初水面宽阔，水容积量应该不小，指出“似能多藉以灌田”，只是由于“然湖低地高，未便引导”。但湖泊周围“地形复露”，没有灌溉的渠道，说明此湖的功能是“汇注他处之水”，不是用来灌溉的。民国《临晋县志》记载：“然自涑渠淤，五姓湖涸，而滨河滩地无冲坍淹没之虞，阡陌相望，悉成腴壤，比来农垦畜牧颇称发达，倘以所谓失之东隅、

① （民国）《解县志》卷1《沟洫略》，第31—32页。

收之桑榆者乎？”[①]说明伍姓湖干涸很久，居民垦种滩地“无冲坍淹没之虞”，撰志者还庆幸涑水河水流不下，垦种滩地这一意外的行为。

4. 新河

新河也同样出现环境变化。光绪《虞乡县志》记载的新河仍能使水下流归入鸭子池汇入五姓湖。民国《虞乡县新志》附图文字说明部分就直接记载：新河，自县境东南石鹿峪向西北斜流，汇东境各山峪水流入鸭子池，溢归五姓湖。“近年河稜倒塌，水患堪虞。”经过民国八年的重新梳理河道，已经“庶可无害矣”[②]。对于这次疏浚新河，周振声《重修新河碑记》[③]中对新河的河道状况和新修情况有记载，可以部分看出新河的环境变化。

《重修新河碑记》指出，新河的开凿主要是为了“容受石鹿峪、二峪、王官峪各山水涨发，令其注河，顺流鸭子池，统汇归五姓湖中，以免散溢横流之患也”。同时，为了保护盐池，即“预防山水东流解境硝池滩，有碍盐务；且虑汎滥山下各村庄，冲坏民田”，而特意开凿的一条人工河道。最初的河道开挖很简单，从东南石卫村至西北麻村十余里的这段，原先没有河道，防止中条山峪水遇暴雨即随处漫溢，开河者直接“从田亩中间截断畛段，挖一浅河标明曰新河，形势弯曲，故有弯弯之称”。这一河道的开凿，最初确实起到了排洪泄水的作用。后来由于“下流壅阻，未能顺势归湖，遂至鸭子池东境一带，久侵渗漏引起底水搛发，伤坏良田数百顷，无法耕种”。而且这种情况，据记载“已历有年矣”。因此，为了“预防水患，开垦鹹荒”，不得不重新梳理河道。当时虞乡县的知事周振声、河东道尹马公骏、省长阎锡山派委樊君耀等在开挖之前曾带仪器测量河流的基本状况。测得“此河东自石卫村起点，至五姓湖东偏处”一共有二十八里有奇。这一河段又可分为三段：①首段自石卫村至麻村，由七尺宽历至一丈二尺；②中段自麻村至平壕村，由一丈二尺宽历至一丈六尺；③末段自平壕至湖东偏，由一丈六尺宽历至二丈。并且从《碑记》中得知，此河段的中段，民国时期曾有水患。新河的河流特征是峪水季节性特征明显，“新河所受山水俱无源泉，惟值山洪暴发，秋水连番始需此河宣泄，时逢亢旱即乾涸无水，旱多潦少”。因此，只要“每年农暇挖挑河底淤泥，藉补河稜，勿任坍塌尽弃前功，勿种芦苇壅滞水流。自来治水，先疏下游则水有归宿，自无泛滥之虞，果能依

① （民国）《临晋县志》卷2《沟渠考》。

② （民国）《虞乡县新志》卷1《河道图》，第226页

③ （民国）《虞乡县新志》卷10《丛考》，第495—496页。

法修凿，则定能不碍盐务，又可开垦壤田”。

通过上述流域各县有关环境变化证据的叙述，可以清楚地看出，整个涑水河流域（涑水河、姚暹渠、五姓湖、新河等）在清代特别是清末民国初期河湖水文环境状况发生变化，出现河道泥沙淤积、水不下流、土地沙化和湖沼湮废等环境问题。

第二节　环境变化原因探析

环境变化涉及自然和社会经济的诸多因子，这些因子相互联系、相互作用、相互制约，形成环境变化驱动力系统的层次性。一般而言，影响环境变化的动力因素以自然因素的影响为主，包括气候变化、降雨量、地表植被的好坏、土壤等。流域水循环是一个系统，气候对降雨产生很大影响，影响河流的汇流。河流周期性的年际变化，会导致河流的流量年际不均。历史时期气候的波动变化究竟如何影响降雨量的变化，再进而反映到河流径流量上，尚需有关专家进一步研究，本书无法作出明确判断。此处只考虑社会经济因子，其中人类活动是不可忽视的驱动因子之一。如上游引灌，中游河道淤塞，下游河道当然会没有水，这是很简单的道理。

一、人为改道是历史上地貌改观和水环境变迁的主要原因

涑水河流域的海拔高程，盐池湖底高程海拔 318 米，池南中条山脉海拔 1200—1300 米，池北运城、夏县海拔分别为 360—400 米，东西小鸭子池海拔 330 米，汤里滩海拔 343 米，西面北门滩 333 米，硝池 337 米。可见，盐池是一个典型的闭流湖，整个闭流区面积为 696 平方千米。如果涑水河、姚暹渠、新河，按照自然河道的走向，最终都会流入盐池，危害盐池生产。因此历史上对三条河道的人工改道，使得河流中游河段主流彻底移出原有河谷，是地貌改观和水环境变迁的主要原因。因此，河流中游河段是灾害频发地段，本书第六章流域洪涝灾害的研究已有证明。河流不循故道，水流挟带泥沙，使得中游河床增高，水流不畅。再加上兴修不常，一遇暴雨大水，往往不能承受，罹灾严重。

乾隆十年（1745）、十八年（1753）的两次大水，涑水河流域遭受严重的水灾，主要是因为乾隆十年“渠身淤塞，水无所容致，泛涨为害”；乾隆十八年“渠身不能通畅，下流更多阻壅，时秋雨过多，水大溢，解州之西王村诸渠堰为所冲荡，解州城西之硝池悉被漫没”[①]，于是两河一并疏浚，才使得两河顺轨，短时期内畅通无阻。

二、流域上下游用水不均是环境变化的直接诱因

乾隆十八年涑姚两河大修后，根据涑水河流域的河性特征，决策者规定：“上游以曲防为主，下游则以岁修为主。”保证涑姚两河的畅通无阻。假若都能按照规定办事，那么涑水河流域很可能就不会出现所谓的环境变化问题。事实上，历史画卷的再现，并不是这样。全流域上下游河段的用水不均，及其盗卖水资源获利，是环境变化的直接诱因。

涑水河流域引水灌田历史悠久，上游沿河居民有截河堵堰浇地的传统，有一套较完善的灌溉系统。闻喜境内渠道纵横，水资源比较丰富。如闻喜境内就有著名的引河灌溉的五道堰水利工程。文献记载其中的王公渠、罗公渠，都开于宋熙宁年间，可能还会更早。据地方志资料整理成表 7-1。

表 7-1 闻喜县水利工程一览

<table>
<tr><th>渠堰名称</th><th>渠首</th><th>灌溉村庄</th><th>灌溉亩数</th><th>赋税纳粮</th></tr>
<tr><td rowspan="4">罗公渠</td><td></td><td>第一堰，溉东外乔寺、东山底、西山底田，通志称康宁里，知县李如兰改丰泉里</td><td>一千九百五十亩</td><td>轮番十八日一周，每亩纳水则银五分六釐一毫</td></tr>
<tr><td>绛县烟庄谷，渠口在绛县磨裡堵截</td><td>第二堰，即王公渠。溉柳泉、爰里、东观底、西观底、东刘家院等田</td><td>三千八百九十四亩</td><td>每亩纳水则银五分六釐一毫</td></tr>
<tr><td></td><td>第三堰，溉乔寺村田，通志称义宁里，知县李如兰改青中里</td><td>五百六十三亩</td><td>轮番十六日一周，每亩纳水则银五分六釐一毫</td></tr>
<tr><td></td><td>第四堰，在乔寺东北，古名青口渠。溉西刘家院、元家院、大蔡薛、小蔡薛、侯村田，通志称晋宁里，知县李如兰改南盐里。其中，灌田村庄，民国《闻喜县志》增加南下吕村，并且指出小蔡薛，旧有今无[②]</td><td>二百零五亩</td><td>每亩纳水则银五分六釐一毫</td></tr>
</table>

① 乾隆《蒲州府志》卷 2《山川》。

② （民国）《闻喜县志》卷 4《沟洫》。

续表

渠堰名称	渠首	灌溉村庄	灌溉亩数	赋税纳粮
罗公渠		第五堰，在乔寺西北，古名新渠。溉东下吕、西下吕田，通志称荣田里，知县李如兰改常宁里。嘉靖三十九年知县罗田置碑面，定番次，选渠长，申盗决。后知县李复聘复为申定刻石元家院。其中，灌田村庄，民国《闻喜县志》增加南下吕村[①]	二百四十亩	轮番十五日一周，每亩纳水则银五分六釐一毫
温泉渠	黄芦庄	分上下二渠，溉上下峪口、黄芦庄田	八百余亩	每亩纳水则银五分六釐一毫。上渠黄芦庄十五日半一轮，下渠三峪口二十一日半一轮
甘泉渠	黑龙潭、白龙潭二水	溉东镇、背后、交水口三村田	五百四十亩	每亩纳水则银五分六釐一毫。咸丰间两潭皆淤塞，今无水可溉矣
寺底村渠	寺底村后沟中，即仲邮	寺底村	一百八十亩	一月一周，每亩纳水则银五分六釐一毫
雷公渠	野狐泉	姚村、王顺坡、下白土、中白土、上白土、山家庄、坡底、薛庄、家坪、户头等村	瀋其地有无水，则年久失考。	轮溉月一周，名雷公渠。其故道在县西北。民国《闻喜县志》记载“其水甚微，不能溉田，仅有细流至下白土，不能出沟。”
北河渠	水自横岭关来	沿河开渠轮溉后宫、柏底、茨凹里、南王村、河底等田	八百余亩	二十二日一轮。每亩纳水则银五分六釐一毫
董村渠	汤山东柳树沟	柏范底以上各山村，卫村、北郭、董村三村	三百八十余亩	轮番十七日一轮，柏范底以上各山村二日，卫村、北郭、董村三村十五日，每亩纳水则银五分六釐一毫
南阳渠	渠口在河底村南	溉南阳、苏村、中申等田	三百余亩	十五日一轮。《旧志》，每亩纳水则银五分六釐一毫
苏村渠	渠口在本村东	溉本村田	一百余亩	十二日一轮。《旧志》，每亩纳水则银五分六釐一毫
阳社渠	在苏村东	溉阳社、小寺头二村田		十六日一轮
小寺头渠	在苏村南	溉小寺头、阳社、西郭三村田		二十日一轮。民国《闻喜县志》指出“……以上二渠共溉地亩数未查悉，每亩水则则亦同他渠。”
西张渠	源出横岭，渠口在苏村三皇庙前	溉西张、东张二村田		轮番十六日一周。因倏流倏涸，未定水粮，仅共纳渠路粮八斗九升

① （民国）《闻喜县志》卷4《沟洫》。

续表

渠堰名称	渠首	灌溉村庄	灌溉亩数	赋税纳粮
寺头渠	在北村东北	按唐地理志东南二十五里有沙渠，即此，溉本村田	七十五亩	十七日一轮。旧志，每亩纳水则银五分六釐一毫
坡申渠	源出王村老茅沟莲花池	流七八里至坡申村东，地平可灌，开渠		轮番十八日一周，每一昼夜分六丁，每丁纳水则银三分六釐二毫
下庄渠	源出王村老茅沟莲花池	在本村东坡申渠下，源同申坡，溉下庄、冯村二村田	一百八十亩有奇	二十一日一轮。有渠上水，三日坡申用。每亩纳水则银五分六釐一毫，同于坡申。自清咸丰初至今无水，水粮仍在
南姚村渠	在本村北沟	南姚村		轮番二十四日一周，每一昼夜分十五炷香，每香一炷约溉地七分五釐，纳水则银二分八釐一毫
偏桥渠	源出店儿上	溉上下偏桥二村田	约千亩	十五日一轮，每亩纳水则银五分六釐一毫
汾村渠	汇自陈家河	溉汾村、刘家庄二村田	百三十亩	每亩纳水则银五分六釐一毫
蔡村渠	发源木儿原	蔡村	百亩	每亩纳水则银五分六釐一毫

资料来源：乾隆《闻喜县志》卷一《山川·水利》；民国《闻喜县志》卷四《沟洫》

诸多的渠堰引水灌田，灌溉地亩据表 7-1 中有确切灌溉亩数统计，为一万多亩。如此数目巨大的水田灌溉需水量确实很大，这些渠堰中大多数是“截涑水之源以灌地”，在丰水年还好说，涑水可以满足。一遇旱年，纳水征银的赋役仍在，上游境内水田需要大量的用水，使得下游出现用水紧张。用现在的眼光来看，上游各县用水根本不顾下游，大获水利灌溉之利。“涑水由闻喜，而安邑，而猗，而临，而永，下流之形势，高于上流，向者掘下流使深，上流守曲防戒，傍河之村皆厮渠筑坝，次第引灌，但有直注张扬之势，而无横出南溃之忧。”①

下游河段用水受制于上游各县，因此用水管理制度也比较健全。如临晋县就有严格的分水之例。杨无党《水利策》指出：“涑水经流于邑南，接壤猗氏，分水之例以望日为限，望以前属猗，望以后属临，前宪勒有成规，令沿河居民当河筑坝，则猗不得盗卖于虞，亦临邑数十村之利也。”②可见猗氏有盗卖水给

① 乾隆《临晋县志》上篇，卷 1《水利篇》。

② 乾隆《临晋县志》卷 7《杂记下》，第 297 页。

虞乡之举。

全流域有如此用水制度，使得贪利者有盗卖水的可能，更加使得涑水河流域水不下流。早在乾隆《临晋县志》中就有人指出此弊端，“近则安猗以上之民，盗卖横决，致使水不归渠，下流日涸，故临之渠工日懈，而永之民更不知修渠为何事。今且日督下流为无益之岁修，而上流之盗卖罔利视若固然”①。

因此，全流域上下游的用水不均，使得上游有充足灌溉之利，闻喜县灌溉亩数达到万亩以上，而下游临晋、虞乡等，则“徒有岁修之劳，殊无灌溉之益”。加上盗卖水源获私利，使得流域用水更加雪上加霜。

姚暹渠也一样，“姚暹渠为盐池所系，不得擅灌溉之利”②。只有北堤可以开“水眼”浇地。但实际上灌溉之利无多。

民国《解县志》记载，姚暹渠“今则在安邑者，时或有水，一入解境，已涸数十年”，并指出其中原因“无如近年来几经调查，水源薄弱，又每为夏县上游等处所截留，虽安邑尚不能得此利，解邑更无论矣”③。显然，上游截留用水是下游用水少的原因之一。

三、人为垦种行为是环境变化的致灾因子

清代中后期之后，涑水河、姚暹渠基本上水流不下，只有在大水时才有可能下。长期上游水流久不下，导致下游伍姓湖一带湖盆完全暴露，大量滩地出现，附近居民纷纷垦种，民国《临晋县志》记载：“然自涑渠淤，五姓湖涸，而滨河滩地无冲坍淹没之虞，阡陌相望，悉成腴壤，比来农垦畜牧颇称发达，倘以所谓失之东隅、收之桑榆者乎？”④说明伍姓湖干涸很久，居民垦种滩地“无冲坍淹没之虞”。但水终不可能不下，一旦流下来，损失不可估量。

另外，下游孟明桥一带，“为蒲民壅塞种田”，早在乾隆十八年（1753）疏浚两河之前就已出现。其后果是使得“湖水逆泛，东注于池。姚暹渠亦有倒灌之患。乾隆十八年知蒲州府事周公景柱禀河东道乔公光烈申请重浚”⑤。正如文献中所说，使得湖水逆泛，有倒灌之患，影响下游一带的生产。

---

① 乾隆《临晋县志》（上篇），卷1《水利篇》。

② 光绪《虞乡县志》卷1《地舆·水利》按。

③ （民国）《解县志》卷1《沟洫略》，第29—30页。

④ （民国）《临晋县志》卷2《沟渠考》。

⑤ 光绪《山西通志》卷41《山川考》。

总之，流域没有统一、整体的用水思想，沿河居民往往以一己之利，获得眼前利益，某些当地人看似理智的行为，有加速流域环境变化的可能。

第三节　区域社会的积极应对

环境变化过程，显然，人类活动既参与其中，同时也在变化中不断调整自己的生产和生活方式，即所谓人与环境适应。韩茂莉指出："由于人类自身对环境的感知能力与能动性反应，人类调整生产与生活方式的每一次行动，都可以作为人地互动信息的反映，成为深入认识地球系统长期持续利用与全球变化趋势的依据。"[①]面对明清以来日益加剧的自然灾害和环境变化，人类在生产生活中不是束手无策，而是采取积极应对措施，改变不利的生存处境，营造适宜的美好人类家园。

一、政府行为的应对措施

1. 全流域的疏浚行为

涑水河，中游猗氏县崔家湾附近是防治涑水河的关键所在，人工改道后的涑水河道即由此向西归入伍姓湖。但猗氏县涑水河道"河身中高，渐就平衍"，每年夏秋暴雨水涨时，此段"夏秋恒雨，百里一壑，水激湍决，岸沙善崩，河堧之西南尤窪下，冲斥最剧"。张璞指出水南去会危及盐池，认为"改浚而西，百年利益也"[②]。充分肯定明弘治年间的改浚疏通涑水河道工程。曾有碑文记载，涑水至崔家湾，"水至此方直下迅驰，而人力且将扼其吭一折而西也，浪掷沙飞，沮洳齧损，故堤时废时筑"。因此明代隆庆万历年间曾屡修筑之。清顺治十年又重新浚治崔家湾，"累土塞渠，挽南倒之波，立中流之岸，壁立虹亘，蜿蜒高坚。又创凿上流，别为导引，缓其转曲。先水势而杀其力，庶永免啮决于他日矣"[③]。

---

① 韩茂莉：《2000年来我国人类活动与环境适应以及科学启示》，《地理研究》2000年第3期，第324—331页。

② （清）张璞：《浚筑涑水崔家湾记》，雍正《猗氏县志》卷7《艺文》。碑文又可见张学会主编：《河东水利石刻》，第78—79页。

③ （清）张璞：《浚筑涑水崔家湾记》，雍正《猗氏县志》卷7《艺文》。碑文又可见张学会主编：《河东水利石刻》，第78—79页。

乾隆十年（1745）和十八年（1753）的两次大水灾，以及灾后的应对减灾措施，很能说明涑水河流域的环境影响及其人类活动在其中的作用。

河东涑水河流域，地势北高南低。“涑水在北，姚暹渠在南，盐池又在姚暹渠之南。”为了防止大水涨发，害及盐池。据乔光烈《开浚涑水姚暹渠议》[①]记载，明代自成化至嘉靖中，为盐池计，数治姚暹渠，又改穿涑河行道，然兴罢不常。清代时仍是“唯随时苴补，视其壅溃疏筑而已”。

乾隆十年（1745）秋涑水大发，崩毁堤堰。当事者奏请“修浚”“或议求涑水故道”两种方案，但最后还是选择“修浚”。这次工程措施是“沿河南筑堤以御决溢”，使顺轨西流归五姓湖。但这次疏浚很不彻底，几年后，“涑水及姚暹渠沙土壅淤，而五姓湖亦久遏塞”。乾隆十八年（1753）七八月间，阴雨连旬，涑水河大涨，泛滥不止，凡涑渠所经诸县“非特不能沾水之利，而反被水之害。其永济之榆林、赵义、十里诸村，民田数千顷悉被淹没，至断道路，民皆筑堤水上以行，为困尤极”。其中猗氏崔家湾至虞乡邸家营河段，仍是关键点所在。“涑水至猗氏崔家湾，南与虞乡邸家营接，河高地下，水冲决口，不循故道，折而南趋。又以暹渠堤岸亘阻其前，涑无所归致，虞乡邸家营、曾家营、土桥、石桥、牌首、圪塔诸村，及解州西王等里落，皆其游波之所屯潴。每岁涑当暴涨，一切田庐往往荡没，数十里间竟成泽国。且惧水势勇猛，溃裂姚渠南北堤防，则倒灌横冲，势难遏御。解虞城郭及夫大小盐池，其危险更有不可言者。此涑水、姚渠之宜急为修治，有断不容缓者也。”此次水灾漂瀑无所归，至冬时尚漫宿田野。

河东兵备道乔光烈认为，“河渠及五姓湖闭淤有年，致连岁夏秋雨水稍多，即易泛溢，各邑不能沾水之利而反受其害者，非一日更可虑者。每年涑水涨怒，一切田庐皆成泽国，且恐水势勇猛，溃裂暹渠，横决所至则虞乡解州城郭及大小盐池，其危险有不可胜言者。此河渠之速应修治，断不可缓”。根据“河则向资民力，渠则商力疏通”旧例章程，联合蒲州府各州县一起进行大规模的疏浚。两州府各自分担任务“涑水自安邑以东者解州主之，自猗氏以西者蒲州主之”。其中涑水在蒲州段，始自猗氏，历临晋、永济至河地一百里，长一万八千丈。工程耗费时间为三十五天，动用“永济凡二万一千六百人，临晋九万六千九十人，猗氏七千五百六十人，各以地之长短、多少、难易分任焉。即成泄、疏壅决，自湖达河，经流通畅。潦之积而未消者，皆归其壑。田之漫者悉出，凡数百顷，渐可复耕，三县之人以为利”。这次浚修使得涑水河在相当长的时间内畅

① （清）乔光烈：《开濬涑水姚暹渠议》；光绪《解州志》卷16《艺文》。

通无阻，沿河居民有引水灌溉之利，是人类活动面对灾害的一次积极应对行为。

姚暹渠，在清初“旧时漫溢山庄，不由故道”。雍乾间曾三次大修。雍正九年经过人工疏浚，“引流入湖”。乾隆十八年涑水河水灾，姚暹渠也一并浚治，将渠道所经诸村，都疏深之。如虞乡境内的“曾家营、土桥、牌首诸村，皆渠所经并疏深之”，乾隆四十二年（1777）又继续疏浚修理完好。[①]

2. 局部区域或官绅行为的应对

这类应对措施是针对环境变化的出现，而必须采取的相应措施，往往范围较小，有的限于县域，有的只是某一次人工行为。这样的应对措施，归纳起来主要有修城墙以防水患、河流筑堰以防水患、桥梁圮废随时补修以通往来等。这样的例子，地方志中不胜枚举，现各举一例以说明问题。

夏县城内有莲池，明代隆庆年间，莲池水涨，使得城“西北隅不时颓毁”，知县陈世宝随即补筑，自城外运土填之，以固其基。同时修筑护城堤堰“于东南隅之外，以防巫谷水涨”[②]。就是一次政府行为的应对措施。

康熙二十七年（1688）知县李遵唐以夏县县城东北近河，“于城墙下砖砌三层，高七尺，护以石工。又筑石堰于城东门外，坚厚巩固，永防水患”[③]。该志又载云：夏县有“莲花堰二，俱在墙下村，南防涌金泉流入盐池。匙尾堰、中花堰、轩辕堰二，以上诸堰皆防姚暹渠崩决之患，而杀其急流之势也。”[④]

猗氏县境内有涑水桥，在城东南八里，南北向，为西北行盐要路。雍正《猗氏县志》记载：万历三十一年巡按王公暨巡道创建石桥，巡盐鲁公舜渔纪碑，桥有坊，南曰虹桥永赖，北曰万里周行。康熙四十三年邑绅乔士客捐赀百金重修[⑤]。康熙年间的这次修桥，显然是官绅行为的积极应对措施。

护河堤堰的例子也很多，涑水河、姚暹渠两岸都有护堰，以防暴水涨发，危害两岸。乾隆《解州安邑县志》有记载：“涑水堤，在北相镇北。”[⑥]姚暹渠上如夏县境内有白沙河堰、李卓堰等。政府为保障盐池生产安全，防客水入池而盐不生，逐渐形成禁墙、护池堤堰、护池湖滩、泄洪运渠等多重护池体系。

---

① 嘉庆重修《大清一统志·蒲州府·堤堰》。

② 康熙《夏县志》卷1《建置·城池》，第93页。

③ 乾隆《解州夏县志》卷3《城池》，第241页。

④ 乾隆《解州夏县志》卷2《山川·渠堰附》。

⑤ 雍正《猗氏县志》卷1《桥梁》，第241页。

⑥ 乾隆《解州安邑县志》卷2《山川》，第271页。

二、民间自发行为的应对措施

1. 利用泥沙放淤

山西自古就有利用浊水灌田的传统，宋代山西淤灌是水利史上的重要阶段。宋神宗熙宁九年（1076）八月，程师孟上言就指出："……闻（闻喜）南董村田亩旧直三两千，收谷五七斗。自灌淤后，其直三倍，所收至三两石。"[①]显然淤灌后的收成更高。而涑水河流域是具备这样的条件的，涑姚两河都是泥沙较多的河流，本书前面已有论述。两河挟带的泥沙，往往造成河道淤塞，使水不就下。一有大水便泛滥成灾，给河流两岸人民带来很大的灾难。但从另一方面讲，肥沃的泥沙可以灌田。

姚汉源研究认为：农民生活往往追求经济效益的最大化，面对涑水挟带泥沙肥力倍常，往往自发的放淤，用于灌溉水利。如清代雍正七年（1729），"侍郎韩光基疏陈涑水开渠筑坝蓄泄杜弊事宜。……查涑水……自猗（氏）及临（晋）（今二县合并为临猗县）沿河居民均资灌溉。缘涑水浑浊，每当冻河开河之际，田亩一经灌溉，肥饶倍常，故愚民混行私决堤堰，横筑土坝，拥水漫田，以致余流南注，淹及石桥等洼下村庄。且上河村筑坝截流，下河村庄竟不得涓滴之惠"。这说明因淤灌而壅水漫田，水量较大，没有适当排水措施，淹没低下村庄。同时因上游引水过多，使下游缺水。[②]

2. 民间自发的积极应对

涑水河流域出现河道泥沙淤积、水不下流等不利后果，但也有意外收获。涑姚两河一遇大水，则挟带泥沙下流，也会造成荒滩变膏腴的情况。如同治《续猗氏县志》记载，乾隆二十六年（1761）七月涑河溢漫，猗氏境内"南滩自此成膏壤"[③]。当地居民当充分垦种。

伍姓湖，是涑姚诸河的受水之湖沼，由于涑姚两河淤积，使得水不就下，伍姓湖干涸，这是不好的后果。而湖滨滩地反而因久无水形成"无冲坍淹没之虞，阡陌相望，悉成腴壤，比来农垦畜牧颇称发达"[④]的另一番景象。

---

① 《宋史》卷95《河渠志》，第2372页。

② 姚汉源：《黄河水利史研究》，郑州：黄河水利出版社，2003年，第458页。

③ 同治《续猗氏县志》卷4《祥异》。

④ （民国）《临晋县志》卷2《沟渠考》。

3. 义行、赈济等行为

涑水河每涨发，沿河两岸灾难深重，常常有义行赈济救难者等行为，如乾隆十年（1745）虞乡境内涑水堤决，临河村庄有不能举火者，邑庠生尚秉璋“煮粥给粟以赒之，时人以为难”[①]。另外，邸家营为涑水中游临晋与虞乡设水闸分水处，此处河高地低，每涨发为涑水要害，是历来治涑的关键所在。光绪《虞乡县志》记载有这样一位义士名张効选，邸家营人，岁贡生，周太守雅重之。“邨北邻涑河，每涨发，远近为害，上宪欲建闸以杀水势，饬傍水十三邨集其事，无任之者，効独出赀财，与杨伯阳董成之，河患遂息。”[②]显然，也是面对河流灾害积极应对行为。

第四节　水文环境的总体评价

涑水河流域出现诸多的环境变化，是不是就认为水文环境“恶化”，水资源总量趋于减少？这是一个饶有兴趣的话题。李并成曾发表《西北干旱区今天河流的水量较古代河流水量大大减少了吗？——以敦煌地区为中心的探讨》[③]一文，就是对以往研究成果的反思，认为河流总的水量状况，古今并无多大变化，问题的关键在于古今对河流水量的使用、分配存在着重大差异。文章虽然针对的是西北干旱地区，本书认为就全国而言可能都具有普遍性，至少在涑水河流域应该适用。

首先涑水河流域环境状况并非想象中的那么差，文献中也出现诸多环境状况比较好的例证。现略举数例如下：

流域上游，夏县境内有一泉源名为惠泉，在县南五里桥南，“旧有泉汇为泽”。尽管泉域不是很大，“周围仅十数步”，但水量可观，泉流不止，常有泉冒出，文献记载：“泉水腾跃从官路自东而西，经辛庄村，居民苦之。”同时此泉还有灌溉之利，乾隆壬午知县李遵唐疏导泉流河道，“令从官路东南流，又谕民开渠

---

① 光绪《虞乡县志》卷 8《人物・义行》，第 115 页。

② 光绪《虞乡县志》卷 8《人物・义行》，第 115 页。

③ 李并成：《西北干旱区今天河流的水量较古代河流水量大大减少了吗？——以敦煌地区为中心的探讨》，《陕西师范大学学报（哲学社会科学版）》2007 年第 5 期，第 8—11 页。

灌田，获自然之利，故名”[①]。

流域中下游，解县境内，城内西北角有一小水滩，“戋戋小物，出又不多”，但滩内莲藕却算是特产。“此藕外皮最粗醜，而内质甚肥，脆白洁多汁，咀嚼亦无渣滓，胜闻喜之白皮藕十倍。扩充其地，犹可得数十亩，惜居人不讲种植，任其自生自长，消灭殆尽。今则聚为沮洳，鞠为茂草，五六月间盪舟采莲，亦在若有若无之间矣。”[②]这说明解县城内水环境状况还是相当不错的。另外，城外西北角有硝池，池内产鲫鱼。鱼类资源是反映区域水环境状况的证据(表 2-1)。“鲫鱼，出硝池内，民国四五年间池水大涨，居人网此鱼者，日数十百人，登高一望，渺然有吴儿洲渚之想，携鱼到市，每斤索钱不过十余文，鱼虾之饶，几及津卫。然近池一代村庄为水浸溢，俨有其鱼之患，灶鸣蛙木生耳，人中湿疾，万不可居。今则水退，鱼亦无矣。惟城内西北隅莲池间或有之。”[③]

民国《解县志》记载解县境内中条山峪水水文环境状况时，尽管指出“旧日渠堰兴废不常”，但根据“近日调查稍得水利者，静林涧、黄花峪涧、胡村涧、桃花洞涧、五龙峪涧、白龙峪涧、狄峪口涧七水”说明七涧仍有水，不过水量不是很大。如“黄花峪等涧，皆涓涓细流，不常有”。只有静林涧水量最大，有水利灌溉之利。“静林涧源出中条山顶，北流经寺东，寺僧暨左右居民傍山半引水溉田，引水之法以时刻计，名一分水。自司空表圣定王官谷引水法，后世因之。”[④]对于静林等七涧，地方志中留有详细的调查结果，现引用如下[⑤]：

> 静林寺涧水，约五里，宽二尺五寸，深四寸，灌田五百余亩。黄花峪涧水，约三里，宽一尺五寸，深三寸，灌田二百五十余亩。胡村涧水，约四里，宽二尺，深三寸，灌田三百余亩。桃花洞涧水，约三里，宽一尺，深二寸，灌田四十余亩。五龙峪涧水，约四里，宽二尺，深三寸，灌田一百七十余亩。白龙峪涧水，约三里，宽一尺，深五寸，灌田一百一十亩。狄峪口涧水，约四里，宽一尺五寸，深六寸，灌田一百六十余亩。此系近日调查所得者，然水不畅旺，只附近村民各开沟渠以资灌溉，

---

① 乾隆《解州夏县志》卷 2《山川》。
② 民国《解县志》卷 2《物产略》，第 43—44 页。
③ 民国《解县志》卷 2《物产略》，第 44 页。
④ 民国《解县志》卷 1《沟洫略》。
⑤ 民国《解县志》卷 1《沟洫略》，第 31 页。

所灌田数系就雨泽调匀时计算。若遇亢旱，尚不能灌此田数，然水潦时各村田方患湿浸，涧水又无法泄蓄，则此水反为害矣。

显然，静林等七涧是峪水性质的河流，受季节性影响特别大，旱涝无常。但灌溉亩数就平均数而言，七涧共计仍能灌溉田地一千五百多亩，比较可观。

另外，虞乡境内中条山峪水水文环境状况也很不错，光绪《虞乡县志》按指出："条山诸峪水，惟王官瀑布旱潦不竭，引灌山下田不烦疏，获自然之利。其次则风伯峪、寺峪、黄家峪、清水峪，遂灌溉无多，尤为有利无害。其余诸峪，旱则涓流立涸，潦则沙石壅冲，利之有之，害亦多焉。"[①]这应该是虞乡境内诸峪水常态下的水文环境特征。将诸峪水分为三种类型，其中，王官峪水最有灌溉之利，环境状况良好。该志还记载清末时候王官谷中有"水碓院"，宋代时就已存在，具体年间不可考。"谷中仅存数机碓"[②]，"机碓"的存在，说明王官谷有充足的水能和流量推动水力机械转动，用来碾谷物，显示水文环境状况良好。[③]民国《虞乡县新志》按也指出："虞境所辖条山各峪俱有水，惟王官峪水较大，较常可获自然之利。"境内的"其余各峪之水，雨潦畅旺，时旱瘦小，故有用闸拒水升上者，亦有闭湍足满放流者"。并且认为常态情况下，境内地势低洼之处，仍有不少水量存在。民国《虞乡县新志》记载，境内"惟申、刘二营村北地低潴水，或能行小船"。并进一步指出："按查旧志所列峪河湖渠诸水，均能引以灌田，盖就阴雨连绵，秋水涨发之时，众水合流足深资取者言之，殊非常年不断之水利。"[④]解县和虞乡境内的中条山峪水，充分体现"峪水"的特征，洪枯期特征明显。

另外，古代方志撰修过程中，一般都遵循一定的编撰体例。其中佳景的编修必不可少，通常有"八景""十景""十二景"的记载，可能都体现境域内最好的自然或人文景观。

猗氏县境内的"十景"也不例外，一定程度上能反映局部水文环境状况。雍正《猗氏县志》记载有县"十景"，其中有"涑水春晓""长堤柳浪""南涧荷香"等三景与水资源环境有关，本书认为能说明水文环境状况的良好。现将记

---

① 光绪《虞乡县志》卷1《地舆·水利》。

② 光绪《虞乡县志》卷1《地舆·古迹·丘墓附》，第28页。

③ 笔者还曾对晋水流域的水力加工业进行过探讨，参见吴朋飞：《山西汾涑流域历史水文地理研究》，陕西师范大学博士学位论文，2008年，第129—134页。

④ 民国《虞乡县新志》卷2《水利》，第253—254页。

载兹引如下[①]：

> 涑水春晓，在城南八里。东山雨集，波涛汹涌，鱼龙出没，酷类江潮，沿河阡陌，多资灌溉焉。
>
> 长堤柳浪，在城西南二十里。邑侯高公向极所筑也，绵亘十余里，以遏涑水南溃，平苔高柳，与清波相掩映，而近墅又挑插□鳞接，春朝流瞩兴，当不减濠梁。
>
> 南涧荷香，距柳堤数武，涑水故道也。北有黑龙潭，潭左有泉，涓涓南流可十里余，荷稻相间，小构丘亭，堪为诸景之冠。今废。

临晋县境内的佳景，也能反映出水文环境状况良好。民国《临晋县志》载有邑境八景，指出“前四景见旧志，名为王氏恭先所更定。自与虞分临邑，所存仅此。后四景则艾志所补”。本书认为其中“五姓渔舟”和“涑水横桥”二景所反映的水文环境也相当不错。现将“涑水横桥”记载兹引如下[②]：

> 涑水横桥，县东南四十里。卿头镇桃花奔流，玉栏画锁，遥望行人往来如踏□。今卿头镇以属虞乡，而境内胥村、城西村、贯底桥尚在焉。

尽管“涑水横桥”自临虞分境后不属于临晋，县志仍载录，说明涑水河畔环境确实不错。当然，这仅是列举的极少部分能说明水文环境良好的例证，还有相当多的如各州县水田灌溉状况、城市用水等没有举例。

这样，涑水河流域有环境出现变化的文献记载，也有能说明水环境状况良好的证据，如何看待这一问题？涑水河流域出现环境变化，是不是就说水资源总量减少，河流流量大不如昔。换句话说，就是涉及一个区域或流域水文环境的评价问题。显然，这是一个比较棘手的学术命题，就是历史场景如何复原和再现。

本书认为水资源总量古今应该相差不大，但受气候降雨影响，可能年际稍有变化。文献中出现的涑水河与姚暹渠两河环境变化记载如何理解？主要有以下几点认识：

---

① 雍正《猗氏县志》卷1《十景》，第224页。

② （民国）《临晋县志》卷2《山川考》，第439页。

（1）区域水资源评价体系很复杂，历史水资源评价不具备相应条件，只能以定性描述为主大致推算。水资源总量，是指降水所形成的地表和地下的产水量，即河川径流量和降水入渗补给量之和。一般情况下可用以下公式表示：

$$W_{总}=R+Q-D$$

其中：W——水资源总量，立方米；

R——地表水资源，立方米；

Q——地下水资源，立方米；

D——地表水和地下水相互转化的重复水量，立方米。

以往研究，只关注地表水资源量 R 的变化，而无法对地下产水量 Q 进行研究，而且根本不会考虑 D 的变化。我们都知道，D 表示地表水与地下水的重复计算量，与人类活动关系密切。由于历史水文研究的特殊性，大多数研究只是定性描述为主，很难将水资源量推算清楚。因而可以说，历史水资源评价不具备相应条件，无法对历史水文水资源量作出估算。所以，以往研究得出的结论可能有些有失偏颇。

另外，如仅对地表水资源评价来说，以往研究也存在看问题没有抓“主流”，只关注“非主流”。我们不能只关注一小部分变化的水环境状况，而将绝大部分变化不大的水环境状况“置若罔闻”，就将“水资源匮乏”“水环境恶化”等一些预设的结论性词语用在描述水环境总体状况上。如果能用“恶化”等词语来表达，那么仅闻喜县境内就有数万亩的农田灌溉又该如何解释。应该说，区域水环境状况总体而言，仍较良好，但局部地区有环境出现变化、甚至恶化的状况。这样的表达才更合理和科学。

（2）河流河道特征所为。涑姚两河河流比降都很小，如此河道特性决定了两河经常淤塞，假若不及时经行人工疏导，上游水流就会久不下行，给中下游民众感到缺水、水环境出现变化迹象。另外，流域是一个统一的整体，上游河段居民过分截水灌溉，使河流地表水资源经行了人为的分配和调整，也使得中下游用水紧张，感觉没水。本章第一至三节在论述流域出现环境变化时，已指出是上游截留才导致下游无水。不过，从保护盐池角度而言，环境变化是利大于弊的。

（3）河流水量非一成不变的，本身就有周期性变化。这是以往学术研究中所不太关注的，多数人认为只要环境一有变化，便认为是人类活动将环境搞“变坏”了，搞“恶化”了。事实上，水文环境本身有周期性变化。有两条文献例证可以说明。

对猗氏县“水利之于民大矣”，同治《续猗氏县志》撰志者有一段评论指出，猗氏县涞水河经过乾隆十八年（1753）疏浚大修之后，“自乾隆迄道光中，近河村庄大获水利，家饶盖藏”。后由于“安邑上流决河灌地，水不能至猗西境，近并不能至猗之东境”使得猗氏境内原先灌溉田地“膏壤复成瘠土”。另还指出另一个重要原因，就是“兼之水泉日降，井深灌田良艰”[①]。显然，撰志者认为水文环境本身有周期性变化。

另，该志还有一条史料记载[②]：

> 猗滨涞一带，水土旧浅，掘井三四尺可得泉，后日就深，故老相传花甲一周水，水泉必浮。乾隆癸酉后，井水骤升，剥伤砖井无算。西南乡平地出泉，宛成泽国。至嘉庆道光初，又复如是。后涞水涨淤，地势日高，陵谷变迁，水泉虽时升时降，而平地出泉恐不可睹矣。

此条史料指出水文环境的变化周期为花甲六十年一周期。乾隆癸酉年（1753）到道光初年（道光元年为 1821）恰好六十年左右，可能六十年一周期非无稽之谈。此外，民间还有十二年一周期的说法。

同治《续猗氏县志》有记载：乾隆十八年，大有年。（猗氏）东祁、王景等村，平地皆出泉，井浅三五尺，数年。[③]就是指出乾隆十八年左右属于丰年丰水期，县志无法解释这一现象，列为“祥异”类记载下来了。

（4）文献记载本身有局限性。文献对历史水文资料的记载，比较零散，大多数只是有意或无意间留下的只言片语，很难利用此资料进行系统研究。即使有文献记载的资料，往往也是只关注自己所居区域空间的水文状况，缺乏整体宏观把握能力。另外，撰志者本身对水文的认识也具有很大的主观性，如涞水河中游的猗氏县，涞水河本为该县第一大河，撰志者的评论却指出，“吾邑无洪波巨浸，渡不容舟，而淫霖暴涨，冰澌沍寒，行旅苦之”[④]。

---

① 同治《续猗氏县志》卷 4《祥异》，第 490 页。

② 同治《续猗氏县志》卷 4《识余》，第 493 页。

③ 同治《续猗氏县志》卷 4《祥异》，第 489 页。

④ 雍正《猗氏县志》卷 1《桥梁》，第 241 页。

结　语

历史地理学是一门古老而又年轻的学科，自古至今从不缺乏讨论的话语和研究的主题。21世纪的历史地理学又将站在时代的高度，在学界同仁的努力下产出一大批较高水平的学术成果。对于近年来学科的发展动向，据侯甬坚师研究整理认为：目前历史地理学的分支学科已达28个，“最近20年来，历史地理学是通过形成新的分支学科（历史人文地理之下的扩充尤其明显），来扩展学科研究范围和加大研究深度，因而取得了长足的进步；现在则需要加强历史自然地理各分支学科的研究”①。显然，在这异彩纷呈的学科发展背后，出现了畸形现象，历史人文地理纷纷拓展新的分支，而历史自然地理却进展缓慢，学科体系结构均衡发展需要我们加强历史自然地理各分支学科的研究。

历史水文地理学是历史自然地理的重要分支学科之一。自侯仁之先生1990年编写《中国大百科全书·地理分册》“历史水文地理”词条时，明确提出了这一分支学科以来，距今已20余年，但其进展一直缓慢。本书认为主要原因有：历史水文资料难于收集和把握；学科研究对象和研究内容不甚明确，长期以来认为历史水文地理就是河湖变迁或水系变迁研究，严重影响了学科发展；新技术手段和新方法的运用明显不够。

历史水文地理学可分为历史海洋水文地理学和历史陆地水文地理学，本书仅对历史陆地水文地理学相关理论进行了重新阐述，认为其研究对象仅是指水文学上狭义的水资源范畴，主要指与人类息息相关的、能为人们所认识和掌握的那部分水体，包括河流、湖泊、泉池、地下水等。历史陆地水文地理研究的区域性特点明显，区域选择最理想的研究对象无疑是流域。历史陆地水文地理学的研究内容，目前为止应主要体现在历史水系研究、历史水文研究、历史水环境研究、历史水文地图研究等诸方面。诸方面之间又是互相联系、互相影响，

① 侯甬坚：《历史地理学的学科特性及其若干研究动向述评》，《白沙历史地理学报》第3期，台湾彰化师范大学历史学研究所出版，2007年4月，第32—74页。

不可分割的整体。唯有这样，历史水文地理学的研究才会变得系统和全面。新近，蓝勇提出在历史水文地理研究方面，以前我们更多是关注河流湖泊的规模大小变迁，关注河流的改道、水灾频率等方面，但现在更要关注历史时期从自然水面向人工水面变化规律和水文从有机污染向无机污染的演变进程。[①]本书认为他提出的历史水文地理新的研究内容同样是基于当前水资源环境出现问题的思考，是拥有当代水文观测数据背景下的新命题，属当代历史水文地理学的重要研究内容。其实，在当代水文观测数据满足科学研究的情况下，以人地互动关系为中心可以衍生更多的历史水文地理研究主题，学科的研究对象、研究领域与现代地理水文学并无二致，学科名称也可在条件成熟的情况下称为"历史地理水文学"，这需要更多拥有地理、水文、历史、考古等多学科背景的历史地理工作者的长期坚持不懈的努力探索，尤其要注重新技术、新手段的运用和大数据时代历史水文数据库的建设。

当前所生活的时代，水环境成为困扰生存的一大禁锢。美国《新闻周刊》2007 年 4 月 16 日（提前出版）一期文章，题为"中国河流断流的地方"。文中指出：

> 开车从北京出发，朝任一方向开出 100 英里，看不到一条健康的河流。朝西进入中国的产煤大省山西省，人们看到的是一条又一条枯竭的河流。即使是那些仍然有水的河流，其中 80%的水质已被中国官员评价为四级，即"不适合人类接触"，朝南穿过河北和河南省，情况也好不了多少。[②]

2007 年 7 月 9 日《科学时报》，有一组对海河流域水环境状况进行报道的专题性文章，如祝魏玮的《逝去的子牙河》[③]中，也指出海河流域水环境状况令人担忧，严重影响京津冀地区的人类生存安全。另又据报道："中国平均每年有近 20 个天然湖泊消亡，50 年来已经减少了 1000 个内陆湖泊！"[④]诸多报道表明，今日中国水环境状况，确实令人忧虑。

---

① 蓝勇：《中国历史地理研究现状及发展方向思考》，《光明日报》2014 年 09 月 24 日，第 14 版。

② 奥维尔·谢尔：《中国河流断流的地方》，美国《新闻周刊》2007 年 4 月 16 日。《参考消息》转摘报道时，所用标题为"中国北方河流严重枯竭"，2007 年 4 月 10 日，第 8 版。

③ 祝魏玮：《逝去的子牙河》，《科学时报》2007 年 7 月 9 日，A1-3 版。

④ http：//www.china.com.cn/chinese/2002/Oct/218915.htm.记者戴劲松等：《每年 20 个天然湖泊消亡》。

人们关注现实，寻求历史解释，是历史水文地理和环境史研究的终极所在。就全球范围来说，环境史的兴起亦不过三十余年。中国环境史是20世纪末才逐渐兴起的一门学科。台湾“中央研究院”刘翠溶认为：水环境的变化，是中国环境史研究的十大主题之一。[①]历史水文地理学与环境史中的历史水环境研究既有联系又有区别，环境史是以“事件”为叙述中心，而历史水文地理学则更强调人类活动对水体特征和规律的把握。水文环境研究是历史水文地理研究中的重要主题，既符合学术传统又能适应当前学术潮流。本书既紧扣人类活动对水资源环境利用这一主线，又以山西涑水河流域为案例对象，进行历史水文地理学的理论探讨和具体区域实践。本书紧紧抓住“水资源”“水灾害”“水环境”三个核心词汇，探讨人类活动对涑水河原生水资源环境的改造利用，并逐渐演变为人工次生水资源环境的过程，以及次生水资源背景下的流域灾害和环境变化。

研究人类活动所引起的水文环境变化，这是由历史地理学（包括历史水文地理）学科属性所决定的。涑水河是流入母亲河黄河的一级支流，该流域自古就是山西中心枢纽区之一，流域内涑水河、姚暹渠、湾湾河等主要河流，均系历史上为保护“盐池”而人工改道的河流，环境变化特征明显。本书采用地理学“横切剖面”复原方法对地质、历史和现当代涑水河干流的河道状况进行了地理复原。绘制出《水经注》时代的涑水河道（图2-3），并以此为基础对该河流历史上的6次人工改道进行了空间复原和地图直观呈现（图3-12），同时还对涑水河源头、姚暹渠、伍姓湖以及涑水河支流进行了复原研究，充分再现了人类为保护盐池而疏导外部客水所采取的改造河床等重要举措。盐池周边堤堰、禁墙、护宝长堤、蓄滞洪滩区等是人类为保护盐池而堵御外部客水所采取的工程措施。流域农田、井泉灌溉和城市防洪等，是直接或间接减少地表径流和浅层地下水的人类行为。涑水河流域人类活动的多种举措，改变了区域水资源的再分配，将盐池改造成闭流湖泊，有力地保证了盐池的正常产盐需要。

在人工改造盐池所产生的次生水资源环境下，涑水河、姚暹渠洪枯期特征很强，含泥沙量也较大，是典型的北方季节性河流。流域洪涝灾害有一定的规律：明清时期流域大涝多于偏涝，发生季节以阴历六、七、八月为主；河灾的发生往往是全流域的，但发生地点主要集中在中游安邑、解州、猗氏等州县，这与人类保护盐池而对涑姚两河进行多次人工改道、疏浚和流域地形密切相关。明清以来涑水河流域出现环境变化，人为改道、全流域的用水不均、人为垦种行

① 刘翠溶：《中国环境史研究刍议》，《南开学报（哲学社会科学版）》2006年第2期，第14—21页。

为等是致灾原因。政府行为的疏浚河道，民间自发行为的利用泥沙放淤、无意识自应对措施和义行、赈济等行为，是人类调控环境变化所作出的区域环境响应。

本书研究认为涑水河流域水资源总量古今应该相差不大，历史区域水文环境评价不具备相应条件，应该坚持利用区域综合的手段，系统和通盘考虑。历史区域水环境长时段的周期性变化，需纳入考虑范畴。河流本身的周期性特征，决定一定时期内的环境变化，不能代表整个历史时间段。另外，今日出现的日益匮乏的水资源环境状况，传统社会不应负有太大的责任。新中国成立后，区域人口骤增、大量工业用水以及大型水库的修建等，是导致今日水环境状况堪忧的主要诱因。人类应该重新审视以往的行为，采取合理的积极措施应对全球水环境问题。总体上，从保护盐池角度而言，涑水河流域的人类活动行为以及引起的环境变化是利大于弊的。

本书对山西涑水河流域的案例实践研究的结果表明，涑水河流域原生水资源环境向人工次生水资源环境的逐渐转变，是人类为保护盐池所采取的疏导和堵御等措施共同作用的结果，流域环境变化的区域性特点显著。因此，围绕“盐池”为中心的各种人类水文活动行为，就构成了本书的主要研究内容，这也符合本书第一章所倡导的“在历史水文地理的具体研究过程中，应根据本书构建的历史水文地理学理论框架再结合研究区域资料情况和区域特点，适时调整研究内容，以形成某一区域独特的历史水文地理研究体系，从而丰富历史水文地理学学科体系的整体构建”。

最后再次重复章开沅先生的观点：“历史研究，就是要探索历史的原生态。历史事件、历史人物的原生态，就是其本来面貌，就是它们的真实面相。”[①]历史是过去的，一去不复返。历史场景的不可再现，决定了历史研究的纷繁复杂，这也是历史研究的兴趣所在。本书对山西涑水河流域历史水文地理相关问题研究，究竟是不是历史的客观性、真实性，或者说距离历史事实有多远，需要时间来检验。不过，本书认为只有试图客观地、尽可能如实地对往日的涑水河流域水环境状况进行复原，才能做到弄清事实真相，如侯甬坚师所言“写文章（出于专业习惯，这里主要指写学术论文）本身所包含的最大的写作意义，是为了弄清事实，之后是在弄清事实基础上的寻求解释”。这正是学人的“文章之道”。[②]

① 章开沅：《商会档案的原生态与商会史研究的发展》，《学术月刊》2006 年第 6 期，第 133—135 页。

② 侯甬坚：《文章之道：从弄清事实到寻求解释》，《陕西师范大学继续教育学院学报》2004 年第 3 期，第 31—34 页。

参考文献

一、历史资料

1. 档案、碑刻、统计资料

（日伪）华北产业科学研究所：《山西省农业情况调查报告书》，俞钟玲译，《山西水利·水利史志专辑》1986 年第 2 期。

南满铁道株式会社天津事务所调查科：《山西省河川测量报告书》（灌溉及水力发电资料），李大雾译，《山西水利·水利史志专辑》1986 年第 2 期。

水利电力部水管司科技司、水利水电科学研究院：《清代黄河流域洪涝档案史料》，北京：中华书局，1993 年。

太原晋祠博物馆编注：《晋祠碑碣》，太原：山西人民出版社，2001 年。

张杰编：《山西自然灾害史年表》，太原：山西省地方志编纂委员会办公室，1988 年。

张晋平编著：《晋中碑刻选粹》，太原：山西古籍出版社，2001 年。

张学会主编：《河东水利石刻》，太原：山西人民出版社，2004 年。

张正明、科大卫主编：《明清山西碑刻资料选》，太原：山西人民出版社，2005 年。

左慧元：《黄河金石录》，郑州：黄河水利出版社，1999 年。

2. 正史、别史、政书、诏令

（汉）班固：《汉书》，中华书局，1962 年。

（汉）司马迁：《史记》，中华书局，1959 年。

（北魏）郦道元注，（民国）杨守敬、熊会贞疏，段熙仲点校，陈桥驿复校：《水经注疏》，南京：江苏古籍出版社，1989 年。

（北魏）郦道元著，王国维校：《水经注》，上海：上海人民出版社，1984 年。

（唐）李吉甫撰，贺次君点校：《元和郡县图志》，北京：中华书局，1983 年。

（唐）李泰等著，贺次君辑校：《括地志辑校》，北京：中华书局，1980 年。

（唐）令狐德棻等撰：《周书》，北京：中华书局，1971 年。

（唐）魏征、令狐德棻：《隋书》，北京：中华书局，1973 年。

（后晋）刘昫：《旧唐书》，北京：中华书局，1975 年。

（宋）乐史：《太平寰宇记》，台北：文海出版社，1971 年。

（宋）范晔：《后汉书》，北京：中华书局，1965 年。

（宋）欧阳修、宋祁：《新唐书》，北京：中华书局，1975 年。

（宋）王存撰，魏嵩山、王文楚点校：《元丰九域志》，北京：中华书局，1984 年。

（宋）李焘：《续资治通鉴长编》，北京：中华书局，1978 年。

（元）脱脱等：《宋史》，北京：中华书局，1977 年。

（清）嘉庆重修《大清一统志》，《四部丛刊》续编，上海：商务印书馆，1934年，第23、24册。
（清）顾炎武：《天下郡国利病书》，上海：上海书店，1985年。
（清）顾祖禹撰，贺次君、施和金点校：《读史方舆纪要》，北京：中华书局，2006年。
（清）郝懿行：《山海经笺疏》，成都：巴蜀书社，1985年。
（清）蒋廷锡等：《古今图书集成》，北京：中华书局、成都：巴蜀书社，1986年。
（清）王锡祺辑：《小方壶斋舆地丛钞》，杭州：杭州古籍书店影印，1985年。
（清）《清实录》，北京：中华书局，1985年。
陈桥驿：《水经注校释》，杭州：杭州大学出版社，1999年。
杨伯峻编著：《春秋左传注》（修订本），北京：中华书局，1990年。
周魁一等注释：《二十五史河渠志注释》，北京：中国书店，1990年。

3. 方志

（明）李侃修，胡谧纂，李裕民、任根珠总点校：《山西通志》，太原：山西省史志研究院、北京：中华书局，1998年。
（清）穆尔赛等修，刘梅、温敞纂：康熙《山西通志》32卷，清康熙二十一年刻本。
（清）觉罗石麟修，储大文纂：雍正《山西通志》237卷，清雍正十二年刻本，影印文渊阁四库全书，第542—550册。
（清）雅德修，汪本道纂：乾隆《山西志辑要》10卷、首1卷，清乾隆四十五年刻本。
（清）曾国荃、张煦等修，王轩、杨笃等纂：光绪《山西通志》184卷、首1卷，清光绪十八年刻本。
（清）言如泗修，吕瀶等纂：乾隆《解州全志》18卷、图1卷，清乾隆二十九年刻《解州全志》本。
（清）马丕瑶、魏象乾修，张承熊纂：光绪《解州志》18卷、首1卷，清光绪七年刻本。
（清）言如泗修，吕瀶等纂：乾隆《解州安邑县志》16卷、首1卷，清乾隆二十九年刻《解州全志》本，南京：凤凰出版社，2005年，第58册。
（清）赵辅堂修，张承熊纂：光绪《安邑县续志》6卷、首1卷，清光绪六年刻本。
（清）言如泗修，熊名相、吕瀶等纂：乾隆《解州安邑县运城志》16卷、首1卷，清乾隆二十九年刻《解州全志》本。
（清）李焕扬修，张于铸纂：光绪《直隶绛州志》20卷、首1卷，清光绪五年刻本。
（清）李遵唐纂修：乾隆《闻喜县志》12卷、首1卷，清乾隆三十一年刻本，南京：凤凰出版社，2005年，第60册。
（清）陈作哲修，杨深秀纂：光绪《闻喜县志斠》3卷、首1卷，清光绪六年刻本。
（清）陈作哲修，杨深秀纂：光绪《闻喜县志补》4卷，清光绪六年刻本。
（清）拉昌阿修，王本智纂：乾隆《绛县志》14卷，清乾隆三十年刻本。
（清）刘斌修，张于铸纂：光绪《绛县志》14卷，清光绪六年刻本。
（清）茅丕熙、杨汉章修，程象濂、韩秉钧纂：光绪《河津县志》14卷、首1卷，清光绪六年刻本，南京：凤凰出版社，2005年，第62册。
（清）沈凤翔修，邓嘉绅等纂：同治《稷山县志》10卷，清同治四年刻本，南京：凤凰出版社，2005年，第62册。
（清）马家鼎纂修：光绪《续修稷山县志》2卷，清光绪十一年刻本。南京：凤凰出版社，2005年，第63册。
（清）蒋起龙纂修：康熙《夏县志》4卷，清康熙四十七年刻本。
（清）言如泗修，李遵唐纂：乾隆《解州夏县志》16卷、首1卷，清乾隆二十九年刻《解州全志》本。
（清）黄缙荣、万启钧修，张承熊纂：光绪《夏县志》10卷、首1卷，清光绪六年刻本。
（清）周景柱等纂修：乾隆《蒲州府志》24卷、图1卷，清乾隆十九年刻本，南京：凤凰出版社，2005年，第66册。
（清）刘荣和、刘钟麟修，张元懋纂：光绪《永济县志》24卷，清光绪十二年刻本，南京：凤凰出版社，2005年，第67册。
（清）崔铸善修，陈鼎隆、全谋馗纂：光绪《虞乡县志》12卷、首1卷，清光绪十二年刻本。
（清）杨令琢纂修：乾隆《荣河县志》14卷、首1卷，清乾隆三十四年刻本，第69册。
（清）马鑑等修，寻銮炜纂：光绪《荣河县志》14卷、首1卷，清光绪七年刻本。
（清）王正茂纂修：乾隆《临晋县志》8卷，清乾隆三十八年刻本。
（清）艾绍濂、吴曾荣修，姚东济纂：光绪《续修临晋县志》2卷，清光绪六年刻本，南京：凤凰出版社，2005年，第65册。
（清）潘镦修，高绍烈等纂，宋之树续修，何世勋等续纂：雍正《猗氏县志》8卷，清康熙五十六年修，雍正七年续修刻本，南京：凤凰出版社，2005年，第70册。
（清）周之桢修，崔曾颐纂：同治《续猗氏县志》4卷，清同治六年刻本。
（清）徐浩修，潘梦龙纂：光绪《续猗氏县志》2卷，清光绪六年刻本，南京：凤凰出版社，2005年，第70册。
何桑、程瑶階修，冯文瑞等纂：民国《万泉县志》8卷、首1卷、末1卷，民国七年石印本，南京：凤凰出版社，2005年，第70册。
刘大鹏著，慕湘、吕文幸点校：《晋祠志》，太原：山西人民出版社，2003年。
徐贯之、周振声修，李无逸等纂：民国《虞乡县新志》10卷，民国九年石印本，第68册。
徐嘉清修，曲迺锐纂：民国《解县志》14卷、首1卷，民国九年石印本。
徐昭俭修，杨兆泰纂：民国《新绛县志》10卷、首1卷，民国十八年铅印本，南京：凤凰出版社，2005年，第59册。
余宝滋修，杨韨田纂：民国《闻喜县志》25卷，民国七年石印本，南京：凤凰出版社，2005年，第60册。
俞家骥等修，赵意空等纂：民国《临晋县志》16卷，民国十二年铅印本，南京：凤凰出版社，2005年，第65册。
张柳星等修，郭廷瑞纂：民国《荣河县志》24卷、首1卷，民国二十五年铅印本，南京：凤凰出版社，2005年，第69册。

4. 文集、笔记及史料丛刊

（清）康基田：《河渠纪闻》，台北：文海出版社，1971年。
（清）康基田编著、郭春梅等点校：《晋乘蒐略》，太原：山西古籍出版社，2006年。
《晋祠水利志》编委会：《晋祠水利志》，太原：山西人民出版社，2002年。
黄竹三、冯俊杰等编著：《洪洞介休水利碑刻辑录》，北京：中华书局，2003年。
刘大鹏遗著，乔志强标注：《退想斋日记》，太原：山西人民出版社，1990年。
刘纬毅主编：《山西文献总目提要》，太原：山西人民出版社，1998年。
山西省临猗县县志编纂委员会办公室编：《山西省临猗县地名志》，内部发行，1986年。
山西省史志研究院编：《〈清实录〉山西资料汇编》，太原：山西古籍出版社，1996年。
山西省史志研究院编：《山西通志》，北京：中华书局，1999年。

山西省水利厅编纂：《汾河志》，太原：山西人民出版社，2006年。
太原市南郊区地方志编纂委员会编：《太原市南郊区志》，北京：生活·读书·新知 三联书店，1994年。
运城地区水利志编纂委员会：《运城地区水利志》，香港：天马图书有限公司，2001年。

二、今人论著

1. 专著

〔加〕A. K. Biswas著，刘国纬译：《水文学史》，北京：科学出版社，2007年。
〔美〕普雷斯顿·詹姆斯著，李旭旦译：《地理学思想史》，北京：商务印书馆，1982年。
〔日〕森田明著，郑梁生译：《清代水利社会史研究·序》，台北："国立编译馆"，1990年。
〔日〕森田明：《清代水利与地域社会》，福冈中国书店，2002年。
〔英〕阿兰·R. H. 贝克著，阙维民译：《地理学与历史学：跨越楚河汉界》，北京：商务印书馆，2008年。
安介生：《山西移民史》，太原：山西人民出版社，1999年。
曾昭璇、曾宪珊：《历史地貌学浅论》，北京：科学出版社，1985年。
柴继光、李希堂、李竹林：《盐池文化述要》，太原：山西人民出版社，1993年。
陈桥驿：《水经注研究》，天津：天津古籍出版社，1985年。
陈桥驿：《水经注研究四集》，杭州：杭州出版社，2003年。
重庆市博物馆等：《水文、沙漠、火山考古》，北京：文物出版社，1977年。
汾河灌区志编委会：《汾河灌区志》，太原：山西人民出版社，1993年。
汾河水库志编纂委员会：《汾河水库志》，太原：山西人民出版社，1991年。
耿怀英、曹才瑞主编：《自然灾害及防灾减灾》（晋中），北京：气象出版社，2000年。
郭雅儒主编：《山西自然灾害》，太原：山西科学教育出版社，1989年。
行龙：《以水中心的晋水流域》，太原：山西人民出版社，2007年。
行龙、杨念群主编：《区域社会史比较研究》，北京：社会科学文献出版社，2006年。
侯仁之：《历史地理学四论》，北京：中国科学技术出版社，1994年。
侯甬坚：《历史地理学探索》（第二集），北京：中国社会科学出版社，2011年。
侯甬坚：《历史地理学探索》，北京：中国社会科学出版社，2004年。
侯甬坚：《区域历史地理的空间发展过程》，西安：陕西人民出版社，1995年。
黄锡荃主编：《水文学》，北京：高等教育出版社，1993年。
冀朝鼎著，朱诗鳌译：《中国历史上的基本经济区与水利事业的发展》，北京：中国社会科学出版社，1981年。
黎风编：《山西古代经济史》，太原：山西经济出版社，1997年。
李令福：《关中水利开发与环境》，北京：人民出版社，2004年。
李乾太、啸虎主编：《山西水利史论集》，太原：山西人民出版社，1990年。
李心纯：《黄河流域与绿色文明——明代山西河北的农业生态环境》，北京：人民出版社，1999年。
李英明、潘军峰主编：《山西河流》，北京：科学出版社，2004年。
梁四宝：《明清北方资源环境变迁与经济发展》，北京：高等教育出版社，2015年。
林頫：《中国历史地理学研究》，福州：福建人民出版社，2006年。
刘俊文主编：《日本学者研究中国史论著选译》第四卷《六朝隋唐》，北京：中华书局，1992年。
刘仁庆编著：《造纸与纸张》，北京：科学出版社，1977年。

刘纬毅主编:《山西历史地名词典》，太原：山西古籍出版社，2004年。
陆大道主编:《中国科学院地理研究所伴随共和国成长的五十年》，北京：科学出版社，1999年。
马建华、谷蕾、吴朋飞等:《开封古城黄泛地层洪水记录及洪灾度反演》，北京：科学出版社，2016年。
潘吉星:《中国造纸技术史稿》，北京：文物出版社，1979年。
钱林清、郑炎谋等:《山西气象》，北京：气象出版社，1991年。
清华大学图书馆科技史研究组编:《中国科技史资料选编——农业机械》，北京：清华大学出版社，1982年。
阙维民:《历史地理学的观念：叙述、复原、构想》，杭州：浙江大学出版社，2000年。
陕西师范大学中国历史地理研究所、西北历史环境与经济社会发展研究中心编:《人类社会经济行为对环境的影响和作用》，西安：三秦出版社，2007年。
施成熙、梁瑞驹主编:《陆地水文学原理》，北京：中国工业出版社，1964年。
石凌虚编著:《山西航运史》，北京：人民交通出版社，1998年。
史念海、曹尔琴、朱士光:《黄土高原森林与草原的变迁》，西安：陕西人民出版社，1985年。
史念海:《河山集》(七集)，西安：陕西师范大学出版社，1999年。
史念海:《河山集》，北京：生活·读书·新知三联书店，1963年。
史念海:《黄河流域诸河流的演变与治理》，西安：陕西人民出版社，1999年。
史念海:《黄土高原历史地理研究》，郑州：黄河水利出版社，2001年。
孙庚年、刘树岗主编:《水旱灾害与治理方略》，太原：山西人民出版社，1990年。
汪家伦、张芳:《中国农田水利史》，北京：农业出版社，1990年。
王洪道、窦鸿身主编:《中国湖泊资源》，北京：科学出版社，1989年。
王铭、孙元巩、仝立功主编:《山西山河志》，太原：山西科学技术出版社，1994年。
王守春主编:《黄河流域环境演变与水沙运行规律研究文集》第五集《历史时期黄土高原植被与人文要素变化研究》，北京：海洋出版社，1993年。
王元林:《泾洛流域自然环境变迁研究》，北京：中华书局，2005年。
王子今:《秦汉时期生态环境研究》，北京：北京大学出版社，2007年。
魏特夫著，徐式谷译:《东方专制主义——对于集权力量的比较研究》，北京：中国社会科学出版社，1989年。
吴体钢、梁四宝、佘可文:《山西山河大全》，太原：山西省地方志编纂委员会办公室，1987年。
吴祥定、钮仲勋、王守春等:《历史时期黄河流域环境变迁与水沙变化》，北京：气象出版社，1994年。
萧正洪:《环境与技术选择：清代中国西部地区农业技术地理研究》，北京：中国社会科学出版社，1998年。
谢鸿喜:《〈水经注〉山西资料辑释》，太原：山西人民出版社，1990年。
严钦尚、曾昭璇主编:《地貌学》，北京：高等教育出版社，1985年。
杨纯渊编著:《山西历史经济地理述要》，太原：山西人民出版社，1993年。
姚汉源:《黄河水利史研究》，郑州：黄河水利出版社，2003年。
姚启明等:《山西省地理》，太原：山西教育出版社，1994年。
尹钧科、吴文涛:《历史上的永定河与北京》，北京：北京燕山出版社，2005年。
应廉耕、陈道:《以水为中心的华北农业》，中华民国三十七年十二月，北京大学出版部。
张步天:《历史地理学概论》，郑州：河南大学出版社，1993年。
张纪仲:《山西历史政区地理》，太原：山西古籍出版社，2005年。
张建民、宋俭:《灾害历史学》，长沙：湖南人民出版社，1998年。

张修桂：《中国历史地理与古地图研究》，北京：社会科学文献出版社，2006年。

郑肇经：《中国水利史》，北京：商务印书馆，1993年7月影印。

郑肇经编著：《水文学》，北京：商务印书馆，1958年10月。

中国大百科全书总编辑委员会《地理学》编辑委员会编辑：《中国大百科全书·地理学》，北京：中国大百科全书出版社，1990年。

中国大百科全书总编辑委员会《水利》编辑委员会：《中国大百科全书·水利》，北京：中国大百科全书出版社，1992年。

中国古都学会、太原市人民政府、太原师范学院：《中国古都研究》第20辑，北京：山西人民出版社，2005年。

中国科学院《中国自然地理》编辑委员会编著：《中国自然地理·地貌》，北京：科学出版社，1980年。

中国科学院《中国自然地理》编辑委员会编著：《中国自然地理·历史自然地理》，北京：科学出版社，1982年。

中国科学院自然科学史研究所地学史组主编：《中国古代地理学史》，北京：科学出版社，1984年。

中华人民共和国行业标准：《水文资料整编规范》，北京：中国水利水电出版社，2000年。

《中华人民共和国水文条例》，北京：中国水利水电出版社，2007年。

周魁一、谭徐明主编：《中华文化通志·水利与交通志》，上海：上海人民出版社，1998年。

朱士光：《黄土高原地区环境变迁及其治理》，郑州：黄河水利出版社，1999年。

邹逸麟、张修桂主编、王守春副主编：《中国历史自然地理 》，北京：科学出版社，2013年。

2. 论文

安介生：《晋学研究之“区位论”》，《晋阳学刊》2010年第5期。

安介生：《晋学研究之“三部论”》，《晋阳学刊》2007年第5期。

陈桥驿：《〈水经注〉记载的三晋河流》，《中国历史地理论丛》1988年第4期。

费杰、侯甬坚、张青瑶：《基于水文证据的七至八世纪黄河流域气候推断》，《师大地理研究报告》2002年第36期。

费杰、周杰：《1757年运城盐池洪水与制盐方法的革新》，《中国历史地理论丛》2014年第4期。

高策、徐岩红：《繁峙岩山寺壁画〈水碓磨坊图〉及其机械原理初探》，《科学技术与辩证法》2007年第3期。

高建民：《涑水河流域水灾规律历史研究》，《水利发展研究》2006年第5期。

葛全胜、何凡能、郑景云等：《21世纪中国历史地理学发展的思考》，《地理研究》2004年第3期。

龚胜生、曹秀丽、林月辉等：《1981—2010 年间的国际历史地理学研究——基于国际期刊〈历史地理学杂志〉的统计分析》，《中国历史地理论丛》2013年第1期。

韩茂莉：《2000年来我国人类活动与环境适应以及科学启示》，《地理研究》2000年第3期。

韩茂莉；《近代山陕地区地理环境与水权保障系统》，《近代史研究》2006年第1期。

行龙：《从共享到争夺：晋水流域水资源日趋匮乏的历史考察——兼论区域社会史的比较研究》，区域社会史比较研究中青年学者学术讨论会论文集，2004年。

行龙：《晋水流域36村水利祭祀系统个案研究》，《史林》2005年第4期。

行龙：《明清以来晋水流域的环境与灾害——以“峪水为灾”为中心的田野考察与研究》，《史林》2006年第2期。

行龙：《明清以来晋水流域水案与乡村社会》，《中国社会经济史研究》2003年第2期。

行龙：《明清以来山西水资源匮乏及水案初步研究》，《科学技术与辩证法》2000年第6 期。

侯甬坚：《1978—2008：历史地理学研究的学术评论》，《史学月刊》2009年第4期。
侯甬坚：《环境营造：中国历史上人类活动对全球变化的贡献》，《中国历史地理论丛》2004年第4期。
侯甬坚：《历史地理学的学科特性及其若干研究动向述评》，《白沙历史地理学报》第3期，台湾彰化师范大学历史学研究所出版，2007年4月。
胡英泽：《古代北方的水质与民生》，《中国历史地理论丛》2009年第2期。
胡英泽：《水井与北方乡村社会——基于山西、陕西、河南省部分地区乡村水井的田野考察》，《近代史研究》2006年第2期。
胡英泽：《凿池而饮：北方地区的民生用水》，《中国历史地理论丛》2007年第2期。
黄秉维：《自然地理学一些最重要的趋势》，《地理学报》1960年第3期。
黄盛璋、纽仲勋：《近年我国历史地理研究的进展》，《中国史研究动态》1979年第3期。
黄盛璋：《论历史地理学一些基本理论问题》，《地理集刊》第7号，北京：科学出版社，1964年。
黄伟纶：《"水文"词源初探》，《水文》1994年第5期。
姜加虎、袁静秀：《洪泽湖历史洪水分析（1736—1992年）》，《湖泊科学》1997年第3期。
靳生禾：《从古今县名看山西水文变迁》，《山西大学学报》1982年第4期。
康玉庆：《汾涑流域古湖泊的沧桑变迁》，《太原大学学报》2002年第2期。
蓝勇：《长江正源探索历史是非的考辨》，《历史研究》2005年第1期。
李并成：《西北干旱区今天河流的水量较古代河流水量大大减少了吗？——以敦煌地区为中心的探讨》，《陕西师范大学学报（哲学社会科学版）》，2007年第5期。
李令福：《论西安咸阳间渭河北移的时空特征及其原因》，《云南师范大学学报》（哲学社会科学版）2011年第4期。
李令福：《论淤灌是中国农田水利发展史上的第一个重要阶段》，《中国农史》2006年第2期。
李麒：《民间水规的法文化解读——以明清山西河东地区水利碑刻为中心的讨论》，《比较法研究》2011年第4期。
李乾太：《历史时期潇河流域的水文变迁初探》，《山西水利》1986年第4期。
李作霖：《汾河的舟楫之利泛谈》，《山西水利·水利史志专辑》1987年第1期。
梁四宝、韩芸：《凿井以灌：明清山西农田水利的新发展》，《中国经济史研究》2006年第4期。
梁四宝、乔守伦：《涑水河流域水文变迁及其对盐池和农业生产的影响》，《山西大学师范学院学报（综合版）》1992年第3、4期。
刘翠溶：《中国环境史研究刍议》，《南开学报（哲学社会科学版）》2006年第2期。
刘沛林：《长江流域历史洪水的周期地理学研究》，《地球科学进展》2000年第5期。
陆敏珍：《区域史研究进路及其问题》，《学术界》2007年第5期。
马蔼乃：《论地理科学的发展》，《北京大学学报（自然科学版）》，1996年第1期。
毛曦：《历史地理学学科构成与史念海先生的历史地理学贡献》，《史学史研究》2013年第2期。
毛曦：《历史流域学：流域的本质与研究的观念》，《大连大学学报》2014年第5期。
乾林、国甲：《河东盐池与五姓湖的兴衰》，《晋阳学刊》1990年第5期。
桑志达等：《利用卫星遥感、地质、历史资料相结合方法研究太原断层盆地古湖泊、古河道分布及演变规律的初步研究》，《山西水利·史志专辑》1986年第6期。
石凌虚：《秦汉时期山西水运试探》，《晋阳学刊》1984年第5期。
谭其骧：《山西在国史上的地位——应山西史学会之邀在山西大学所作报告的纪录》，《晋阳学刊》1981年第2期。

田世英：《黄河流域古湖钩沉》，《山西大学学报》1982年第2期。
田世英：《历史时期山西水文的变迁及其与耕牧业更替的关系》，《山西大学学报》1981年第1期。
王利华：《古代华北水力加工兴衰的水环境背景》，《中国经济史研究》2005年第1期。
王利华：《中古华北的水环境与内河航运问题》，环境史研究第二次国际学术研讨会提交论文，2006年11月8—10日，中国台湾。
王利华：《中古华北水资源状况的初步考察》，《南开学报（哲学社会科学版）》2007年第3期。
王利华：《中古时期北方地区的水环境和渔业生产》，《中国历史地理论丛》1999年第4期。
王尚义、李玉轩、马义娟：《地理学发展视角下的历史流域研究》，《地理研究》2015年第1期。
王尚义：《历史时期文峪河的变迁》，《山西水利》1988年第1期。
王尚义：《太原盆地昭余古湖的变迁及湮塞》，《地理学报》1997年第3期。
王守春：《论东汉至唐代黄河长期相对安流的存在及若干相关历史地理问题》，《历史地理》第16辑。
王守春：《论历史流域系统学》，《中国历史地理论丛》1998年第3期。
吴忱：《论"古河道学"的研究对象、内容与方法》，《地理学与国土研究》2002年第4期。
吴宏岐、雍际春：《〈水经·渭水注〉若干历史水文地理问题研究》，《中国历史地理论丛》2000年第2期。
吴钧：《河东水利石刻刍议》，《山西区域社会史研讨会论文集》，2003年。
吴朋飞：《1368—1911年涑水河流域洪涝灾害研究》，《干旱区资源与环境》2009年第12期。
吴朋飞：《明清涑水河水文特征复原》，《运城学院学报》2008年第4期。
萧正洪：《历史时期关中地区农田灌溉中的水权问题》，《中国经济史研究》1999年第1期。
谢鸿喜：《沙渠河改道及洮水大泽考》，《中国历史地理论丛》1991年第3期。
辛德勇：《西汉时期陕西航运之地理研究》，《历史地理》第21辑，上海：上海人民出版社，2006年。
杨铭：《巴子五姓晋南结盟考》，《民族研究》1997年第5期。
姚汉源：《河工史上的固堤放淤》，《水利学报》1984年第12期。
姚汉源：《中国古代的河滩放淤及其他落淤措施——古代泥沙利用问题之二》，《华北水利水电学院学报》1980年第1期。
姚汉源：《中国古代的农田淤灌及放淤问题——中国古代泥沙利用之一》，《武汉水利电力学院学报》1964年第2期。
姚汉源：《中国古代放淤和淤灌的技术问题——古代泥沙利用问题之三》，《华北水利水电学院学报》1981第1期。
尹玲玲：《从明代河泊所的置废看湖泊分布及演变——以江汉平原为例》，《湖泊科学》2000年第1期。
于希贤：《谈金沙江是长江上源的历史记载》，《云南师范大学学报》（哲学社会科学版）1979年第4期。
张荷、李乾太：《试论历史时期汾河中游地区的水文变迁及其原因》，《黄河水利史论丛》，西安：陕西科技出版社，1987年。
张荷：《古代山西引泉灌溉初探》，《晋阳学刊》1990年第5期。
张慧芝：《明代汾州"泄文湖为田"的负面影响》，《中国地方志》2006年第5期。
张慧芝：《明清时期潇河河道迁徙原因分析》，《中国历史地理论丛》2005年第2期。
张杰：《潇河历史变迁初探》，《太原教育学院学报》1999年第2期。
张俊峰：《明清介休水案与地方社会——对"水利社会"的一项类型学分析》，《史林》2005年第3期。

张俊峰：《明清以来山西水力加工业的兴衰》，《中国农史》2005 年第 4 期。
张宇辉：《历史时期的汾河水利及其水文变迁》，《山西水利》2001 年第 5 期。
章开沅：《商会档案的原生态与商会史研究的发展》，《学术月刊》2006 年第 6 期。
赵世瑜：《分水之争：公共资源与乡土社会的权力与象征分水之争——以明清山西汾水流域的若干案例为中心》，《中国社会科学》，2005 年第 2 月。
朱圣钟：《〈水经注〉所载土家族地区若干历史水文地理问题考释》，《中央民族大学学报（哲学社会科学版）》，2002 年第 6 期。
邹逸麟：《回顾建国以来我国历史地理学的发展》，《复旦大学》（社会科学版）1984 年 5 期。
〔日〕好并隆寺著，李大雾译：《近代山西分水之争——晋水·县东两渠》，李乾太、啸虎主编《山西水利史论集》，太原：山西人民出版社，1990 年，第 396—419 页。

3. 博硕学位论文

高升荣：《水环境与农业水资源利用——明清时期太湖与关中地区的比较研究》，陕西师范大学博士学位论文，2006 年。
胡英泽：《从水井碑刻看近代山西乡村社会》，山西大学硕士学位论文，2003 年。
李辅斌：《清代河北山西农业地理研究》，陕西师范大学博士学位论文，1992 年。
王娜：《明清时期晋陕豫水利碑刻法制文献史料考析》，西南政法大学博士学位论文，2012 年。
王长命：《北魏以降河东盐池时空演变研究》，复旦大学博士学位论文，2011 年。
吴朋飞：《韩城城市历史地理研究》，陕西师范大学硕士学位论文，2005 年。
吴朋飞：《山西汾涑流域历史水文地理研究》，陕西师范大学博士学位论文，2008 年。
杨强：《资源与城市——以元明清盐池与运城发展的互动为例》，陕西师范大学硕士学位论文，2007 年。
姚娜：《清代前期（1644—1796）涑水河流域农业垦殖与生态环境》，陕西师范大学硕士学位论文，2011 年。
张慧芝：《明清时期汾河流域经济发展与环境互动》，陕西师范大学博士学位论文，2005 年。
张俊峰：《明清以来洪洞水利与社会变迁——基于田野调查的分析与研究》，山西大学中国社会史研究中心博士学位论文，2006 年。
张俊峰：《乡土社会中的水权意识与社会运行——以明清以来生态环境恶化的晋水流域为例》，山西大学历史文化学院硕士学位论文，2002 年。
赵天改：《关中地区湖沼的历史变迁》，陕西师范大学硕士学位论文，2001 年。

4. 工具类

方诗铭：《中国历史纪年表》，上海：上海辞书出版社，1980 年。
国家气象局气象科学研究院主编：《中国近五百年旱涝分布图集》，北京：中国地图出版社，1981 年。
山西省地图集编撰委员会：《山西省历史地图集》，北京：中国地图出版社，2000 年。
山西省地图集编纂委员会编：《山西省分省地图册》，济南：山东省地图出版社，2001 年。
谭其骧主编：《中国历史地图集》（1—8），北京：中国地图出版社，1982 年。
赵永复编：《水经注通检今释》，上海：复旦大学出版社，1985 年。
中国历史地图集编辑组编辑：《中国历史地图集》，上海：中华地图学社出版，1975 年。

后　记

本书是基于博士学位论文《山西汾涑流域历史水文地理研究》之“涑水篇”基础上修改而成的，侯甬坚师欣然为本书作序，语多奖掖，实则是鞭策和动力，在此谨向侯甬坚师多年来的教诲和提携表示最诚挚的感谢！

书稿大部分是在陕西师范大学西北历史环境与经济社会发展研究中心（现已改名为西北历史环境与经济社会发展研究院，以下简称西北环发院）完成的，感谢西北环发院诸位老师对我的呵护和栽培。2002—2008 年我在古都西安南郊的陕西师范大学攻读硕士、博士学位，在这里度过了人生中非常美好的 6 年时光。感谢硕士导师李令福师和朱士光、萧正洪、吴宏岐（现在暨南大学工作）、王社教、唐亦功、张萍、许正文、艾冲等老师，以及西北大学吕卓民、徐卫民，西安文理学院耿占军等老师的教诲。

书稿的持续修改时间是在河南大学，感谢苗长虹、牛建强、苗书梅等领导兼同事的帮助和关心，特别感谢苗长虹老师为本书的出版提供经费资助。感谢北京大学访学期间李孝聪师的悉心指导。感谢博士后合作导师马建华师的教诲，参加每两周一次的 Seminar 团队活动，从中我学到了科技论文的写作规范、跨学科研究的范式，自然科学工作者的严谨和执着，这些都会使我终生受益。

另外，感谢博士学位论文评审过程中复旦大学邹逸麟、北京大学韩光辉、西南大学蓝勇、武汉大学晏昌贵、暨南大学王元林等教授，以及答辩主席西北师范大学李并成教授等提出的建设性修改意见。复旦大学安介生教授曾多次赠送山西研究专著，在此致以谢意。

感谢陕西师范大学图书馆、西北环发院资料室的诸位老师，在论文资料查阅中提供了无私帮助。另赴山西查阅资料期间，山西省图书馆、山西大学图书馆、山西大学中国社会史研究中心资料室、运城学院河东文化研究中心等也提供方便。资料收集过程中，山西大学周亚副教授、运城学院杨强老师等给予了极大的方便和帮助。书稿中的大部分地图和文字核对工作，研究生徐纪安、薛桢雷付出了辛勤的劳动。在此一并谨表谢意。

本书稿修改期间，我曾于 2011 年、2014 年两次赴山西运城考察，考察过程中得到杨强、张钦桂以及当地群众的帮助。涑水河流域如同祖国的其他地方一样，越深入研究越感到自身的能力不济，书中肯定会有欠缺与不足，恳请大家多提宝贵意见。

最后特别感谢科学出版社的编辑，没有她们的催促和一丝不苟的编校，本书稿不可能顺利出版。

吴朋飞

2016 年 6 月于英国伯明翰大学